U0321684

超好玩的600个数学游戏

叶笑天　马蕊琼◎编著

中国纺织出版社
国家一级出版社
全国百佳图书出版单位

内 容 提 要

在学校教育中，数学对发展学生的智力、培养学生的能力，特别是培养学生的思维能力，是其他任何一门学科都无法代替的。但是，尽管许多人都知道数学的重要性，很多学生却学得并不轻松，甚至很多学生会认为数学枯燥、艰深、难学，这极大地制约了学生学习数学的主动性，影响了他们的学习效果。

本书精选数百个数学游戏，内容分为数字的奇妙、算术的魅力、几何的美妙、等式的奥妙、有趣的组合、概率的智解、图形的拼割、经典回顾、综合提高九大数学模块，将单调的数学知识融入游戏中，最后以回顾经典和综合提高检验孩子们的综合能力，使孩子们不仅在游戏中享受乐趣，而且全面提升观察力、分析力、判断力、想象力和创造力等各方面的能力，充分挖掘左右脑的潜能。

图书在版编目（CIP）数据

超好玩的600个数学游戏 / 叶笑天，马蕊琼编著. —北京：中国纺织出版社. 2017.7 （2023.7重印）
ISBN 978-7-5180-3349-2

Ⅰ. ①超… Ⅱ. ①叶… ②马… Ⅲ. ①数学—青少年读物 Ⅳ. ①01-49

中国版本图书馆CIP数据核字（2017）第038975号

责任编辑：江 飞　　　　责任印制：储志伟

中国纺织出版社出版发行
地址：北京市朝阳区百子湾东里A407号楼 邮政编码：100124
销售电话：010—67004422 传真：010—87155801
http: //www.c-textilep. com
E-mail: faxing@c-textilep. Com
中国纺织出版社天猫旗舰店
官方微博http://weibo.com/2119887771
北京兰星球彩色印刷有限公司印刷 各地新华书店经销
2017年7月第1版 2023年7月第3次印刷
开本：787 × 1092 1/16 印张：16
字数：188千字 定价：68.00元

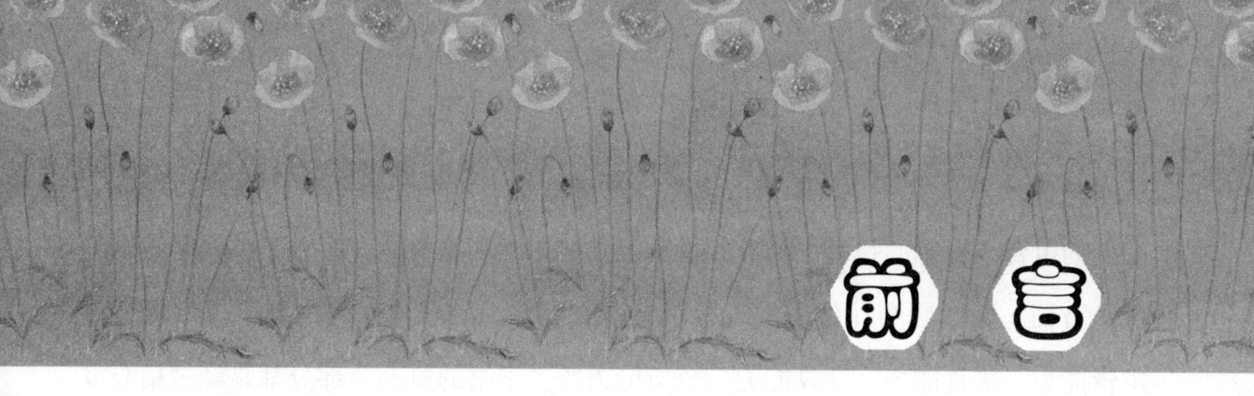

前言

你是爱好数学、享受数学的人吗?

你是想学好数学又害怕学数学的学生吗?

你是想开发孩子智力、望子成龙的家长吗?

你是关心学生、想要学生提高学习成绩的老师吗?

……

这是一本充满趣味的数学游戏书，从全新的角度带你进入一个看似复杂难懂、抽象，其实充满趣味的数学世界。数学作为基础学科，是学好物理、化学、生物、会计、管理等众多学科的必由之路。学好数学知识，才能有意识地运用数学方法去提出问题、分析问题、解决问题。连著名英国哲学家培根都曾说过：“数学是打开科学大门的钥匙，忽视数学必将造成其他知识的损害，因为忽视数学的人是无法掌握其他学科和理解万物的。更为严重的是，忽视数学的人不能理解自己的这一疏忽，最终将导致无法寻求任何补救的措施。”

“1加1在什么情况下不等于2?”“1加1在什么情况下等于3是正确的?”这里没有枯燥的公式烦扰你，你可以在游戏中提高能力，用最简单的思维方式了解数学世界的奇妙。本杰明有句关于数学的很有道理的言论：“数学不是规律的发现者，因为它不是归纳。数学也不是理论的缔造者，因为他不是假说。但数学是规律和理论的裁判和主宰者，因为规律和假说都要向数学表明自己的主张，然后等待数学的裁判。如果没有数学上的认可，则规律不能起作用，理论也不能解释。”

本书分为九个部分：数字的奇妙、算术的魅力、几何的美妙、等式的奥妙、有趣的组合、概率的智解、图形的拼割、经典回顾和综合提高。本书包罗了数学的各个方面。数学题会让你越做越聪明，不光是知识的积累，还训练了思维能力、逻辑能力、推理能力、计算能力、分析能力等。本书的每一个部分都是经过精心审定的，每一道题都是很有代表性的，通过对基本技能和方法的把握，挖掘出大脑里无限的潜力。每小节之后都有“趣味馆”这个栏目，让你在思考的同时可以轻松一笑。在每道问题下面附有一个小贴士，遇到了暂时不懂的问题，小贴士会给你提示。多想一步就是进步！

“在数学的天地里，重要的不是我们知道什么，而是我们怎样知道。”古希腊数学家毕达哥拉斯曾说。对数学的学习是一个长期的、慢慢上升的过程。本书的题目集知识的传授、智力开发于一体，实用性很强。以图文并茂的方式引导孩子们步入奥妙无穷的数学世界，告诉孩子们数学知识可以融入生活实践中。本书的最终目的是教会孩子怎么用数学的观念来认识世界，让孩子们享受数学的乐趣、学好数学、不再害怕、开发智力和提高成绩！

编著者

2017年1月

目 录

第二章　算术的魅力

第三章　几何的美妙

第四章　等式的奥妙

第五章　有趣的组合

第六章 概率的智解

第七章　图形的拼割

第八章　经典回顾

第九章　综合提高

第一章
数字的奇妙

1. 数字标价大变身

妈妈领着妮妮到商店买冰激凌，商店卖三种冰激凌，标价分别为11.32元、12.34元、9.15元。用12元3角4分能否买到一个冰激凌？

提示 价格的多种表示形式。

2. 鸡蛋个数大考察

小凯要吃煎蛋，妈妈只好到市场去买鸡蛋，回家后，妈妈对小凯说这蛋可不能白吃，我要考考你，今天买回来的鸡蛋不到20个，3个3个地数正好数完，5个5个地数就多3个。你来猜一下，我今天买回来多少个鸡蛋？

提示 注意给出的数字之间关系。

3. 不三不四

一天上完数学课后，小奇给了小明三根木棒，要他摆出一个比3大而比4小的数，你们知道这个数字要怎么摆吗？

提示 要发散思维想问题。

趣味馆

猴子每分钟能掰一个玉米，在果园里，一只猴子5分钟能掰几个玉米？

（答案：一个也没有）

4. 数字圆圈

把1~9这九个数字填入下面算式的九个圆圈中（每个数字只用一次），使三个三位数相乘的积最小。

○○○×○○○×○○○=□

提示 可以分成不同的位数进行计算。

5. 数字排队

下面是一个由三角形组成的特殊数列，每个三角形中都有一个数字，那么，你知道问号处的数字是多少吗？

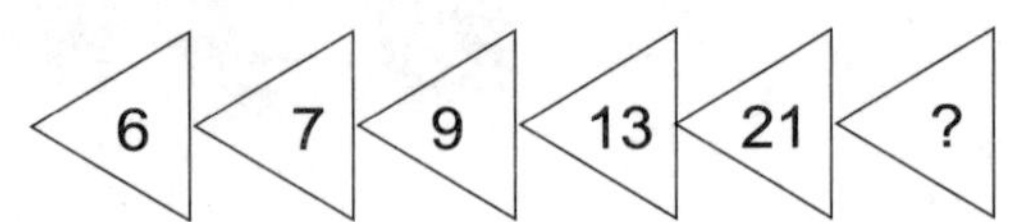

提示 利用数列规律填数字。

6. 余下的三个数

有五个一位数，它们的和为30，积为2520，这五个数知道了其中两个，它们分别是1和8，求余下的三个数？

○+○+○+1+8=30

○×○×○×1×8=2520

提示 运用数字的运算关系。

草地上落着三只鸟，打死了一只，请问还剩几只？

（答案：还有一只）

7. 神秘的同位数

下图中三个空格里是同一个一位数，那么快来算算看这个数是多少吧？

9◯ × ◯=6◯9

提示 根据数字算式找出数字。

8. 奇怪的三位数

有一个奇怪的三位数，减去 7 后正好被 7 除尽；减去 8 后正好被 8 除尽；减去 9 后正好被 9 除尽。你知道这个三位数是多少吗？

9. 两位数猜想

在一个两位数的右边放一个 6，组成的三位数比原来的两位数大 294。原来的两位数是多少？

□□ 6- □□ =294

2和2在什么情况下能比4大？

（答案：写它们组成22时）

10. 数字方格

把 1、1、1，9、9、9，8、8、8，6、6、6，这十二个数分别填入图中空着的方格内，使横、竖、斜三数之和相等。

1			
	9		
		8	
			6

提示 按给出的数字要求填空。

11. 数字组中找不同

下面给出的四组数字中，有一组有着与众不同的特性，小朋友们擦亮你们的双眼快来找找看，哪一组是呢？

86	35	54	74
48	15	22	28

提示 找出每组的共性，排除没有共性的那组。

12. 数字大搬家

把 1、2、3、4、5 五个数字宝贝按要求安放到相应的五个方格中，要求横行三个数字宝贝的和等于竖行三个数字宝贝的和。

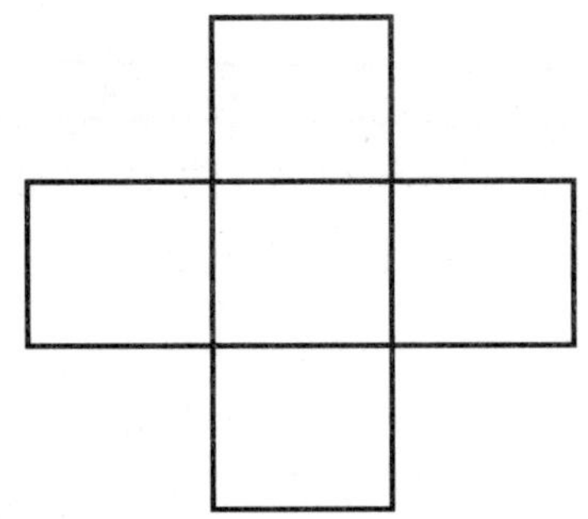

提示 根据给出的条件填方格，此题多解。

趣味馆

一个数前面的数去掉是十三，后面的数去掉是四十，这个数是多少？

（答案：是四十三）

13. 智解八密码

阿曼博士要进入一个实验室做实验，可是要想进入实验室必须完成一个密码的输入，要求如下：在下图○内填入 1 ～ 8 这八个数字，使每个正方形的四个数相加都是 18。聪明的你也来试一试能不能把这个密码解开？

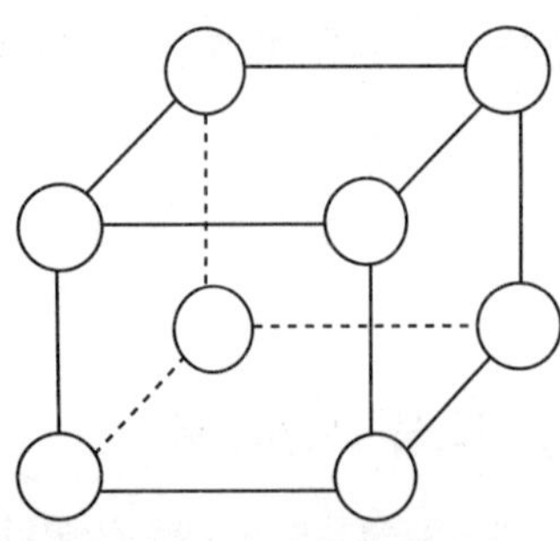

提示 找出这八个数字的关系。

14. 数字大转盘

请小朋友们仔细观察下图，想想转盘问号处应是什么数字呢？

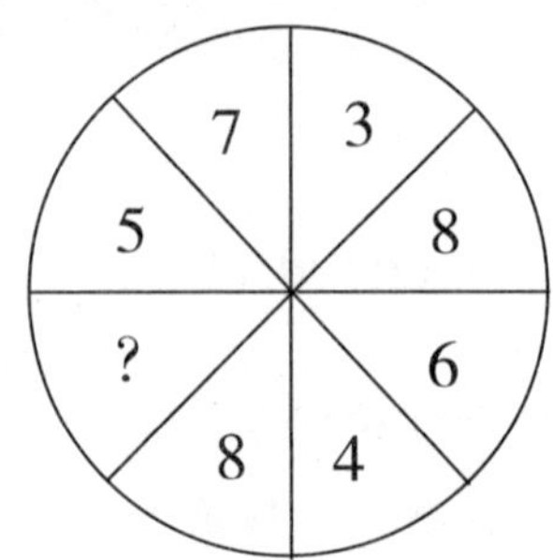

提示 找出数字之间关系。

15. 模型数字

把 1 ～ 7 这七个数填入“H 型”图的七个圆圈内，使每条线上三个数的和都是 12（每个数只用一次），见下图。

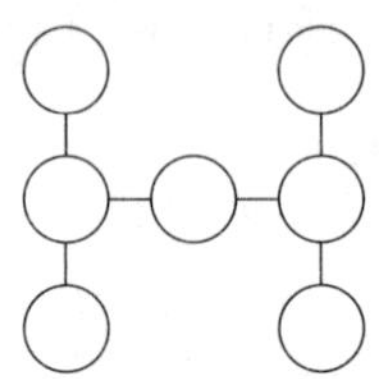

提示 根据数学模型中的数字关系填数字。

趣味馆

一只蜗牛从上海到北京只用了一分钟的时间，这是为什么呢？

（答案：因为蜗牛在地图上爬）

16. 数字金字塔

有两座数字金字塔，里面的数字成

规律的排列，请小朋友们根据左边“金字塔”的规律，填出右边“金字塔”问号处的数字。

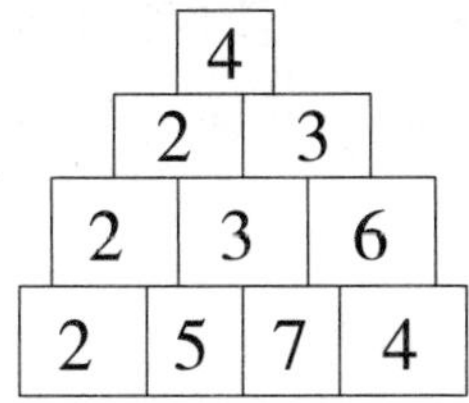

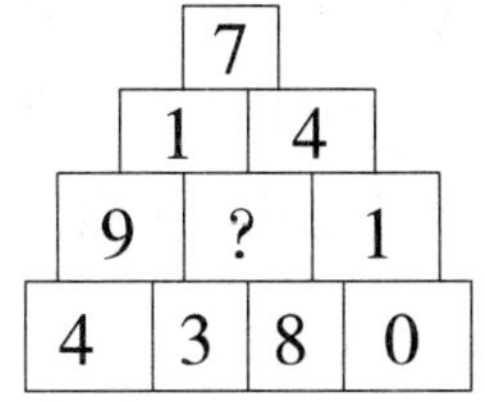

提示 找出数字规律。

17. 三颗星星

天空中有三颗小星星，它们的周围被数字包围着，其中一颗星星中间走丢了一个数字，小朋友们，快来看看你能帮忙找回来吗？

提示 先找出前面两颗星星之间的数字关系。

18. 最后一个是什么数呢

你能填出最后一个圆圈里问号处的数字吗？

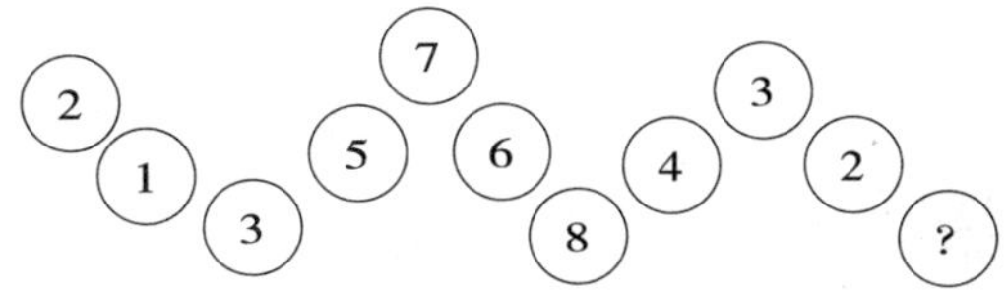

提示 找出数列中的数字关系。

数字0到1之间加一个什么号，才能使这个数比0大，而比1小呢？

（答案：加一个小数点）

19. 数字大转轮

请将 11 ~ 17 七个数填入大转轮中，使每条线上三个数的和相等。

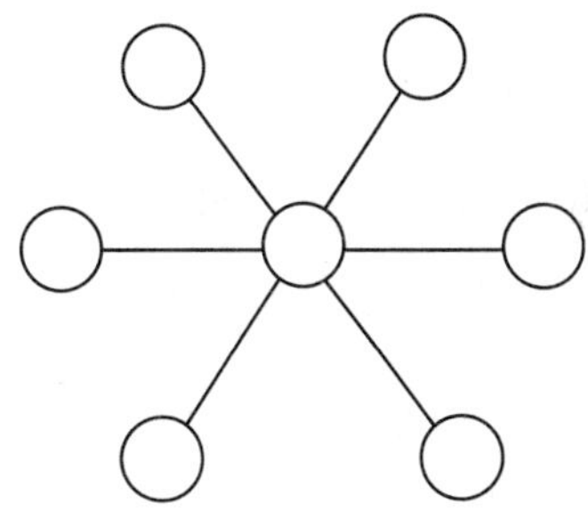

20. “田”数字格

请你把 1~9 这 9 个数字，准确地填入下图的空格中，使每块“田”字格里四个数相加之和都相等。

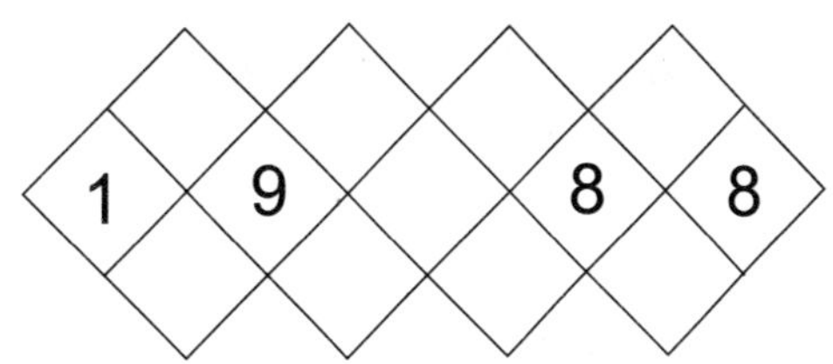

21. 数字E

每一个字母代表一个不同的数字，那么想一想字母 E 代表什么数字？

```
   AB
+  CD
------
  EFG
```

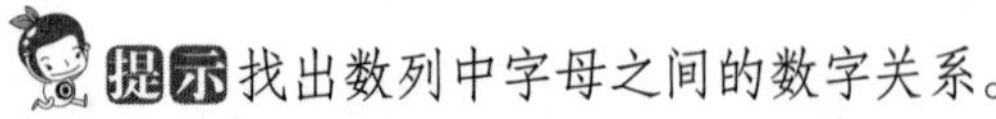
提示 找出数列中字母之间的数字关系。

22. 数字A

下面有三组算式，根据这三组式子，你能判断出字母 A 代表哪个数字吗？

A × A ÷ A=A

A × A+A=A × 6

（A+A）× A=10 × A

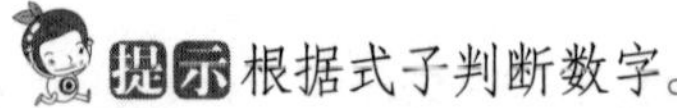
提示 根据式子判断数字。

趣味馆

你们知道7+8=3在什么情况下成立吗？快来开动脑筋想一想吧！

（答案：七点加八点等于下午三点）

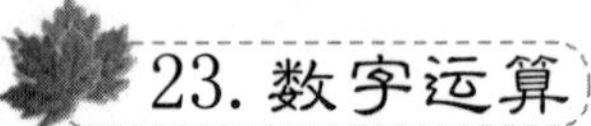

23. 数字运算

根据下面给出的三个数字，我们可以推出 B 代表的数字是什么呢？

B×B÷B=B

B×B+B=B×9

(B+B)×B−6B=B×10

24. 乘积与和

下面的三个字母分别代表三个非 0 的数字，这三个数的乘积与它们之和都是一样的。请小朋友们猜一下这三个字母代表哪三个数字吧？

X×Y×Z=G

X+Y+Z=G

提示 根据三个数字关系判断数字。

25. 大小对应

如果“大大小小小大小小大”对应

2 2 1 1 1 2 1 1 2

则“大大小小大小小大”对应（　　）。

A. 2212211122　　B. 22112122

C. 22112112　　D. 112212211

E. 212211212

提示 根据题目中给出的对应关系判断出每个字代表的数字。

趣味馆

小朋友们如果请你算一下读完北京大学需要多长时间，你能算得出来吗？

（答案：1秒钟足够）

26. “巧”解算式

下面有一个汉字列式，你能将此列

式还原为数字列式吗？

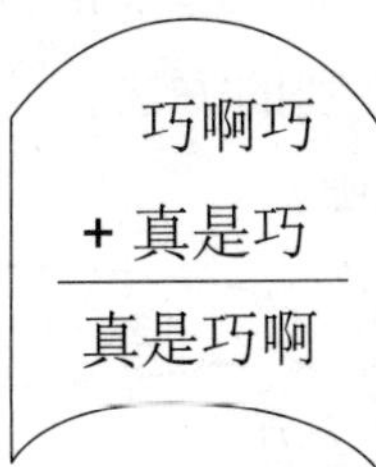

提示 根据汉字列式规律找出数字。

27. 猜数游戏

格子中的两位数都是由 1、6、8、9 组成的，并且横行、竖行四个数的和都相等。那么现在请小朋友们将汉字也换成两位数，也要由 1、6、8、9 来组合。使斜行的四位数之和也跟横行、竖行的数之和相等。这些汉字应该是什么数呢？

96	11	89	68
88	猜	数	16
61	游	戏	99
19	98	66	81

提示 根据周围的数字关系找出方格中汉字所代表的数字。

28. 乾坤大挪O

请你把下面竖式中的九个数字换成 0，使它们的和变成 1111。快来试试看吧？

$$
\begin{array}{r}
111 \\
333 \\
555 \\
777 \\
+\,999 \\
\hline
\end{array}
$$

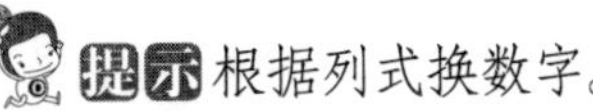
提示 根据列式换数字。

趣味馆

什么情况下，0大于2，2大于5，5大于0？

（答案：在玩石头剪刀布的时候）

29. 钟表列队

下面是一组玩具钟表的表盘图，请根据规律想想问号处应为几点？

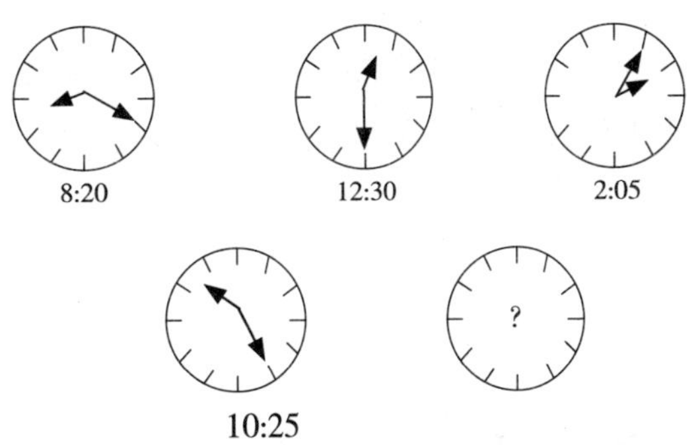

A: 6:20　B: 8:05　C: 4:10　D: 10:30

提示 找出每个钟表间的规律。

30. 数字大组合

不重复地用0，2，3，4能组成多少个不同的三位数字，其中有几个单数呢？

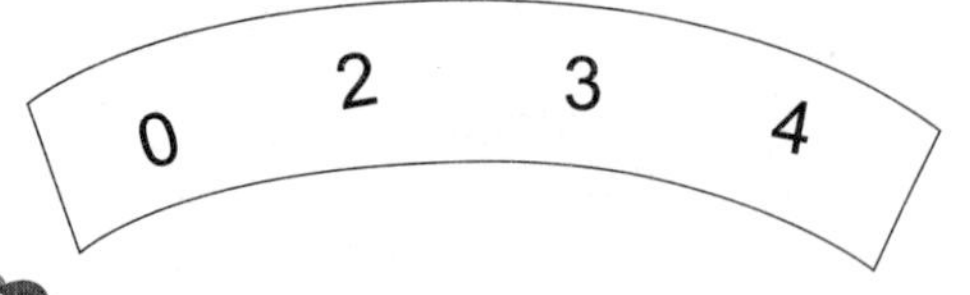

提示 可以有多种解题方法。

趣味馆

为什么老王家的母鸡一天能下12个蛋？

（答案：因为老王养了12只母鸡）

31. 数字贵宾

数字之家要邀请一位尊贵的客人来做客，数字宝宝们都很想知道这位客人的名字是什么，数字老爸神秘兮兮地笑着说，大家都听好了，他的名字是个三位数，十位的数字比百位的数字大4，个位数字又比十位数字大4，现在你们能猜出来了吗？

提示 注意这位客人的名字满足的条件。

32. 巧连九数字

小龙给小奇出了一道题，要求是这样的：把1~9这九个数字，不改变顺序组成若干个数（组数时可用一个数字，也可用两个、三个），再将这些数用加、减运算符号连成得数是100的等式。如：123+4−5+67−89=100。小奇听完后这下可犯了愁，大家都一起来帮帮小奇吧，看看你还有没有别的方法，使这些数字紧密地联系起来呢？

提示 此题多解。

趣味馆

农夫养了10头牛，为什么只有19只角？

（答案：有一头瘸牛）

33. 神奇的数字

有两个自然数，它们的和就等于它们的积，你能列出这个等式吗？再动脑筋想一想三个数之和等于这三个数的积；四个数的和等于这四个数的积；五个数的和等于这五个数的积，这几个等式你都能列出来吗？

△+△=△×△

△+△+△=△×△×△

△+△+△+△=△×△×△×△

△+△+△+△+△=△×△×△×△×△

提示 找一找其中的规律，可以再接着往下写两个。

34. 数字平方

小娟爱做数学题，有一天她突然发现 $123^2=15129$，其中出现五个数字：1，2，3，5，9（平方的2不包括在内）。后来她又接着找到了一个三位数：这个三位数更神奇，它及它的平方值中正好出现1，2，3…8，9这九个数字，每个数字既不重复又不遗漏。她觉得很奇妙。你也快来找找看吧，看你能找到几个三位数使它及它的平方值中正好出现1~9这九个数字？

提示 共有9个数字，每个数字既不重复又不遗漏。

35. 大小数字

有两个不相等的数。如果每个大数都减去小数的一半，那么余下的大数是余下的小数的3倍。请问：大数是小数的几倍呢？

提示 找一找大小数的关系。

趣味馆

3个同学下跳棋，总共下了45分钟，请问每个同学下了多少分钟？

（答案：45分钟）

36. 数字魔方

下图是一个包含有一些灵活和奇异数字组合的魔方。请用1~15内的数字填写空格并揭示其中的规律。

	4	8	
2			14
1		6	
12	7	11	0

提示 找出规律填数字。

37. 找数

你能找出同时能整除999、888、777、666、555、444、333、222、111 这九个数的自然数吗？

提示 求数字的公因数。

38. 幸运数字“3”

数字“3”是一个部落的幸运数字，所以他们做事情的时候都喜欢带上它。这不，这天老首领要给12户居民分100条鱼，并且每户居民分得的数目上都要有数字“3”，该如何分呢？

提示 不必考虑平均分配。

趣味馆

哪个数字最勤劳？哪个数字最懒惰？

（答案：一不做二不休）

39. 巧组100

请你把下列这些数字用运算符号运算成等于 100 的算式。

（1）9　9　9　9=100

（2）9　9　9　9　9　9=100

（3）1　1　1　1　1=100

（4）3　3　3　3　3=100

（5）5　5　5　5　5=100

（6）5　5　5　5　5=100

40. 求数字A

有一个有趣的五位数，假设它是 A，它奇妙在：在它的最前面加上数字 1 可以变成一个六位数，在它的最后面加数字 1，同样得到一个六位数，但是第二个六位数是第一个六位数的 3 倍，那么 A 是多少呢？

1abcde × 3=abcde1

41. 美丽的算式（1）

7 × 9=

77 × 99=

777 × 999=

7777 × 9999=

77777 × 99999=

777777 × 999999=

42. 美丽的算式（2）

22 × 55=

222 × 555=

2222 × 5555=

22222 × 55555=

222222 × 555555=

2222222 × 5555555=

22222222 × 5555555555=

43. 美丽的算式（3）

0 × 9+1=

1 × 9+2=

12 × 9+3=

123 × 9+4=

1234 × 9+5=

12345 × 9+6=

123456 × 9+7=

1234567 × 9+8=

12345678 × 9+9=

123456789 × 9+10=

44. 美丽的算式（4）

1×8+1=9

12×8+2=98

123×8+3=987

（　　）×8+（　　）=9876

（　　）×8+（　　）=98765

（　　）×8+（　　）=987654

（　　）×8+（　　）=9876543

（　　）×8+（　　）=98765432

（　　）×8+（　　）=987654321

45. 奇妙的平均分

大明是个大马虎，考试总是不细心，他的前九次测验，平均分只有 17 分，他认真复习，信心满满地迎接第十次考试，他考完之后，平均分涨了 1 分，你知道他第十次测验的得分吗？

46. 吃牛的速度

在非洲大草原上，生活着狮子汉克一家三口，其中小狮子吃完一头野牛需要 12 小时，狮子妈妈吃完一头野牛需要 6 小时，而狮子爸爸吃完一头野牛只需要 4 小时，那么他们一家一起吃完一头野牛需要的时间是多少呢？

47. 好朋友的钱数

两个好朋友兰兰和玲玲相约去游玩，其中兰兰带的钱是玲玲所带钱的 2 倍，两个人进景点各花去 60 元，现在兰兰的钱成了玲玲的 3 倍，那你能算出两人各带多少钱出门吗？

48. 鸡、鸭、鹅的重量

暑假的时候，石头和爸爸到了乡下的爷爷家，他看到爷爷养的鸡、鸭、鹅很高兴，就想问一问三种家禽中最重的三只的重量分别是多少，爷爷笑着给了他提示，说：“它们一共重 16 公斤。其中最轻的是鸡，它重量数的平方等于鹅的重量减去鸭的重量；最重的是鹅，它重量数的平方根恰好等于鸭的重量减去鸡的重量。”你能帮石头算出来吗？

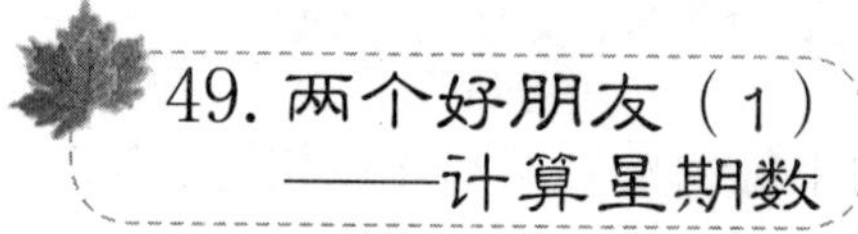

49. 两个好朋友（1）——计算星期数

小刚和小东是好朋友，他们都喜欢数学，也喜欢互相问问题，一天小刚突发奇想，说：“小东，今天是星期天，你知道200天后是星期几吗？”小东思索了一会就给出了正确答案，你能算出来吗？

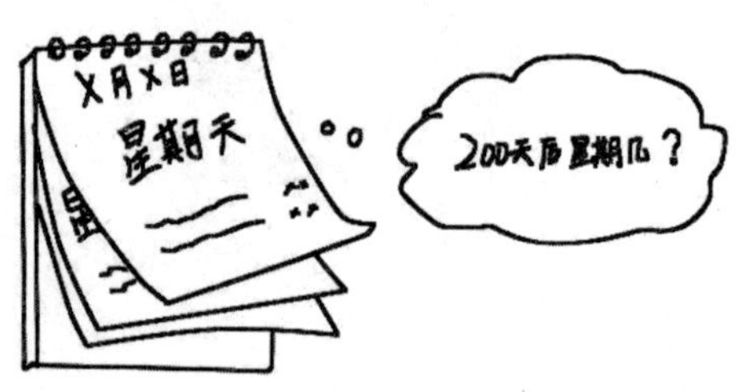

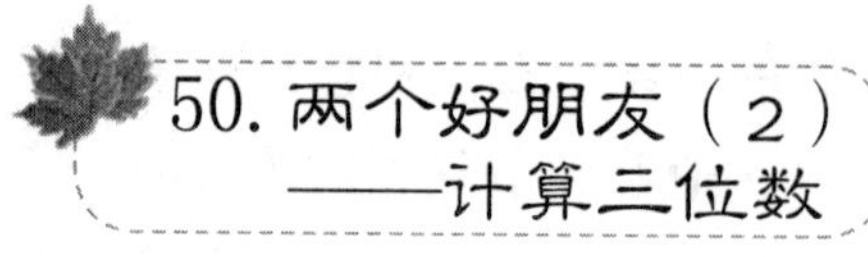

50. 两个好朋友（2）——计算三位数

小刚问完之后，小东也不示弱地说：“小刚，有一个很‘厉害’的三位数，它加上 7 能被 7 整除，加上 8 能被 8 整除，加上 9 能被 9 整除，你知道这个三位数是多少吗？”小刚思索了一会也给出了正确答案，你能算出来吗？

51. 撕掉的页码

飞飞有一本书编码从1到45，其中有一页没有装订好，掉了，而剩余的编码的和是1000，你能判断掉出来的页码是多少吗？

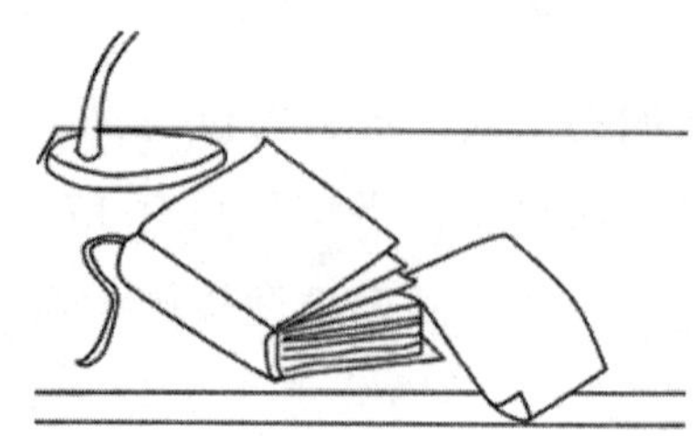

52. 时间确定

柳老师开了一个辅导班，李东、王明、赵成三名学生定期到柳老师家补课，其中李东隔 3 天到柳老师家上课，王明隔 4 天到柳老师家上课，赵成隔 6 天到柳老师家上课。他们正好在 6 月 1 日这一天同时在柳老师家上课，那么下一次三个人同时在柳老师家上课是几月几日？

53. 有几个运动员

“砰”的一声枪响，参加1500米决赛的运动员一齐冲出起跑线，沿着环形跑道奔跑。林林也参加了这次决赛。林林前面有5个运动员在跑着，在林林的后面也有5个运动员跑着，问共有几个运动员参加1500米决赛？

54. 谁钓到的鱼

小明、小芳、小立一起去钓鱼。回家时，他们的车上一共有15条鱼。每人钓鱼的条数和斤数一样多。这堆鱼有1条5斤的大鱼，5条4斤的鱼，4条3斤的鱼，3条2斤的鱼，2条1斤的鱼。一共是45斤。谁也记不清那条大鱼是谁钓到的了。小芳只记得她钓到2条1斤重的鱼。那条5斤重的大鱼是谁钓到的呢？

55. 买菜

小丽去菜市场回来，告诉爸爸她一共买了4样菜：4根黄瓜、3个西红柿、6个土豆、5个辣椒。“黄瓜每根6分钱，辣椒每个9分钱，”小丽对爸爸说，“一共花了1元7角。”

“这笔账不对，”爸爸笑着说，“一定是算错了。”

“您还不知道土豆每个多少钱、西红柿每个多少钱，怎么就知道错了呢？”

“你再算一遍吧，肯定是错了账。”爸爸肯定地说。

小丽仔细再算了一遍，真的是算错了。怪了，爸爸是怎么知道的呢？

百鸟归巢图

宋代的文学家苏轼，不但诗词写得精彩，中国画也画得好。传说有一位广东的状元，名叫伦文叙，为苏轼画的《百鸟归巢图》题了一首奇怪的诗：

天生一只又一只，
三四五六七八只。
凤凰何少鸟何多，
啄尽人间千万石。

画的标题中说是“百鸟”；题诗中却不见“百”字踪影，似乎只管数鸟儿有多少只：一只，又一只，三、四、五、六、七、八只，数到八就结束，开始发表感想了。画中的鸟儿，究竟是100只呢，还是8只？

要解开这个谜，可以把诗中关于鸟儿只数的数字写成一行：

11345678

这些数合在一起，与100有没有关系呢？

通过观察发现可以用这些数组成一个算式，计算结果恰好等于100：

$1+1+3\times4+5\times6+7\times8=100$。

原来，诗中的第二句不能读成“三、四、五、六、七、八只”，而应该读成

三四、五六、七八只。

其中的“三四”“五六”“七八”，都是两数相乘，得数分别是12、30和56。连同上句的1只、又1只，全部加起来，隐含着总数是“百”。

第一章 答案

1. 数字标价大变身

能，12.34元=12元3角4分。

2. 鸡蛋个数大考察

18个。

3. 不三不四

圆周率π。

4. 数字圆圈

要使乘积最小，就要使三个三位数的百位数字最小，十位数字较小，依次为个位数字。三个三位数的百位数字应为：1、2、3，十位数字应为：4、5、6，个位数：7、8、9，经过验证，这三个三位数百位数字、十位数字、个位数字应这样搭配：147×258×369，它们的积最小，为13994694。

5. 数字排队

问号处的数字是37。从左向右进行，把每个数字乘以2，再减去5，就得到下一个数字。

6. 余下的三个数

这三个数是5、7、9。

7. 神秘的同位数

根据题意，空格处的三个数字都是相同的，而右边的个位是9，因此两个相同的数字相乘的结果个位是9的只能是3或7。经过检验，只有7符合要求。

8. 奇怪的三位数

这个数是504，因为这个三位数既能被7整除，又能被8整除，又能被9整除，说明它同时是7、8、9的整倍数。所以为7×8×9=504。

9. 两位数猜想

根据题意，形成的三位数比原来的两位数的10倍还大6，也就是说，294是原来两位数的9倍还大6，所以原来的两位数是：（294−6）÷（10−1）=32。

10. 数字方格

1	8	6	9
6	9	1	8
9	6	8	1
8	1	9	6

11. 数字组中找不同

第三组与其他组不同。在其他的几对数字之中，将组成上方数字的两个单独的数字相乘即可得到下面的数字：如：3×5=15。

12. 数字大搬家

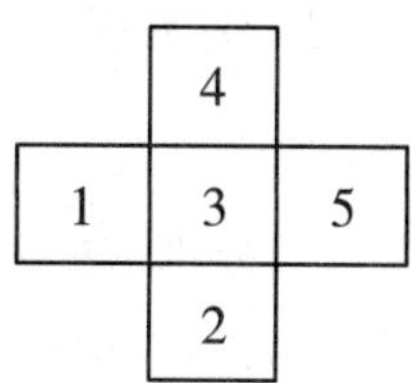

13. 智解八密码

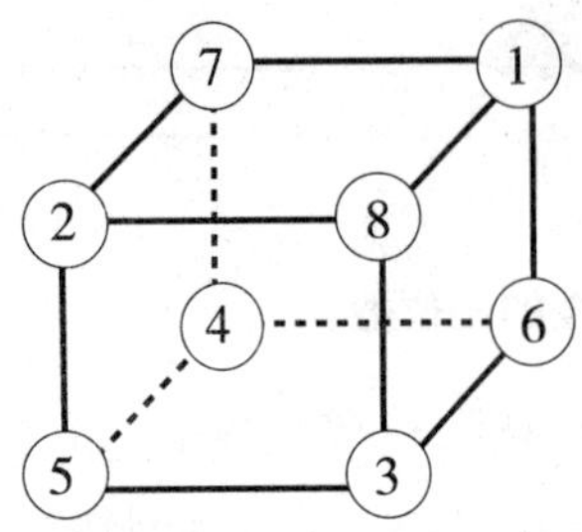

14. 数字大转盘

问号处该填入3。互为对角部分的数字之和等于11。

15. 模型数字

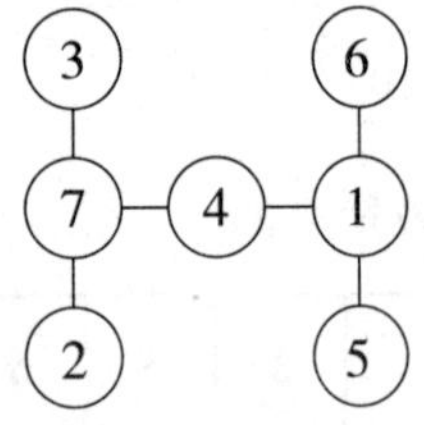

16. 数字金字塔

问号处应填3。

（422+436）×3=2574

(719+741) ×3=4380

17. 三颗星星

缺的是5。

在每颗星星中，把星星角上的偶数相加，再把奇数相加，偶数和与奇数和相减就是中间的数字。

18. 最后一个是什么数呢

问号处应为4。

第一列2，1，3分别加5等于第二列7，6，8；第二列7，6，8分别减4等于第三列3，2，4。

19. 数字大转轮

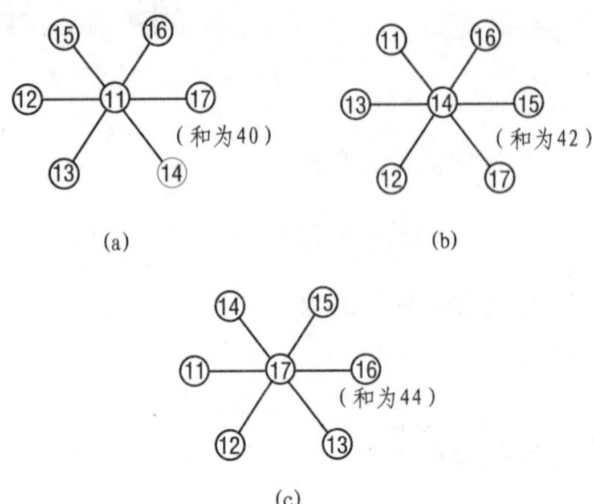

(a) (b) (c)

20. “田”数字格

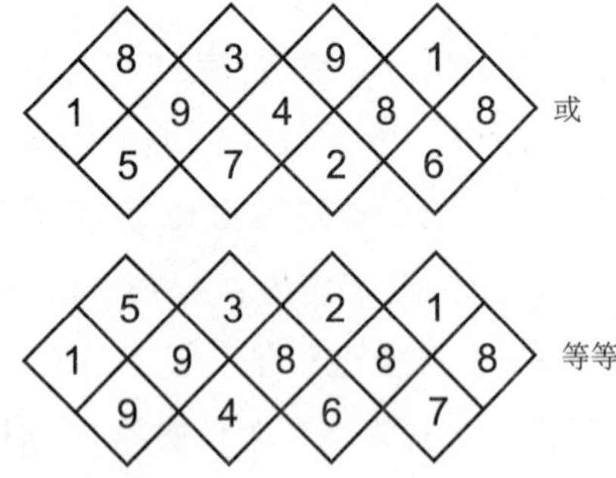

21. 数字E

E=1。即使A与C是最高数位（数位：从0到9的任一数字），即9和8，它们之和将会是17，而B和D之和最多只能向上进1位，将得到18，所以E一定是1。

22. 数字A

A是5。

23. 数字运算

第一个算式是总成立的，由第二个式子可以得到B+1=9，得B=8，符合第三个式子，所以B=8。

24. 乘积与和

1×2×3=6

1+2+3=6

25. 大小对应

C，“大”对应2，“小”对应1。

26. “巧”解算式

根据算式分析，两个百位数“巧”“真”相加等于“真是”，可见有一进位，那么“真”一定是1，“是”可能是0，“巧”只能是8或9。如果是8，那么“啊”就应是6，因为“巧+巧”=“啊”。还原算式 $\begin{array}{r}868\\+\ 108\\\hline 976\end{array}$：由上式看出，“巧”是8不成立，所以只能是9，如果是9，“啊”就应是8。因为“巧+巧”等于“啊”。还原算式 $\begin{array}{r}989\\+\ 109\\\hline 1098\end{array}$：由此得出：“巧啊巧+真是巧”=989+109=1098。

27. 猜数游戏

猜是69，数是91，游是86，戏是18。

28. 乾坤大挪0

换九个零

$$\begin{array}{r}100\\000\\005\\007\\+\ 999\\\hline 1111\end{array}$$

29. 钟表列队

C。

30. 数字大组合

18个，4个。

31. 数字贵宾

因为十位数字比百位数字大4，个位数字又比十位数字大4，所以个位数字比百位数字大8。但是三位数的百位数字至少是1，个位数字至多是9，要使两个数字的差是8，只可能百位数字是1、个位数字是9。由此得到十位数字是5。所以，这位客人是159。

32. 巧连九数字

1+2+3−4+5+6+78+9=100

1+2+34−5+67−8+9=100

1+23−4+5+6+78−9=100

12+3−4+5+67+8+9=100

12−3−4+5−6+7+89=100

123−4−5−6−7+8−9=100

123+4−5+67−89=100

123+45−67+8−9=100

33. 神奇的数字

2+2=2×2

1+2+3=1×2×3

1+1+2+4=1×1×2×4

1+1+1+2+5=1×1×1×2×5

1+1+1+1+2+6=1×1×1×1×2×6

34. 数字平方

答案有两个：567^2=321489，854^2=729316

35. 大小数字

设大数为A，小数为B，根据题意可得：A−B/2=3（B−B/2），A=2B，所以大数是小数的2倍。

36. 数字魔方

15	4	8	3
2	9	5	14
1	10	6	13
12	7	11	0

规律：每行及每列数字之和等于30。

37. 找数

能整除这九个数的自然数，必定能整除111。由此，问题就转化为找能整除111的数。因为111=3×37=1×111，所以符合要求的自然数有四个，即：1、3、37、111。

38. 幸运数字“3”

在第1、第2、第3个篓子里各放入13条鱼，在第4~11个篓子里各放入3条鱼，在第12个篓子里放入37条鱼，这样刚好100条鱼，每个篓子里鱼的条数中都有一个数字“3”。

39. 巧组100

（1）99+9÷9=100

（2）99+99÷99=100

（3）111−11=100

（4）33×3+3÷3=100

（5）5×5×5−5×5=100

（6）5×（5+5+5+5）=100

40. 求数字A

设A=abcde，那么有1abcde×3=abcde1，所以e×3的尾数是1，可得e=7；可得d×3的尾数为5，所以d=5；可得c×3的尾数为4，所以c=8；可得b×3的尾数为6，所以b=2；可得a×3的尾数为2，所以a=4.综上可得A=42857，经过检验，符合题意。

41. 美丽的算式（1）

7×9=63

77×99=7623

777×999=776223

7777×9999=77762223

77777×99999=7777622223

777777×999999=777776222223

42. 美丽的算式（2）

22×55=1210

222×555=123210

2222×5555=12343210

22222×55555=1234543210

222222×555555=123456543210

2222222×5555555=12345676543210

22222222×55555555=1234567876543210

43. 美丽的算式（3）

0×9+1=1

1×9+2=11

12×9+3=111

123×9+4=1111

1234×9+5=11111

12345×9+6=111111

123456×9+7=1111111

1234567×9+8=11111111

12345678×9+9=111111111

123456789×9+10=1111111111

44. 美丽的算式（4）

$$1234\times8+4=9876$$

$$12345\times8+5=98765$$

$$123456\times8+6=987654$$

$$1234567\times8+7=9876543$$

$$12345678\times8+8=98765432$$

$$123456789\times8+9=987654321$$

45. 奇妙的平均分

十次考试的总分是18×10=180，前九次的总得分是17×9=153，所以第十次的得分是180−153=27（分）。

46. 吃牛的速度

狮子一家三口进食的速度分别是$\frac{1}{12}$，$\frac{1}{6}$，$\frac{1}{4}$，那么他们1小时可以进食$\frac{1}{12}+\frac{1}{6}+\frac{1}{4}=\frac{1}{2}$，所以他们一家三口一起吃完一头野牛需要2小时。

47. 好朋友的钱数

把60元看成一份，那么可以知道，兰兰花去一份钱之后剩下的是玲玲花去一份钱之后的三倍，可以知道兰兰原来有4份钱，玲玲原来有2份钱，所以兰兰带了240元，玲玲带了120元。

48. 鸡、鸭、鹅的重量

小于16的数中，完全平方数有4和9，并且鹅的重量最重，所以我们可以假设鹅的重量是9公斤，那么鸭的重量减去鸡的重量就等于3公斤，并且鸭的重量加上鸡的重量就等于7公斤，可以知道，鸭的重量为5公斤，鸡的重量为2公斤。三个数符合第二个条件，所以鹅的重量是9公斤，鸭的重量是5公斤，鸡的重量是2公斤。

49. 两个好朋友（1）——计算星期数

一周有7天，所以7天之后的星期数与现在相同，200÷7=28…4，也就是说，200天之后的星期数与4天之后的星期数相同，也就是星期四。

50. 两个好朋友（2）——计算三位数

这个数可以整除7、8、9，所以这个数是7×8×9=504

51. 撕掉的页码

所有页码的和是1+2+3+…+44+45=1035，因为掉的两个页码是相邻的两个自然数，所以掉的两个页码分别是第17页、第18页，因为是以奇数页码开头，所以两个页码在同一页上，满足要求。

52. 时间确定

三个人分别隔3天、4天、6天到老师家上课，那么这三个人分别是4天、5天和7天去一次，那么他们三个人下一次同时去的天数应该是4、5、7的最小公倍数，也就是4×5×7=140，140÷30=4…20，其中7月、8月是大月，每月31天，20−2=18，那么下次一起到老师家的月份是6+4=10，日期是18+1=19，所以下次三个人一起上课的时间为10月19日。

53. 有几个运动员

11个。

54. 谁钓到的鱼

是小芳钓的，因为小芳有两条1斤的鱼，如果她没有5斤的鱼，那么剩下3条都是4斤也不能到15斤，所以她必须有一条5斤的鱼，而且只有1条5斤的鱼，那就是小芳钓的。

55. 买菜

1元7角减去黄瓜与辣椒的钱还剩下1.01元，就是101分，而共买了3个西红柿与6个土豆，那么花去的钱应该可以整除3，而101不能整除3，所以爸爸能迅速判断。

第二章 算术的魅力

1. 老师的岁数

小军问老师："老师现在多少岁？"老师回答说："老师的岁数吗？老师岁数的一半再加上你的岁数，就是老师的岁数。"现在已知小军15岁，那么快来算一算老师的岁数吧？

提示 找出老师和小军岁数的关系来计算。

2. 比比工资

一个人第一年挣2000元，以后每年多挣250元；另一个人上半年挣1000元，以后每半年多挣50元；三年内谁挣的钱多呢？

提示 可以列式算。

3. 狡猾的商人

一个商人用100元买进了两件9元的衣服，供货商找给了他82元，这时，商人又说自己已有了零钱，就给了供货商18元而要回了自己原来的100元，那么，小朋友，现在你来想一下这笔交易是否合理呢？

提示 注意其中有差价存在。

趣味馆

5元一堆香蕉，3元一堆苹果，2元一堆橘子，合在一起，问共有几堆？

（答案：合在一起就变成一堆了）

4. 摘松果比赛

两只松鼠贝贝和果果比赛摘松果，贝贝比果果摘得多，假如果果把摘的松果给贝贝3个，则贝贝摘的就是果果的三倍。如果贝贝把摘的松果给果果15个，则贝贝和果果摘的松果一样多。你知道贝贝和果果各摘了多少个松果吗？

提示 根据贝贝和果果摘的松果的数字关系算出它们各摘了多少个松果。

5. 剩余苹果

一篮苹果平均分给6个人时，还余5个。现有一大筐苹果，它是这篮苹果的4倍，如果把这一大筐苹果分给6个人时，余几个苹果呢？

提示 乘除法的运算。

趣味馆

老鼠的繁殖能力非常惊人。据说一只母鼠每个月生产一次，一胎生12只小老鼠。小老鼠成长到两个月大时就有生殖能力。假设现在开始饲养一只刚出生的小老鼠，10个月后会变成几只？

（答案：不会有后代，只有1只无法交配。1只。）

6. 吃草的速度

山羊美美、肥肥和仔仔比赛吃草速度，美美说："如果有一筐草，我需要6小时能吃完。”肥肥说：“你需要的时间太长了，我只需要3小时就能吃完！”仔仔一听说：“我比肥肥还要快，我只用2小时就能吃完！”那么如果它们3个一块儿吃，用多少时间能吃完一筐草呢？

提示 分式的意义。

7. 半支水彩笔

小丽问小华：“你的那些水彩笔都还在吗？”小华回答说：“就剩最后2支了。我已经把一半的水彩笔和1支水彩笔的一半送给了小雨。然后，我又把剩下的一半水彩笔和1支水彩笔的一半送给了小欣，我现在手里就剩2支水彩笔了，假如你能猜出我原来有几支水彩笔，我就把剩下的2支送给你。”小丽刚开始听得一头雾水，因为她怎么也弄不明白，1支水彩笔掰成两半儿后还有什么用。但后来她终于想明白了小华是怎样分的了，于是小丽就得到了最后2支水彩笔。小华原来有多少支水彩笔呢？

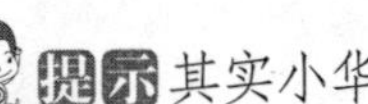
其实小华1支水彩笔也没有掰。

世界上除了火车啥车最长？

（答案：塞车）

8. 悟空做除法

悟空在计算除法的时候，把除数27写成72，结果得到的商是39还余28。请同学们仔细想一想，正确的商和余数各是多少呢？

X÷72=39…28

提示 简单的乘除运算。

9. 猴子吃桃

小猴子摘了一些桃子运回家后，就开始享受美味，已知小猴吃掉的桃子比剩下的多4个，过了一会儿它又吃掉了1个桃子，这时吃掉的是剩下的3倍，问：小猴子一共吃了多少个桃子呢？

可以运用逆向思维方式解题。

趣味馆

某日搭公交车时发现付车钱（或刷卡）的人只占搭乘此班车总人数的1/3，但是，售票员并没觉得有什么不对，假设并无免费的儿童搭乘。请问有这种可能吗？

（答案：有可能。因为只有1名乘客，其余2人为司机和售票员）

10. 多项运动

某班有学生50人，其中35人会游泳，38人会骑车，40人会溜冰，46人会打乒乓球，那么这班至少有多少人，以上四项活动都会呢？

提示 厘清多少人各会多少项运动。

11. 何时相遇

有甲、乙两个旅游者一齐从A地向B地出发，其中甲每天走7公里；乙第一天走1公里，第二天走2公里，第三天走3公里，这以后每天都多走1公里。问："甲、乙两人从出发经过多少天可以相遇呢？"

提示 熟知的相遇问题。

趣味馆

哪项比赛是往后用力的？

（答案：拔河）

12. 影星的年龄

影星通常避讳年龄，记者则想知道读者希望了解的任何事情。记者问一位影星，今年多少岁？

这位影星不愿意直截了当回答，又不喜欢说假话糊弄人，于是婉转地说："用我5年后岁数的5倍，减去我5年前岁数的5倍，刚好等于我现在的岁数。"

这位影星今年究竟多少岁呢？

提示 可以设未知数算出来。

13. 老师好厉害

数学老师说："请你随意想出一个由相同数字组成的三位数，然后用这三个数字之和去除，得出来的答案，一定跟我预言的一样。"经过几次验证之后，数学老师说得果然不错，原来都是一个固定的数，数学老师预言的数是什么，你知道吗？

提示 假设条件成立推算出这个数。

趣味馆

王大婶有3个儿子，这3个儿子又各有1个姐姐和妹妹，请问王大婶共有几个孩子呢？

（答案：5个）

14. 聪明的老师

在一次数学课上，贾老师对学生们说："你们心中默想一个四位数，然后做以下的运算，先把这个数的最后一个数字移到第一位，其他数字顺序不变，得到一个新的四位数，再把这两个数相加。例如：1234可以变为4123，1234+4123=5357。"老师笑了笑，接着说："只要你按照这样计算，告诉我得数，我就知道你的计算是不是正确。好，开始吧！"

然后有四个学生说出了自己的计算结果如下：

甲：8654

乙：4367

丙：4322

丁：13598

老师看了看，马上说出只有乙说得数正确，你知道老师是怎样判断的吗？

15. 学习时间

姐妹俩人，在同样的客观条件下学习。妹妹勤奋，学一知三，姐姐懒惰，学三忘二，猜一下，妹妹在6年间所懂得的知识，姐姐需要多少年才能懂得呢？

提示 可以运用分数的意义。

16. 烟鬼卷烟

有一个烟鬼常把烟头拾起来抽，每4个烟头可以卷一支烟。一天深夜，烟又吸光了，他一看烟灰盒里有10个烟头，问：他还可以卷几支烟抽呢？若烟灰盒里有16个烟头，他还可以卷几支烟抽呢？快来算一算吧，看你的答案能不能算对呢？

提示 一支烟吸完后还会有烟头剩下。

趣味馆

三加三除了等于六，还能等于什么？

（答案：田）

17. 篮球比赛

某区中学生举行篮球比赛，有9个队参加。现采用循环赛，并分到9个学校的球场进行比赛。问：平均每个学校有几场比赛？

提示 不必考虑平均分配。

18. 短跑训练

学校在下个月要举行运动会，小李报名参加了女子100米短跑比赛，她请体育老师帮她训练，成绩有了显著提高，时间比原来缩短了$\frac{1}{5}$，你能算出她的速度提高了几分之几吗？

提示 分式的运用。

趣味馆

地球上什么东西每天要走的距离最远？

（答案：地球）

19. 喝汽水

一瓶汽水1元，喝完后两个空瓶换一瓶汽水，现小明身上有20元，问：他最多可以喝几瓶汽水呢？

提示 空瓶和汽水之间的转换。

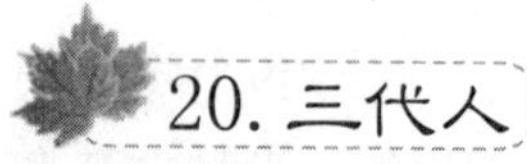

20. 三代人

有祖孙三代人，爷爷比儿子年长24岁，儿子比孙子年长25岁。爷爷和孙子的年龄总共是73岁。请问祖孙三代人各是多少岁呢？

提示 可以用假定法求出来。

趣味馆

如果你要请朋友去看电影，那么是请同一个朋友去看两场便宜，还是请两个朋友看一场便宜？

（答案：请两个朋友看一场，因为这样你只要买3张票，而请一个朋友看两场你得买4张票。）

21. 乘客乘车

一批乘客坐车去上班，第一站下了$\frac{1}{6}$的乘客，第二站下了乘客的$\frac{1}{5}$，然后的几站分别下了乘客的$\frac{1}{2}$、$\frac{3}{4}$和$\frac{2}{3}$，最后还剩下3个乘客。这中间没人上车，问：车上开始有乘客多少人？每站各下了几人？

提示 根据各站的乘客人数算出总人数。

22. 蜗牛爬墙

有一堵墙，高12尺，一只蜗牛从墙角往上爬，它白天往上爬3尺，而晚上又要下降2尺，爬到墙顶需要多少天？如果墙高20尺，蜗牛爬到墙顶需要多少天？

提示 蜗牛晚上还需要下降。

趣味馆

盆里有6个馒头，6个小朋友每人分到1个，但盆里还留着1个，为什么？

（答案：最后一个小朋友把馒头和盆一起拿走了）

23. 爬楼梯

小明和小亮比赛爬楼梯。当小明爬到4层楼时，小亮刚好爬到3层楼。两个人都保持这样的速度，当小明爬到16层楼时，小亮刚好爬到第几层楼？

提示 注意楼梯的实际情况。

24. 幼儿园发苹果

幼儿园买来一筐苹果，准备发给小朋友们。如果分给大班的小朋友，每人5个苹果，那么还缺6个。如果分给小班的小朋友，每人4个苹果，那么还余4个。已知大班比小班少两位小朋友。这一筐苹果共有多少个呢？

提示 可以转换为比较熟悉的盈亏题型求解。

趣味馆

一个人在沙滩上行走，回头为什么看不见自己的脚印？

（答案：倒着走）

25. 三人打猎

甲、乙、丙三个猎人一起打猎，他们打了一堆猎物后，实在太累了，就一起躺到大树下睡着了，甲醒来后想起家里还有事，没有叫醒同伴自己把猎物分成三份自己拿走一份就走了，不一会儿乙醒了把猎物也分成了三份，拿着一份回家去了，丙醒来后找不到自己的同伴，又把猎物分成了三份，拿走了其中的一份回了家，留下了8只猎物，第二天他们又合伙打猎的时候才知道昨天分的猎物不合理，于是甲立即把剩下的8只猎物给了乙3只，丙5只。那么他们原来一共打了多少只猎物呢？

提示 多种解题方法。

26. 马贩子贩马

古代有一个精明的马贩子，一天下来他的生意情况是这样的：

先用五十两银子买了一匹马；又用六十两银子卖了这匹马；再用七十两银子买了一匹马；又用八十两银子卖了这匹马。他的邻居对他说："折腾了一天，只赚了十两银子啊！马贩子笑着摇了摇头！"请你算一下，马贩子在这匹马的交易中赚了多少银子？

提示 其中差价的存在。

趣味馆

格林先生在去银行的路上碰到3个好朋友，每人都带了太太，每个太太怀里都抱着两个孩子，请问共有多少人前往银行？

（答案：只有格林先生1人，其他的人没说要去银行）

27. 排学号

小王老师给新来的14位小朋友排了学号，他们的学号都是连续的。已知他们其中7个双学号相加得56，又知道这14位学生中，最小的学号是双学号。现在你们来帮这14位小朋友算出他们的学号究竟是多少吧？

提示 可以从双号入手找答案。

28. 硬币游戏

蓝猫和虹兔玩“取硬币”游戏。它们在桌上放了15枚硬币，蓝猫和虹兔轮流取走若干个。规则是每人每次至少取1枚，至多取5枚，谁拿到最后1枚硬币谁就获胜。蓝猫说这次我一定能够获胜，结果蓝猫真的就赢了这次游戏。你们知道蓝猫这次用了什么方法赢了这次游戏吗？

提示 假设条件发散思维。

趣味馆

小朋友快来想一想，什么东西只能加不能减？

（答案：年龄）

29. 弹珠数

小淘气尼古拉放学后招呼上他6个最好的朋友到公园玩他们最喜欢的弹珠游戏，他们首先要分弹珠，可弹珠的数目不够他们平均分的，尼古拉和亚三的弹珠数一样多，欧多的弹珠数比乔方的多，可比尼古拉的少。鲁飞的弹珠数虽然没有尼古拉和欧多的多，可又比乔方的多。亚三的弹珠数比若奇的弹珠数又要少一些。请你想一想，到底哪一个小朋友的弹珠数最多，哪一个小朋友的弹珠数最少呢？

提示 从弹珠数的关系找答案。

30. 一袋白瓜子

一位瓜子商有白瓜子和黑瓜子共六袋，这六袋瓜子分别重31千克、30千克、35千克、40千克、50千克、62千克，其中有五袋瓜子是黑瓜子，另一袋瓜子是白瓜子。第一位顾客买了两袋黑瓜子，第二位顾客买的也是黑瓜子，但他的黑瓜子比第一位顾客多了1倍。你知道哪一袋内装的是白瓜子吗?

提示 找出每袋瓜子之间的数字关系。

趣味馆

什么字全世界通用，你能猜出来吗?

（答案：阿拉伯数字）

31. 数学考试

一次数学考试只有20道题，做对一题加5分，做错一题倒扣3分。小王这次没考及格，不过她发现，只要她少错一道题就正好能及格。那么请你根据上面提供的信息，判断小王做对了多少道题呢?

提示 可列方程求解。

32. 小女孩送花

有一个小女孩儿爱去花圃中采花，也喜欢送别人花，一天她从花园里采完花后，走在路上碰到一个人，就把她所采花的一半加一朵花送给这个人，碰到第二个人，也是给了自己现有的花的一半加一朵花，以后每碰到一个人就会如此，直到她碰到第七个人送完花后，她的手里只剩一朵花。那么请问她在花圃里一共采了多少朵花呢?

提示 可采用倒推法求解。

趣味馆

一颗糖块重0.05斤，一个能装3斤糖的空罐子放进多少颗糖块就不空了呢?

（答案：1颗。放了1颗糖进去罐子就不是空罐子了）

33. 铅笔的价钱

家聪、小明、佳莉三人出同样多的钱买了同一种铅笔若干支，家聪和小明都比佳莉多拿6支，他们每人给佳莉2.8元，那么每支铅笔的价钱是多少?

34. 家到游乐场的距离

小芳、小花姐妹俩从家里出发到游乐园玩，小芳每分钟走50米，小花每分钟走30米，她们同时出发5分钟后，小芳又回家拿东西再去追小花，小花仍以原速前进，最后二人同时到达游乐场。求从家里到游乐场之间的距离?

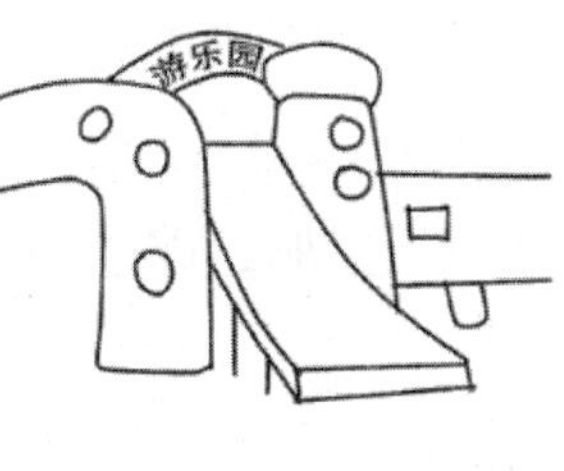

35. 小马虎数鸡

春节里，养鸡专业户小马虎站在院子里，数了一遍鸡的总数，决定留下$\frac{1}{2}$，把$\frac{1}{4}$慰问解放军，$\frac{1}{3}$送给养老院。他把鸡送走后，听到房内有鸡叫，才知道少数了10只鸡。于是把房内房外的鸡重数一遍，没有错，不多不少，正是留下$\frac{1}{2}$的数。小马虎奇怪了。问题出在哪里呢？你知道小马虎在院里数的鸡是多少只吗？

36. 同时到终点吗

森林运动会上，小龟与小兔百米赛跑，结果当小兔跑到终点时，小龟只跑了95米。小龟要求再跑一次，这次小兔的起跑线比小龟退后5米，如果他们都用原来的速度跑，那么同时到达终点吗？

37. 和尚数念珠

小明和小光去寺庙游玩，看见和尚静坐打禅的时候，手里总是拿着念珠一个一个地数。小明说："一分钟能数多少数呢？"小光看了会儿，说："我看最多能数200。"小明又说："要是数到1兆，我看用不了几天，最多用上八天八夜。"小光说："1兆是1万个亿吧？"小明说："对。"小光说："要是那样的话，我看一辈子也数不到1兆。"小明说："不可能，你说的也太长了。"那么，你认为数到1兆需要多少时间呢？

38. 各有多少钱

有一天，方方、明明、力力在一起玩，玩了一会儿就出了满头大汗，方方说："我们去买冰糕吃吧。"说着从兜里掏出一把硬币来，一看全是5分的。明明也从兜里掏出一把硬币来，全是2分的，力力也拿出一把来，全是1分的。三人把钱凑在一起，数了数，一共是1元整。

"我们每个人各带了多少钱呢？"力力问。

"我也记不清了。"方方说，"我只记得我的硬币数比明明的多一倍。"

"我的硬币数正好比力力的也多一倍。"明明说。

"我们一块儿花吧。"方方说着抓起硬币去买冰糕去了。

力力却在想着，我们每个人到底各带了多少钱呢？

39. 长跑的速度

马上就要考体育了，小杨有些害怕1000米长跑，但是他想自己能取得好的成绩，所以他就请体育老师帮自己训练，一段时间后他的成绩有了显著的提高，时间比原来缩短了$\frac{1}{5}$，你能算出他的速度提高了几分之几吗？

40. 老山羊损失了多少钱

山羊开了一家商店，他购进了一件漂亮的帽子，花了70元，后来加价12元卖给了狐狸小姐，几天后他去进货的时候才知道当时狐狸付款的100元是假钞，那么你知道这次交易老山羊损失了多少钱吗？

41. 三根半绳子有几个头

一根绳子两个头，三根半绳子有几个头？

42. 一共有多少个盒子

妈妈给小明1个大盒子，里面装着6个纸盒子，每个纸盒子又装4个小盒子，小明一共有多少个盒子呢？

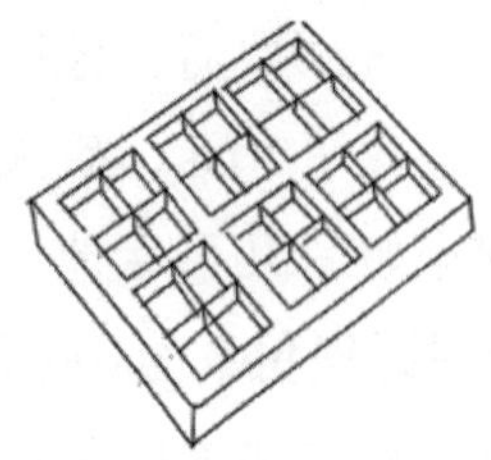

43. 喝汽水

有一支业余足球队，他们有27个人，他们比赛完以后到一家商店买汽水喝，商店有一项优惠，用3个空瓶子可以换1瓶汽水，那么为了保证每人至少喝1瓶，他们至少要买多少瓶汽水？

44. 爱吃香蕉的猩猩

有一个爱吃香蕉的猩猩，他在离家50米的树林里找到了一棵香蕉树，它采摘了100根香蕉，它准备把这些香蕉背回家，但是它在背香蕉的路上控制不住自己的嘴，每走1米就要吃掉1根香蕉，它每次最多能背50根，那猩猩最多能背回家多少根香蕉呢？

45. 孩子的数量

下雪后，一位老师带着一群小朋友去堆雪人，为了更好地区分学生，老师让男孩子戴上了天蓝色帽子，女孩子戴上粉红色的帽子。这样在每个男孩子看来，蓝色的帽子和粉红色的帽子一样多，而在每个女孩子看来，蓝色帽子比粉红色帽子多一倍，那你知道男孩子和女孩子各有多少吗？

46. 小象捉迷藏

一群小象在捉迷藏，已经找到了4只，还有6只没有找到，那么一共有几只小象参加游戏呢？

47. 1把钥匙开1把锁

1把钥匙只能开1把锁。现在有4把钥匙4把锁，小芬分不清哪把钥匙开哪把锁，只能去试着开。请回答：使每把锁配上合适的钥匙，最多要试开几次才能保证每把锁都找到合适的钥匙？

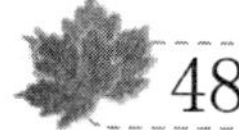

48. 插队

有男生16人，他们排成一队，现在老师要求2名男生中间插进1名女生。算一算，现在队伍中一共有多少名学生？

49. 哥哥的年龄

哥哥的年龄很有趣，它是最大的一位数加上最小的两位数，再加上最大的三位数，又减去最小的四位数。请你算一算哥哥的年龄是几岁？

50. 师生种树

师生7人共种树40棵。老师每人种10棵，学生每人种5棵，正好把树种完。请你想一想，老师和学生各有多少人？

51. 断了的尺子

小国与小华拿了一个开头断了一截的卷尺量一根木材的长度，木材的一端在2米的刻度上，另一端在6米80厘米的刻度上。问：这根木材长多少？

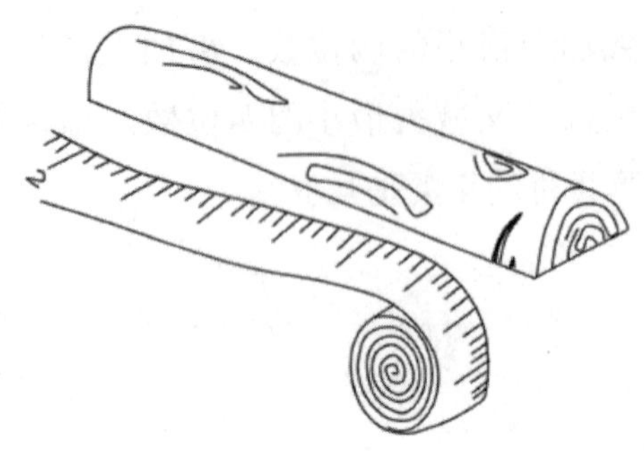

52. 猴子回笼

一家动物园共饲养了17只猴子，晚上它们会回5个笼子里睡觉。一天晚上，饲养员数了数笼子里的猴子，所有的猴子都回了笼子，但每个笼子里的猴子数量都不一样。你知道每个笼子里有多少只猴子吗？

53. 挑西瓜

八戒偷吃西瓜被孙悟空戏耍之后，又去给师父找水，他发现了一片瓜田，他摘了两筐西瓜，一筐有西瓜8个，每个重6千克，另一筐有西瓜9个，每个重4千克，现在为了让两筐西瓜的重量相等，要怎么办？

54. 追轮船

汤姆到中国上海旅游，在当地买了一支景泰蓝钢笔，不过在他准备坐船到广州的时候，由于早晨时间紧，他把钢笔落在了宾馆，在服务员收拾房间的时候，发现了遗落的钢笔，马上坐车去给汤姆送，到达码头的时候，轮船已经开船10分钟了，他们准备驾驶快艇去追，如果快艇速度是轮船速度的三倍，那么多长时间能追上呢？

55. 兔兄弟的跳跃比赛

清晨，兔子兄弟早早起来锻炼身体，简单的热身之后，他们决定比一比，看谁跳得远，不过兔弟弟说自己要先跳10步，兔哥哥才能开始跳，兔哥哥就答应了。

假如在同样的时间，兔弟弟跳4步，而兔哥哥跳3步，但是兔哥哥跳5步的距离又等于兔弟弟跳7步的距离。聪明的你算一算，兔哥哥要跳多少步才能追上兔弟弟呢？

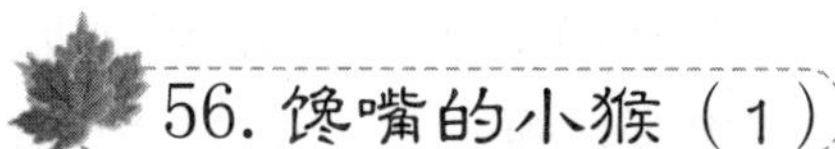

56. 馋嘴的小猴（1）

猴子从山上采摘了若干的鲜红的大桃子，他把桃子背回家后，美滋滋的把桃子平分成两份，吃完一份之后，觉得不过瘾，又吃了1个；第二天他还是吃完了剩下的一半又多吃1个，第三天他也是吃完了剩下的一半又多吃1个，第四天他打开了橱子，看到了橱子里只剩下了1个桃子，你知道馋嘴的猴子一开始采摘了多少桃子吗？

57. 馋嘴的小猴（2）

如果馋嘴的小猴后来又采摘来一批桃子，他前三天和第一次的做法一样，而第四天他一样吃完了剩下的一半又多吃1个，正好把桃子吃完，他这次采摘了多少桃子呢？

58. 九子棋和象棋

九子棋九枚和象棋十六枚的匣子一样大小，正好排紧整整一盒。

现在要给棋子的表面涂色，问每副象棋的表面积与每副九子棋的表面积哪个大？（提示，假设匣子每边长12厘米）

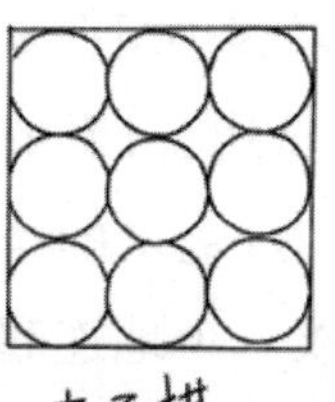

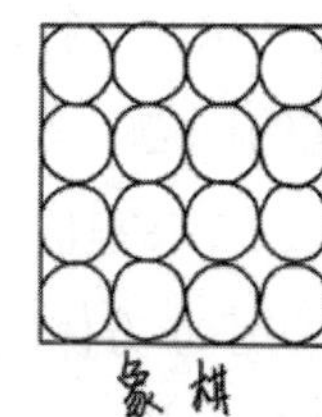

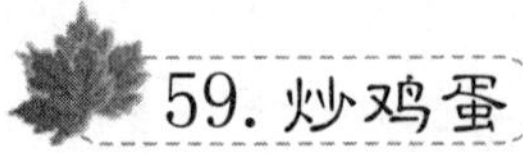

59. 炒鸡蛋

有个参观团来观摩朝阳饭店的“快菜”——炒鸡蛋。厨师问：“要炒几个鸡蛋呢？”参观团的同志笑笑说：“那要看顾客胃口的大小啰，最少吃1个，最多吃15个，我们临时通知吧。不过，上菜速度是越快越好。”

饭店的一位老厨师把15个鸡蛋分别打入四个盘子，悠闲地等待他们要菜。随便他们要吃几个鸡蛋（1~15的范围内），他都能保证快速上菜。你想，厨师的四个盘里，各打了几个鸡蛋？

60. 奇妙的立方体分割

有一次，一个数学兴趣小组在争论一个有趣的问题：有一个每边长1米的立方体木头，如果割成边长为1毫米的小立方体。这些小立方体一个挨一个地连起来，可以排多少长？比如说，能不能绕你的学校的操场一圈？

多数孩子说能绕操场一圈，也有的表示怀疑，绕这么大一圈，得要多少小木块啊！

后来，他们决定先算一算，计算的结果使大伙目瞪口呆！你知道这些小木块连起来有多长吗？

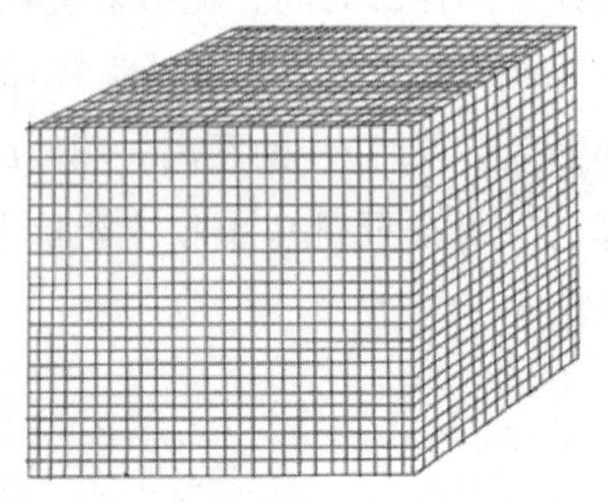

61. 地板砖铺地

长安公园的跳舞广场要重新装修，原来的为边长是0.5米的方砖，共用了768块，现在要换成边长为0.4米的方砖，那需要多少块呢？

数字与古诗

我国古代诗词是华夏文明的重要组成部分，是文学的瑰宝。在文学这个百花园中，有些诗同数学时有联姻，如把数字嵌入诗中，当你在读联吟诗时，既提高了文学修养，还能感受到数学的美。

一去二三里，烟村四五家；

亭台六七座，八九十枝花。

这是宋代邵雍描写一路景物的诗，共20个字，把10个数字全用上了。这首诗用数字反映远近、村落、亭台和花，通俗自然，脍炙人口。

一片二片三四片，五片六片七八片。

九片十片无数片，飞入梅中都不见。

这是明代林和靖写的一首雪梅诗，全诗用表示雪花片数的数量词写成。读后就好像身临雪境，飞下的雪片由少到多，飞入梅林，就难分是雪花还是梅花。

一篙一橹一渔舟，一个渔翁一钓钩，

一俯一仰一场笑，一人独占一江秋。

这是清代纪晓岚的十“一”诗。据说乾隆皇帝南巡时，一天在江上看见一条渔船荡桨而来，就叫纪晓岚以渔为题作诗一首，要求在诗中用上十个“一”字。纪晓岚很快吟出一首，写了景物，也写了情态，自然贴切，富有韵味，难怪乾隆连说：“真是奇才！”

一进二三堂，床铺四五张；

烟灯六七盏，八九十支枪。

清末年间，鸦片盛行，官署上下，几乎无人不吸，大小衙门，几乎变成烟馆。有人仿邵雍写了这首启蒙诗以讽刺。

西汉时，司马相如告别妻子卓文君，离开成都去长安求取功名，时隔五年，不写家书，心有休妻之念。后来，他写了一封难为卓文君的信，送往成都。卓文君接到信后，拆开一看，只见写着：

“一二三四五六七八九十百千万万千百十九八七六五四三二一”。

她立即回写了一首如诉如泣的抒情诗：

一别之后，二地相悬，只说是三四月，又谁知五六年，

七弦琴无心抚弹，八行书无信可传，九连环从中折断，

十里长亭我眼望穿，百思想，千系念，万般无奈叫丫环。

万语千言把郎怨，百无聊赖，十依阑干，九九重阳看孤雁，

八月中秋月圆人不圆，七月半烧香点烛祭祖问苍天，

六月伏天人人摇扇我心寒，五月石榴如火偏遇阵阵冷雨浇花端，

四月枇杷未黄我梳妆懒，三月桃花又被风吹散！郎呀郎，

巴不得二一世你为女来我为男。

司马相如读后深受感动，亲自回四川把卓文君接到长安。从此，他一心做学问，终于成为一代文豪。

第二章 答案

1. 老师的岁数

30岁。如果注意到这位老师年龄的一半和小军年龄相等，就会很容易得出老师年龄是小军年龄的两倍这一结论。

2. 比比工资

第一个人第一年挣2000元，第二年挣2250元，第三年挣2500元，加起来是6750元。第二个人第一年的上半年挣1000元，下半年挣1050元；第二年的上半年挣1100元，下半年挣1150元；第三年上半年挣1200元，下半年挣到1250元；相加得6750元，所以三年内两个人挣得一样多。

3. 狡猾的商人

不合理，做这一类题目，别被几个数字弄糊涂了。你可以这样算：他开始买衣服时是公平的，接着用18元换了100元，那么就等于骗了82元。或者这样算：他一共给了供货商（100+18）=118（元），售货员共给了他[18（买的衣服）+82+100]=200（元），对比一下，商人所骗的钱就算出来了，是82元，所以，他骗了供货商82元。

4. 摘松果比赛

贝贝摘了51个，果果摘了21个。可列方程求得。

5. 剩余苹果

一篮苹果平均分给6个人时，余5个，一大筐苹果的个数是小筐的4倍，分给6个人时，原来余的个数就扩大4倍是20，20个苹果再分到不够分时，余下的数就是所求的答案（也就是20÷6=3…2），即把这一大筐苹果分给6个人时，余2个苹果。

6. 吃草的速度

仔仔1小时吃$\frac{1}{2}$筐草，肥肥1小时吃$\frac{1}{3}$筐，美美1小时吃$\frac{1}{6}$筐，那么$\frac{1}{2}+\frac{1}{3}+\frac{1}{6}=1$，所以它们吃完这筐草需要1小时。

7. 半支水彩笔

小华原有的水彩笔是一个奇数，从成奇数的彩笔中取一半再加1支，一定是个整数。因为小华在把彩笔送给小欣以后只剩了2支彩笔，所以，可以推知在她把彩笔送给小欣之前，有5支彩笔，5支彩笔的一半是2.5，再加上半支，她送给小欣的彩笔一定是3支，自己留了2支彩笔。现在再回过头来计算，就不难算出她原来有11支彩笔，送给了小雨6支。

8. 悟空做除法

(72×39＋28)÷27＝105…1。

9. 猴子吃桃

12个。小猴子吃掉的比剩下的多4个，又吃掉了1个，可见小猴子吃掉的比剩下的多4+1+1=6（个）。这时吃掉的是剩下的3倍，可见吃掉的比剩下的多2倍。所以小猴子剩下的桃子有6÷（3−1）=3（个），吃掉的桃子是3×3=9（个），小猴子一共有桃子3+9=12（个）。

10. 多项运动

至少有9人，这个班不会游泳的有50−35=15（人）；不会骑车的有50−38=12（人）；不会溜冰的有50−40=10（人）；不会打乒乓球的有50−46=4（人）。所以有一个项目不会的人最多是15+12+10+4=41（人），因此四项运动都会的至少有50−41=9（人）。

11. 何时相遇

第1~6天，乙比甲依次少走6、5、4…1公里，第7天两人走的距离相等，从第8天后，乙比甲依次多走了1、2、3…公里，这样推算的话，乙在第13天遇上甲。

12. 影星的年龄

用字母x表示这位影星现在的岁数，那么她在5年后的岁数是x+5，5年前的岁数是x−5。根据影星的自述，得到：

$x=(x+5)\times5-(x-5)\times5$

$=[(x+5)-(x-5)]\times5$

$=10\times5$

$=50$。

真看不出来，这位影星今年已经50岁了！

13. 老师好厉害

111÷（1+1+1）=37，222÷（2+2+2）=37，…，999÷（9+9+9）=37。

14. 聪明的老师

设默想的四位数是1000a+100b+10c+d，那么移动后的四位数是1000d+100a+10b+c，从而两数的和是1001d+1100a+110b+11c，可以知道这个数能整除11，这样可以判断出只有乙说的数正确。

15. 学习时间

因为妹妹勤奋，学一知三，所以妹妹学三知九。而姐姐懒惰，学三忘二，只知其一。按此规律下去，对于学习同样的三点知识来说，妹妹得到九点知识，姐姐学到的知识是妹妹的$\frac{1}{9}$。所以妹妹在6年间懂得的知识，姐姐必须在 6×9=54年内才能学到。

16. 烟鬼卷烟

3支，5支。（此题关键是烟头卷烟抽后的烟头还可以用）

17. 篮球比赛

设9个队的名称分别为A、B、C、D、E、F、G、H、I,则：A要与其他8个队比赛8场，B还要与除A以外的7个队比赛7场，C还要与除A、B以外的6个队比赛6场；H还要与I比赛1场。所以，比赛的总场次数为8+7+6+…+1=36，每个学校有比赛36÷9=4（场）。

18. 短跑训练

速度×时间=路程，100米是固定不变的，所以速度和时间是成反比例的量，时间比原来缩短了，速度自然是提高了。训练后所用的时间应是原来时间的（$1-\frac{1}{5}$）$=\frac{4}{5}$。那么速度就是原来速度的$\frac{5}{4}$。所以速度应该提高了：$\frac{5}{4}-1=\frac{1}{4}$。

19. 喝汽水

因为1瓶汽水1元，所以一开始就可以买到20瓶汽水，随后的10瓶汽水和5瓶汽水也都没有问题，我们再把这个5瓶分成4瓶和1瓶，前4个空瓶再换2瓶，这2瓶喝完后可再换1瓶，此时喝完后还剩2个空瓶，用这2个空瓶换1瓶继续喝，喝完后把这1个空瓶换1瓶汽水，喝完后再把瓶子还给人家就可以了，所以小明最多可以喝40瓶汽水。

20. 三代人

（数学书167题）如果爷爷和孙子的年龄总共是73岁，他们之间的年龄差距就是24+25=49（岁），这两个年龄之和必定等于爷爷年龄的2倍，因此爷爷是（73+49）÷2=61（岁），他儿子是61−24=37（岁），孙子是37−25=12（岁）。也可以假定：X=爷爷年龄，Y=孙子年龄。X+Y=73，X−Y=49，2X=122，因此X=61，Y=12。

21. 乘客乘车

每站下车的乘客人数依次为：

最后一站：$3\div(1-\frac{2}{3})=9$，$9\times\frac{2}{3}=6$（人）

第四站：$9\div(1-\frac{3}{4})=36$，$36\times\frac{3}{4}=27$（人）

第三站：$36\div(1-\frac{1}{2})=72$，$72\times\frac{1}{2}=36$（人）

第二站：$72\div(1-\frac{1}{5})=90$，$90\times\frac{1}{5}=18$（人）

第一站：$90\div(1-\frac{1}{6})=108$，$108\times\frac{1}{6}=18$（人）

车上开始有乘客108人。

22. 蜗牛爬墙

蜗牛白天往上爬3尺，晚上下降2尺，实际上每昼夜只上升了1尺。经过9昼夜，蜗牛向上爬行了9尺，离墙顶还有3尺，在第10天爬到了墙壁顶端，所以蜗牛从墙角爬到墙顶需要10天时间。在相同的情况下，如果墙高20尺，蜗牛从墙脚爬到墙顶需要18天。

23. 爬楼梯

题目刚读完，立刻有人说，“12层！”回答“12层”的朋友上当了，出题目的人开了一个小玩笑。正确答案不是12层，而是11层。

想一想爬楼的情形就会明白，上4层楼爬3层楼梯，上3层楼爬2层楼梯。所以，小明和小亮的速度比，不是4∶3，而是3∶2。

当小明爬到16层楼时，走过了15层楼梯，这时小亮走过了10层楼梯，所以小亮刚好爬上第11层楼。

24. 幼儿园发苹果

根据条件，小班每人分4个苹果，在正常情况下，全班人到齐了，各人都把苹果拿到手里，最后筐里还剩4个。

现在设想在分苹果那天，小班有两位小朋友请假，那么这一天小班人数就和大班人数一样多了。这时小班里有两人不在场，如果也没有人帮他们代领，就有8个苹果发不出去，最后筐里将会剩下12个。

由此可见，如果这筐苹果给大班每人分4个，就会多余12个。又知道大班每人分5个

时，不足6个。所以大班的人数是

（12+6）÷（5−4）=18（人）。

这筐苹果的个数是

5×18−6=84（个）。

这个幼儿园分苹果的问题，经过简化，归结成了熟知的盈亏问题。

25. 三人打猎

由于最后剩的8只是丙分的三份中的两份，所以丙拿走的猎物是8÷2=4（只），那么乙拿走自己分的一份猎物后，剩下的猎物是12只，这占乙分的三份中的两份，所以乙拿走的猎物是6只；同样可得知甲拿走的猎物是9只。所以打的猎物一共是4+6+9+8=27（只）。另一种解法：从甲第一天拿走的猎物是4只和第二天又拿了5只知道，每人平均拿了9只，所以打的猎物一共是9×3=27（只）。

26. 马贩子贩马

二十两。可以换个形式算，先用五十两银子买进一匹白马，又用六十两银子卖掉这匹白马，再用七十两银子买进一匹白马，又用八十两银子卖掉这匹白马。这样问题就清楚了，马贩子在交易中一共赚了二十两银子。

27. 排学号

因为7个双学号相加得56，56÷7=8，所以8号为双学号中间一个，左边是2、4、6号，右边为10、12、14号。又因为14个学号是连续的，最小号是双号，所以这14位小朋友的学号是从2号开始至15号为止。

28. 硬币游戏

蓝猫先拿，第一次拿去3枚硬币，留下12枚，下次再留下6枚给虹兔，蓝猫就必胜。

29. 弹珠数

若奇的弹珠最多，乔方的弹珠最少。

30. 一袋白瓜子

50千克那袋是白瓜子，只有这样的情况才成立，第一个人买的两袋是31千克和35千克，共66千克，第二个人买的是62千克，40千克，30千克，共132千克，只有50千克的是白瓜子。

31. 数学考试

少错一道题，也就是再加5+3=8（分），她才能及格，所以小王得了52分。设小王做对了X题，那么她做错的题是20−X，且有5X−3×(20−X)=52。解方程得X=14，所以小王答对了14道题。

32. 小女孩送花

未遇到第七个人时的花朵数是(1+1)×2=4；同理继续往前倒推，未遇到第六个人时的花朵数是（4+1）×2=10；未遇到第五个人时的花朵数是（10+1）×2=22；未遇到第四个人时的花朵数是（22+1）×2=46；未遇到第三个人时的花朵数是（46+1）×2=94；未遇到第二个人时的花朵数是（94+1）×2=190，未遇到第一个人时的花朵数是（190+1）×2=382，这样就得到，这个女孩儿在花圃中一共采了382朵花。

33. 铅笔的价钱

相当于一共12支笔，本来是三个人分，每人是4支。有一个人不要了这4支，结果另外两个人把这4支笔给拿了，他们一共掏了5.6元，5.6÷4=1.4（元）。

34. 家到游乐场的距离

750米。姐姐比妹妹多走500米，姐姐每分钟比妹妹多走20米，所以两个人走的时间是500÷20=25（分钟），所以从家到游乐场的距离是25×30=750（米）。

35. 小马虎数鸡

因为$\frac{1}{2}+\frac{1}{3}+\frac{1}{4}=\frac{13}{12}$，所以他的计划超过了他养的鸡。他送走的鸡为$\frac{1}{3}+\frac{1}{4}=\frac{7}{12}$，留下的鸡为$\frac{5}{12}$，他要留下$\frac{1}{2}$，$\frac{1}{2}-\frac{5}{12}=\frac{1}{12}$，所以原来院子中的鸡数为$10\div\frac{1}{12}=120$（只）。

36. 同时到终点吗

不能同时到终点，因为第二次赛跑，小兔跑105米，小龟跑100米，小兔跑100米和小龟跑95米所花的时间一样，而小兔的速度比小龟快，所以剩下的5米，小兔用的时间比小龟短，所以小兔先到终点。

37. 和尚数念珠

假设一分钟能数200个数，那么一年最多数200×60×24×365=105120000，那么要数完1兆需要将近1万年的时间。

38. 各有多少钱

其中力力的最少，可以设为有x个，那么明明有2x个，那么方方有4x个，从而有x+2×2x+5×4x=100，解得x=4，所以力力有4分，明明有16分，方方有80分。

39. 长跑的速度

因为速度×时间=路程，其中路程=1000（米），是固定的，所以时间变短了，速度就提升了，训练后所用的时间为$1-\frac{1}{5}=\frac{4}{5}$，那么速度是原来的$\frac{5}{4}$，所以速度就提高了$\frac{5}{4}-1=\frac{1}{4}$。

40. 老山羊损失了多少钱

老山羊损失了70+（100−70−12）=88（元）。

41. 三根半绳子有几个头

8个头，半根绳子也是2个头。

42. 一共有多少个盒子

一共有1+6+24=31（个）。

43. 喝汽水

最少要买18瓶。先买18瓶，喝完后可以换6瓶，这样喝完后换2瓶，再换1瓶，喝完后把瓶子还给商店就可以了。

44. 爱吃香蕉的猩猩

它最多背回家25根，他先背50根到25米处，只剩下25根，然后返回再去背剩下的50根，这样到25米处再背上上次剩下的25根，这样后25米吃掉25根，能背回家25根。

45. 孩子的数量

在每个男孩子看来，蓝色的帽子和粉红色的帽子一样多，那么男孩子要比女孩子多1个，在每个女孩子看来，蓝色帽子比粉红色帽子多一倍，那么男孩子的数量是女孩子数量减少一个以后的两倍，设女孩子数量为x，那么2（x−1）=x+1，可得x=3，所以女孩子有3个，男孩子有4个。

46. 小象捉迷藏

一共有4+6+1=11（只）小象参加游戏。

47. 1把钥匙开1把锁

6次。第一把锁需要试3次，第二把锁需要试2次，第三把锁需要试1次，第四把锁不需要试。

48. 插队

一共有16+15=31（名）学生。

49. 哥哥的年龄

18岁。最大的一位数是9，最小的两位数是10，最大的三位数是999，最小的四位数是1000，那么哥哥的年龄是9+10+999−1000=18（岁）。

50. 师生种树

老师有1人，学生6人。老师最多4人，并且学生的人数应该是偶数，那么学生的人数可能是2、4、6，所以，如果老师有3人，那么共植树50棵，不符合题意，所以应该是老师有1人，学生6人。

51. 断了的尺子

4米80厘米。

52. 猴子回笼

因为每个笼子里的猴子数不一样，一个笼子里至少有1只猴子，那么，依次下去，每个笼子里的猴子数分别是1只、2只、3只、4只、5只，这样，5个笼子里正好有：1+2+3+4+5=15(只)，这样还有2只猴子，所以它们在5只猴子的笼子里，所以每个笼子里的猴子数分别是1只、2只、3只、4只、7只；或者是1只、2只、3只、5只和6只。

53. 挑西瓜

第一筐西瓜共重8×6=48(千克)，第二筐西瓜共重4×9=36(千克)。第一筐比第二筐重48−36=12（千克），把12千克平均分成2份，12÷2=6(千克)，第一筐每只重6千克，所以，只要从第一筐拿出6÷6=1(只)西瓜放到第二筐就行了。

54. 追轮船

设轮船的速度是a千米/分钟，那么快艇的速度是3a千米/分钟，则轮船10分钟行驶的路程为10a，所以追上轮船所需要的时间为10a÷（3a−a）=5（分钟）。

55. 兔兄弟的跳跃比赛

相同时间，兔哥哥跳3步，兔弟弟跳4步，那么兔哥哥跳15步，兔弟弟跳20步，兔哥哥跳15步的距离等于兔弟弟跳21步的距离，也就是说兔哥哥跳15步超过兔弟弟自己跳1步的距离，而兔弟弟先跳了10步，所以兔哥哥需要跳150步能够追上兔弟弟。

56. 馋嘴的小猴（1）

22个。本题可以倒着推，第四天剩下了1个，那么第三天的桃子数目是2×（1+1）=4(个)，第二天的桃子数目是2×（4+1）=10(个)，那么第一天的桃子数目是2×（10+1）=22(个)。

57. 馋嘴的小猴（2）

30个。第四天吃完，而且吃的是剩下的一半多吃了1个，那么1个就是一半，第四天桃子的数目是2个，那么第三天的桃子数目是2×（2+1）=6（个），第二天的桃子数目是2×（6+1）=14（个），那么第一天的桃子数目是2×（14+1）=30（个）。

58. 九子棋和象棋

设盒子的边长是12厘米，那么九子棋每个棋子的半径为2厘米，象棋的每个棋子的半径为1.5厘米，那么九子棋的表面积为9×π×2×2=36π，象棋的表面积为16×π×1.5×1.5=36π，所以两者的表面积相等。

59. 炒鸡蛋

要想从1~15个鸡蛋都可以随时炒，也就是四个盘子里的鸡蛋可以组合成为1~15中的任何数，所以一个盘子中必须要有1个，要表示2，可以一个盘子中有2个，这样就可以表示3了，要表示4，那样一个盘子中有4个鸡蛋的，这样可以表示1~7中的任何数，剩下8个鸡蛋打到第四个盘子里，这样四个盘子中分别有1、2、4、8个鸡蛋就能满足题意了。

60. 奇妙的立方体分割

1米=1000毫米，那么边长1米的正方体可以分割成1000×1000×1000=1000000000（个），连接起来有1000000000毫米=1000千米，一定可以绕学校操场一圈。

61. 地板砖铺地

广场面积是不变的，所以需要的地砖的块数为768×0.5×0.5÷（0.4×0.4）=1200（块）。

第三章 几何的美妙

1. 判定三角形

有一个三角形，它的最小的一个角是45°，你能够判断出它是什么三角形吗？

 提示 三角形概念的理解。

2. 五角星大串连

下面有四颗五角星，排列的很不规则，请小朋友们试试看，能不能用一个正方形将它们连在一起呢？

 提示 考察对正方形的认识。

3. 钝角大变身

小明在纸上画了一个钝角三角形，请小朋友们添加若干条线把它分成若干个锐角三角形。

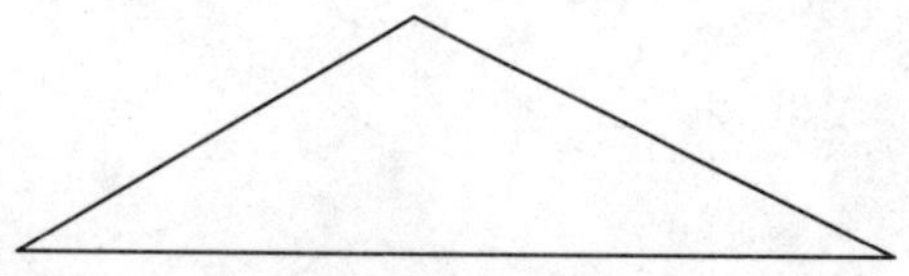

 提示 理解锐角和钝角的概念。

趣味馆

根据这个图形猜一个中国城市的名字？

（答案：天津）

4. 几何木偶

看看快乐的小木偶，寻找规律后，请你照样子画下去吧！

 提示 掌握图形规律。

5. 巧称牛奶

一个长方体水桶盛满了牛奶，不用称量，妈妈要从里面倒出正好半桶的牛奶，这要怎么倒呢？

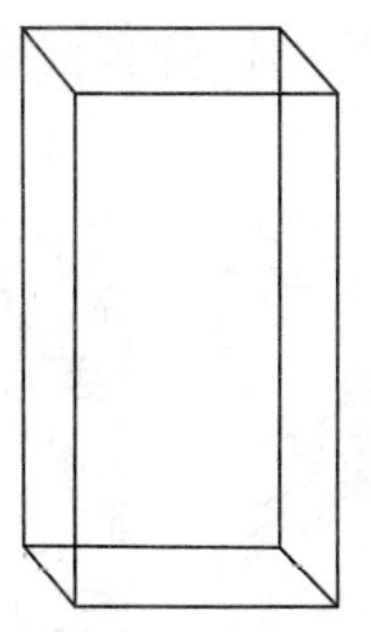

提示 不可用称量工具。

趣味馆

盖楼要从第几层开始盖？

（答案：是从地基开始的）

6. 三截木棒

一根木棒被人砍成了三段，现在不能用尺子去测量每一段的长度，也不能试着去组成一个三角形。你怎样很快就判断出三段木棒是否能组成三角形呢？

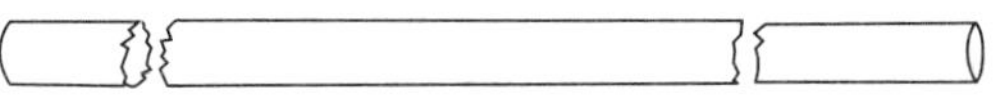

提示 三角形性质的了解。

7. 挖去的面

下图是一个正方体木块，在它的每个面上挖出一个小的正方体木块。那么请问，表面小正方形的面会增加多少呢？

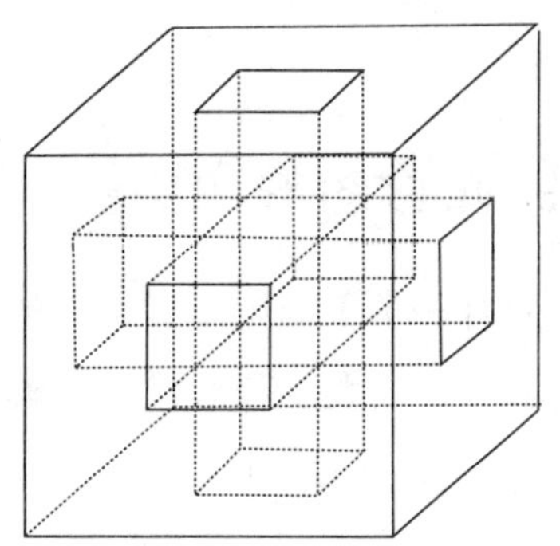

提示 从增加的小正方体的面入手。

趣味馆

蛋糕店有一种3厘米高的蛋糕，蛋糕师傅一次性从烤箱里拿出10个蛋糕，并把它们都叠放在了一起，却发现总共没有30厘米高，这是为什么？

（答案：下面的蛋糕被压扁了）

8. 六边形变长方形

请将下图的正六边形裁两刀，然后拼成一个长方形。你该怎样裁，怎样拼呢？

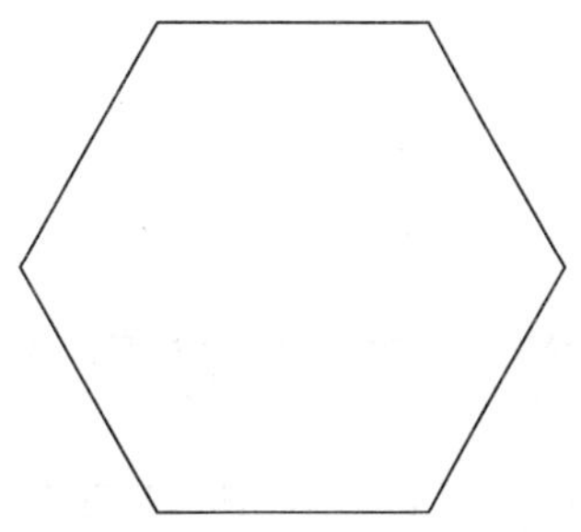

提示 摸透图形规律。

9. 几何图形巧切割

下面有一个不规则图形，你的任务就是把图形分成大小和形状都一模一样的4个部分，快试试看吧。

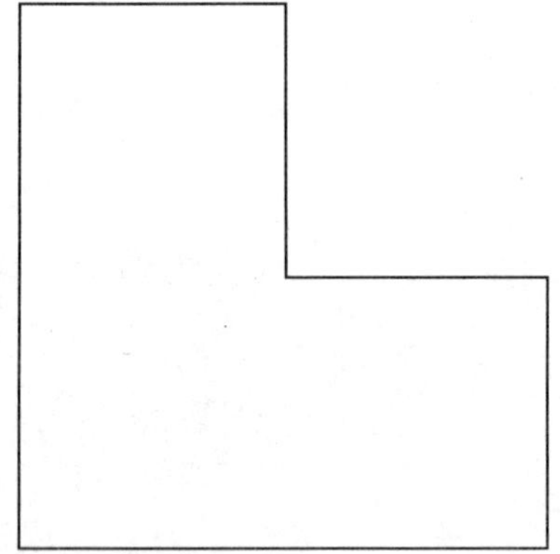

提示 找出图形规律。

趣味馆

有一大桶水，可以倒满20个水杯，而一个人一口只能喝掉半杯水，如何才能在10秒钟之内把水桶变空呢？

（答案：直接倒掉，题目中没有说非要喝下去）

10. “弯曲”的平行线

如下图，(1)左图中a、b两条线是曲线还是直线，它们之间有什么位置关系？

(2)右图中“长刺”的各直线是否平行？

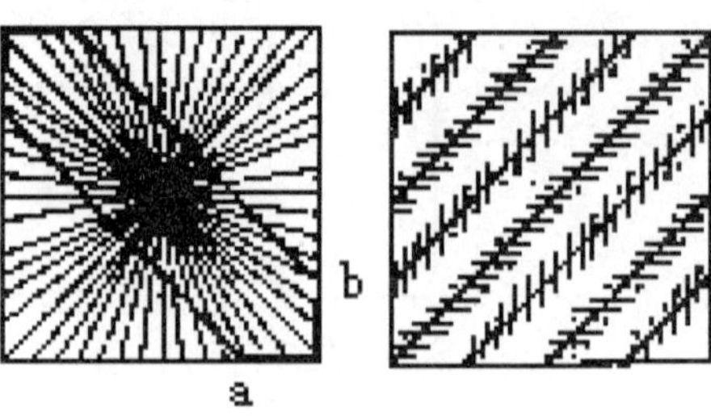

11. 大变三角形

下图是三根交叉的线，你能不能在这个基础上增加两条直线，使三角形由一个变成十个呢？

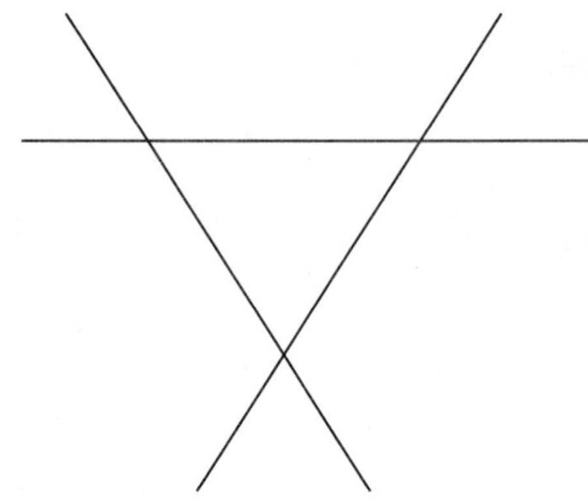

提示 找出图形规律。

趣味馆

胖胖是个颇有名气的跳水运动员，可是有一天，他站在长方形跳板上，却不敢往下跳。这是为什么呢？

（答案：下面没有水）

12. 巧摆正方形

现在给你六双筷子，用它们摆正方形，你最多能摆出多少个正方形，快来试试看吧。

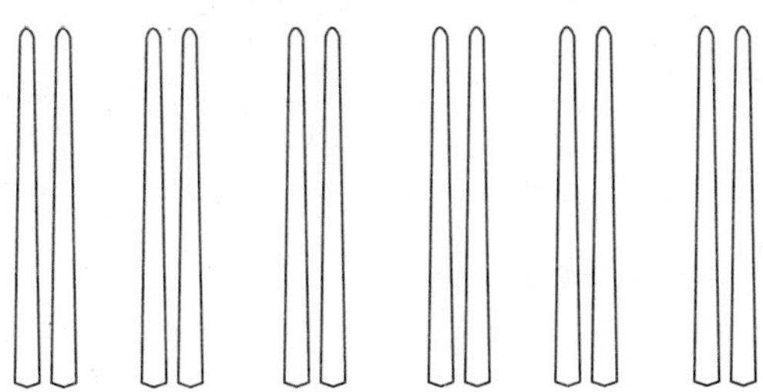

提示 开动脑筋发散思维。

13. 正方形的神秘失踪

重新放置图中的两根木条，将下图变成4个尺寸相同的正方形。

提示 找出图形规律进行重新组合。

一个三角形有3个角，一个六角形有6个角，一圆有多少角呢？

（答案：一元有10角）

14. 连线

请用6条相连的直线把图中的16个点连接起来。

提示 找到图形连接的规律。

15. 三角形的个数

请你数一数下面这个图形中有多少个三角形。

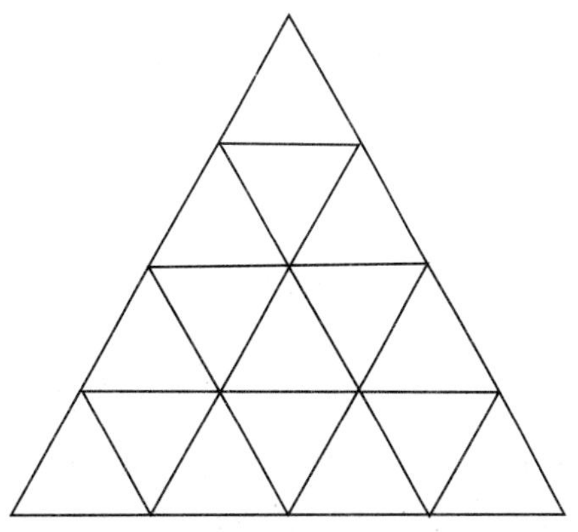

提示 细心观察三角形的个数。

趣味馆

小李在一个5000平方米的农场工作，冬天农场被雪覆盖了，如果小李一天只能清理干净12平方米大小的地方，他什么时候能把农场所有的雪清理干净呢？

（答案：雪化以后）

16. 含"几何"的长方形

下图中含"几何"的长方形有多少个？

	几何	

提示 细心观察含有"几何"两字的长方形个数。

17. 几何四瓣花

如图所示的花朵图案，有四个花瓣，是由八条圆弧连接成的，每条弧的半径都是1厘米，圆心分别组成一个正方形的顶点和各边的中点。这个花朵图案的面积是多少平方厘米？

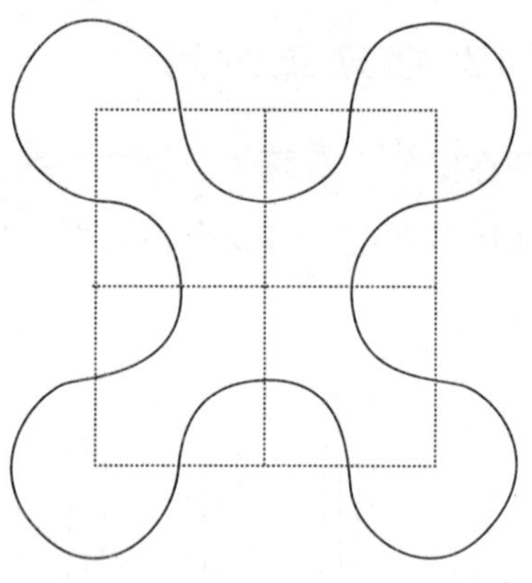

提示 考察圆形面积。

趣味馆

有一根棍子，要使它变短，但不许锯断，折断或削短，该怎么办？

（答案：拿一根比它长的棍）

18. 不合群的圆

与众不同的图形是哪一个？

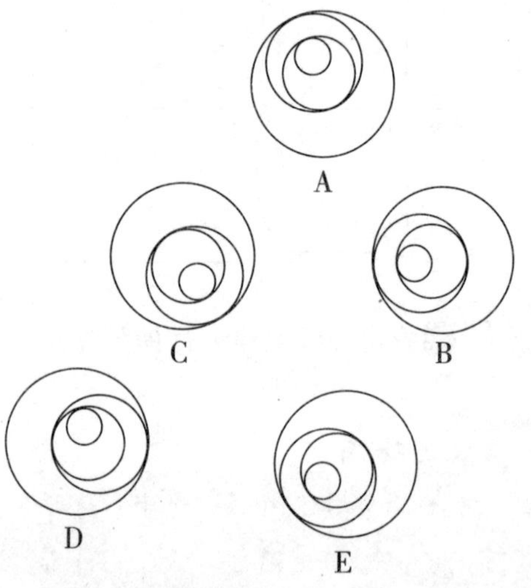

提示 找到图形规律。

19. 面积大比拼

下面有一组图形，请你仔细观察图形，算一下大正方形面积是小正方形面积的几倍？

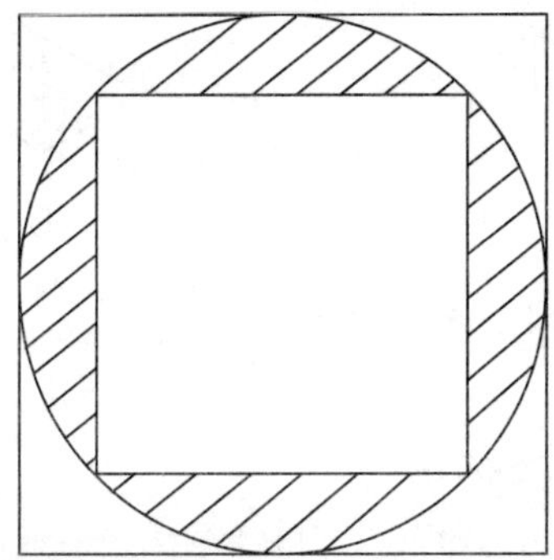

提示 找出图形关系，求得图形面积。

趣味馆

什么时候四减一会等于五？

（答案：四个角的东西切去一个角）

20. 被切掉的正方体

下图是一个正方体的模型，现在将模型每个顶点处切掉相同的一块，得到一个新的立体图形，这个图形共有多少条棱？

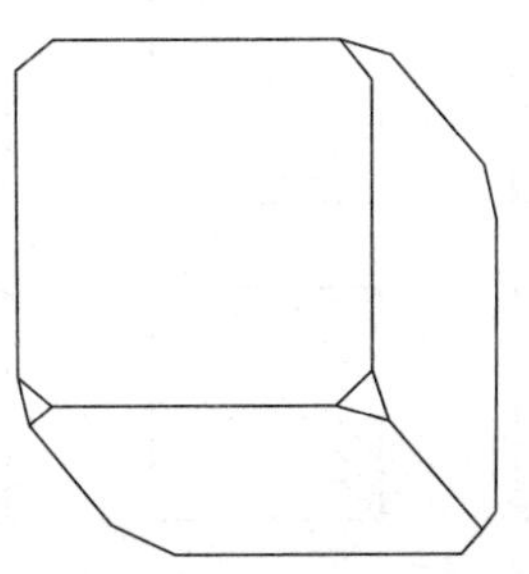

提示 需要对立方体的了解。

21. 重叠的面积

下图是两个重叠的正三角形，图中数字为长度之比。并且，两个正三角形的面积差为48平方厘米。你能求出重叠部分的面积吗？

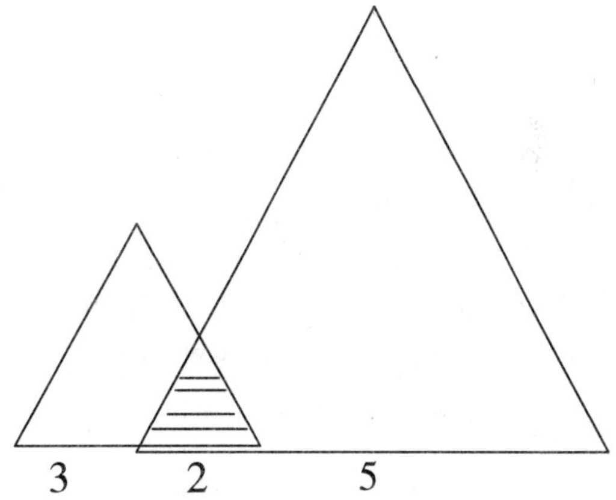

提示 找出图形关系，求得图形面积。

趣味馆

一个圆有几个面？

（答案：两个面，外面和里面）

22. 切正四面体

下图是一个正四面体，现在要将它切一刀，使刀口（即截面）成为正方形。你知道怎么切吗？

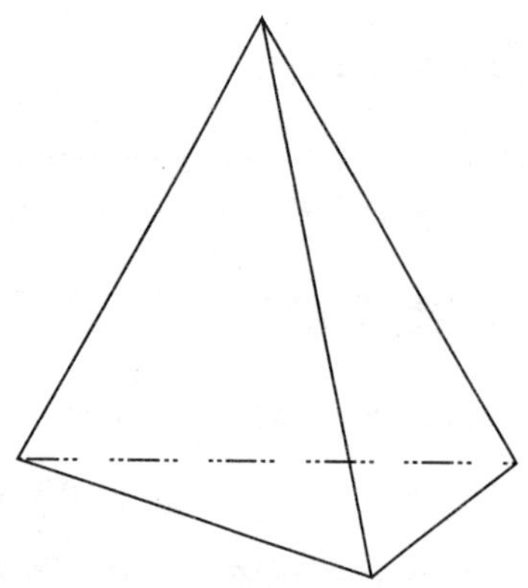

提示 切正方形截面。

23. 火柴棍三角形

下图是6根等长的火柴棍构成的两个正三角形，请你将其中3根火柴棍移动，围成和这两个三角形面积相等的4个正三角形。

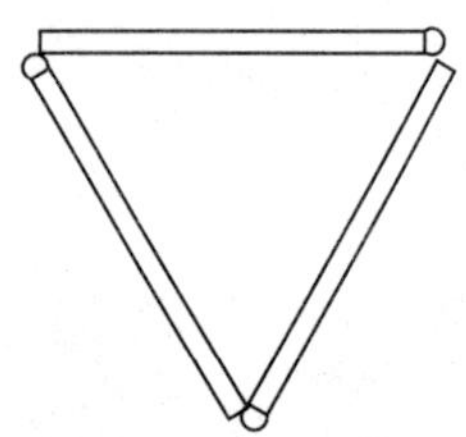

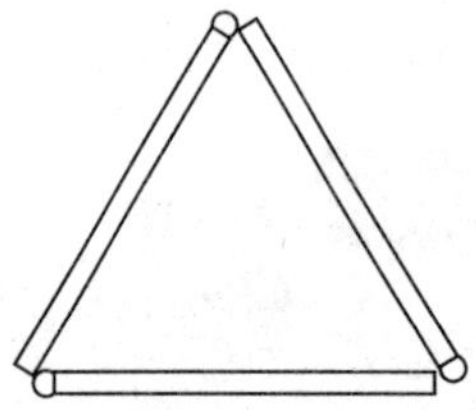

提示 三角形的构成。

24. 反转三角形

例图经过翻转后得到的三角形是（　　）。

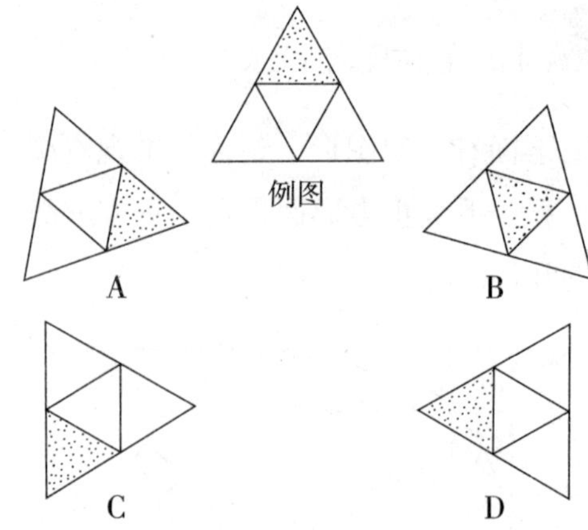

提示 考察空间思维能力。

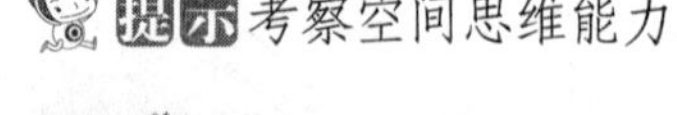

趣味馆

房间的四角各有1只猫，每只猫对面各有3只猫，每只猫后面又各有1只猫，房间里一共有几只猫？

（答案：4只猫）

25. 找出问号处的图形

分析下列图形的排列规律，找出能替代问号的图形。

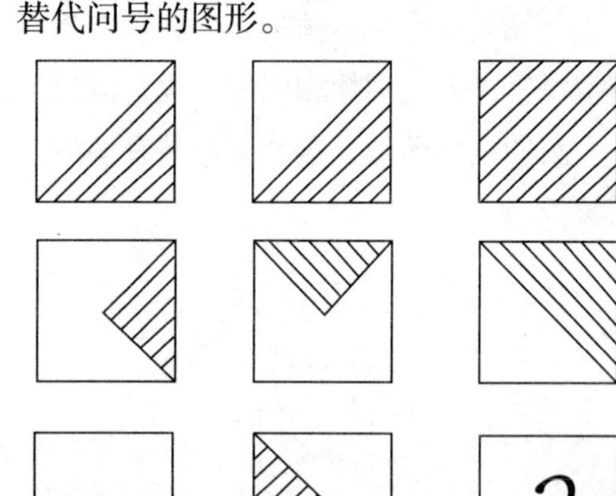

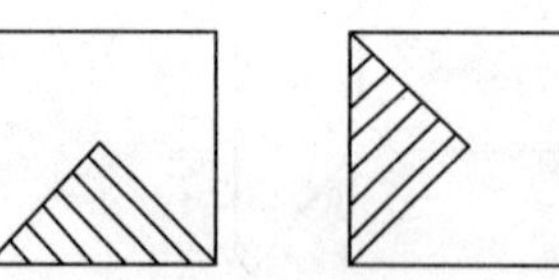

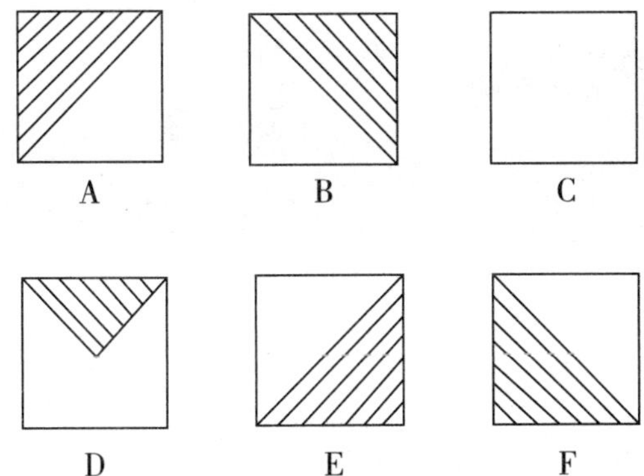

提示 找出图形的排列规律。

26. 填补图形

A~D四个图格，哪个适合填在例图空白处？

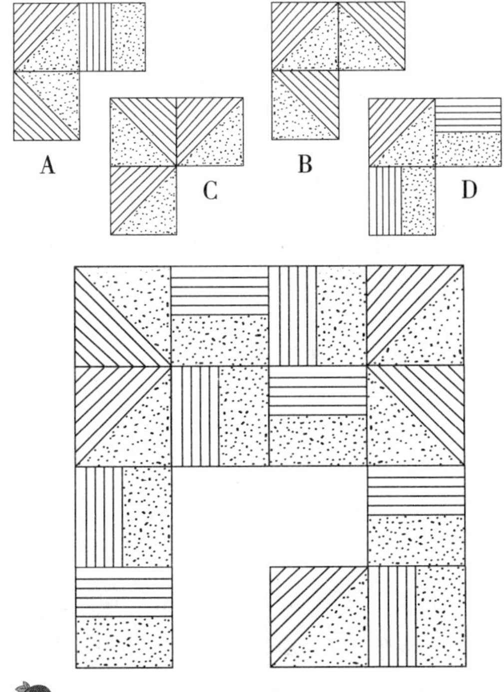

提示 细心观察图形之间的规律。

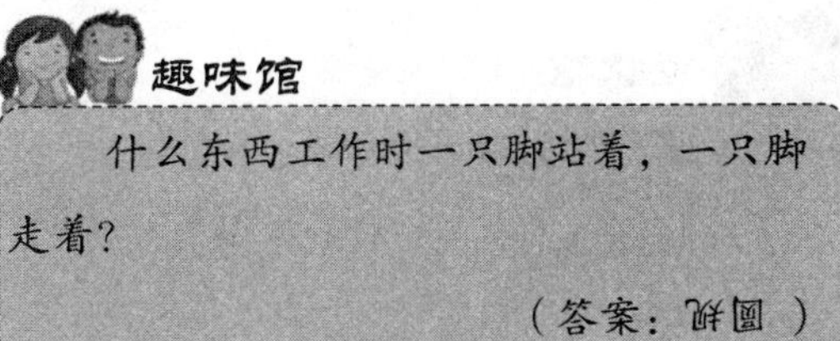

趣味馆

什么东西工作时一只脚站着，一只脚走着？

（答案：圆规）

27. 六等分图形

你能将下图分为大小和形状均相同的六等份吗？

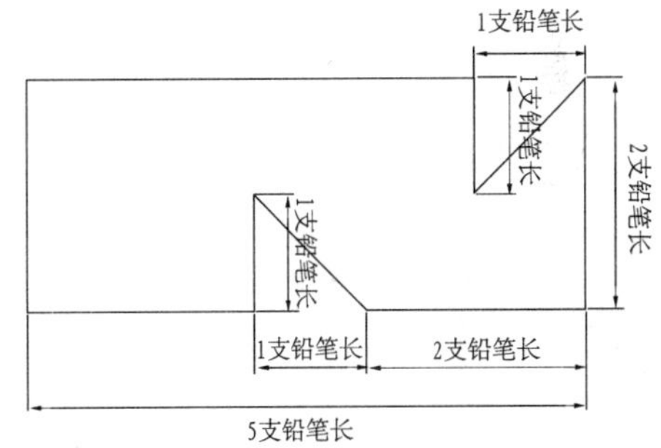

提示 仔细观察图形的规律。

28. 猜图形

根据图形的排列规律，猜一猜问号处应该是一个什么图形呢？

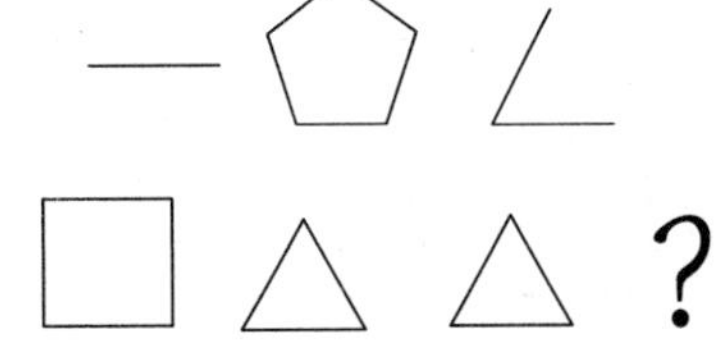

提示 找出图形的排列规律。

趣味馆

有一天，有一根火柴棒它头很痒，就去抓，头就烧起来了。然后被送去医院，从急诊室出来之后，猜猜变成什么了？

（答案：棉花棒，因为头被包扎起来了）

29. 图像归组

四个选择图案中，哪些属于甲组，哪些属于乙组？

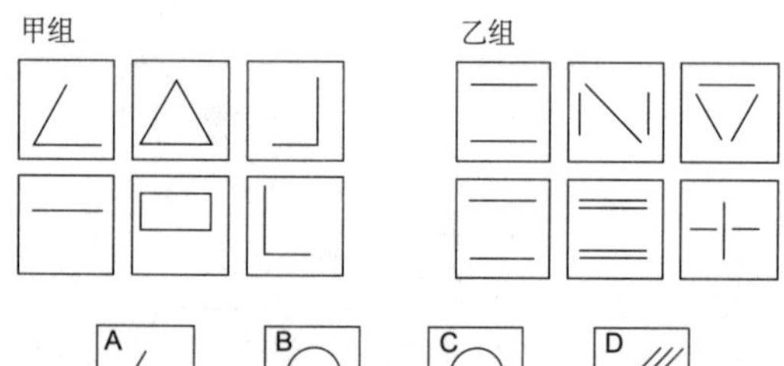

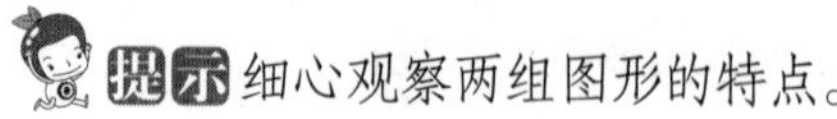

提示 细心观察两组图形的特点。

30. 图形壁画

问号处应填哪个图形？

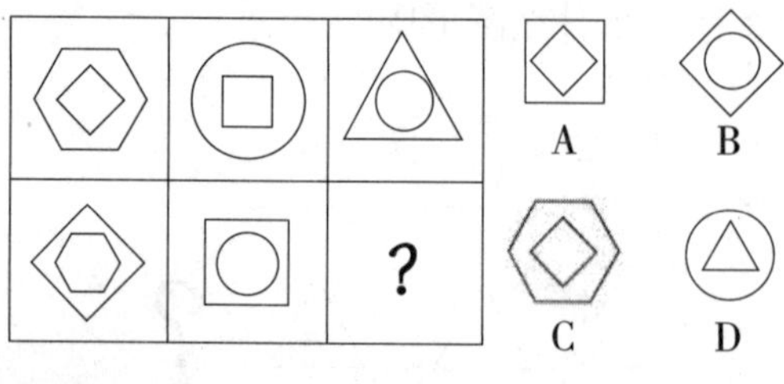

提示 细心观察图形之间的规律。

趣味馆

什么立体图形只有两个面？

（答案：圆锥体）

31. 相对的一面

从不同的视角看到的同一个立方体如图所示。你能推算出与空白面相对的一面的图案吗？可直接在图上圈出来。

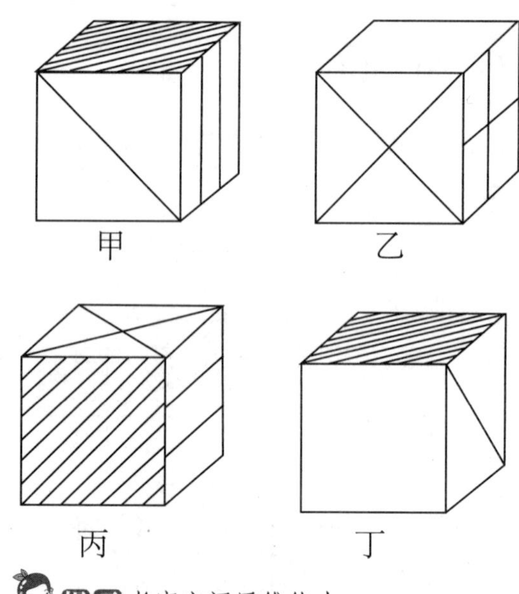

提示 考察空间思维能力。

32. 棱长之和

一个长方体截成了两个完全相同的正方体，每个正方体的棱长之和是24厘米，长方体的棱长之和是多少厘米？

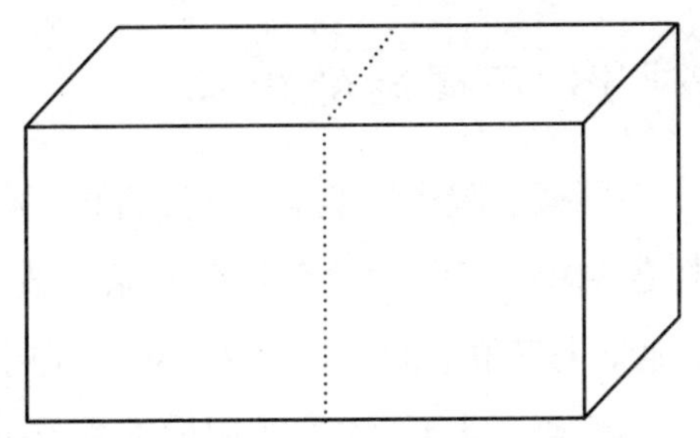

提示 可以从正方体的棱长入手。

趣味馆

什么东西既没有开始也没有结尾和中间？

（答案：圆圈）

33. 排列组合

每种形状都有4种花色。重新排列，使得每行、每列、每条对角线必须包含4种不同的形状和4种不同的花色。

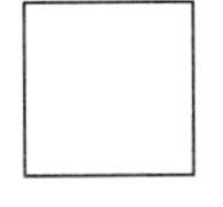 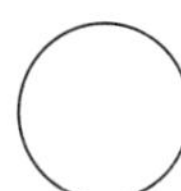 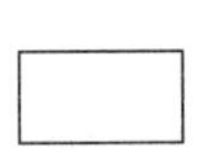 

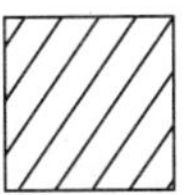 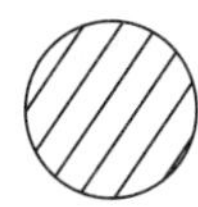 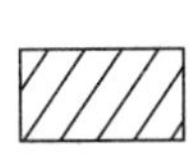 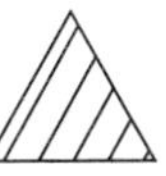

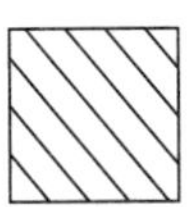 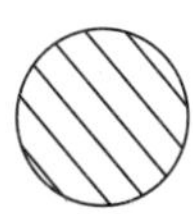 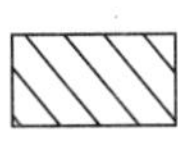 

 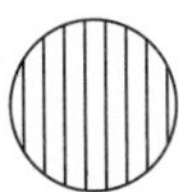 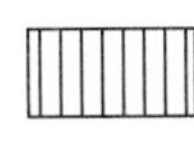 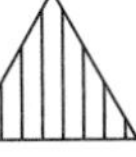

提示 需要空间思维能力。

34. 找另类

下列图形中，哪一个是与众不同的？

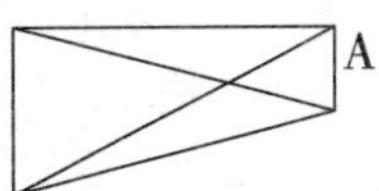

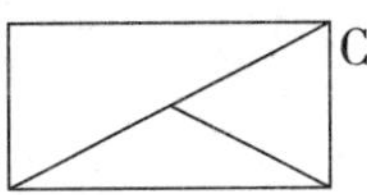

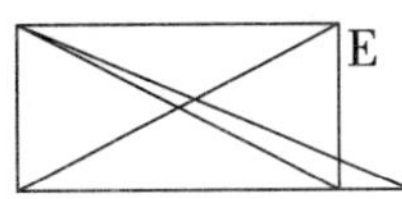

提示 细心观察图形之间的规律。

趣味馆

猴子最讨厌什么线？

（答案：平行线，因为没有相交（香蕉））

35. 最大面积

有一位农民伯伯用一块长20米的篱笆围成一个长方形用来种菜，其中一面利用墙面。为了使围成的菜地面积最大，请你帮他算算，究竟菜地可以达到的最大面积是多少？

提示 长方形的最大面积。

36. 阴影面积

下图的正方形边长为10厘米。问阴影

部分的面积一共是多少?

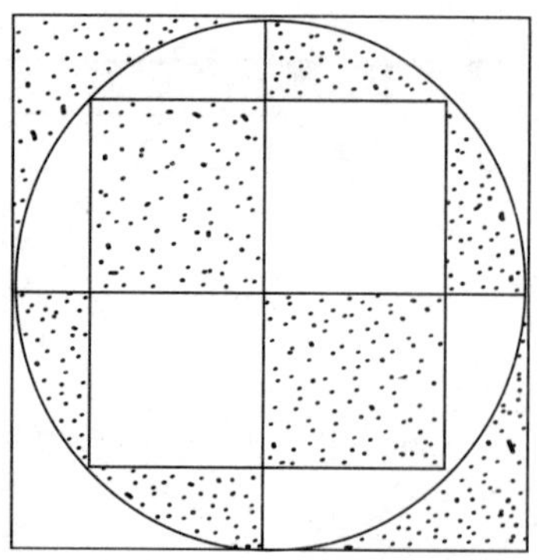

提示 找出阴影部分与整体的关系。

37. 分割三角形

用两根火柴将九根火柴所组成的正三角形分为两个部分。请问①和②两个图形哪一个面积比较大?

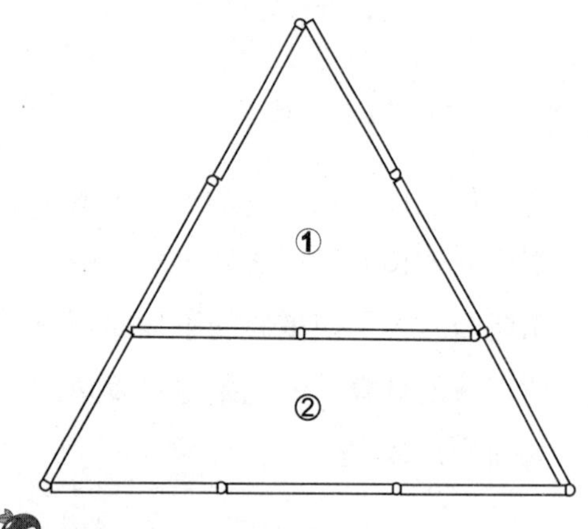

提示 可转换成同样大小的图形进行比较。

趣味馆

放大镜不能放大的东西是什么?

(答案:角度)

38. 两棵树的距离

小可家的院子里栽着桃树、杏树、苹果树各一棵，三棵树没有栽在一条直线上，他学了三角形的知识之后，对三棵树之间的距离产生了兴趣，他用尺子量了一下，桃树和杏树之间的距离是6.9米，而杏树与苹果树之间的距离是0.85米，并且桃树和苹果树之间的距离正好是一个整数，请问这个整数是多少?

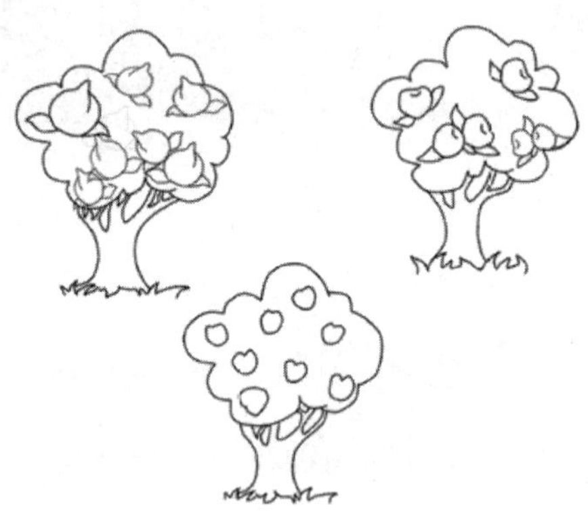

39. 面积减半的正方形

在没有圆规和直尺的情况下，请你用最简单的方法，把下图中的正方形变成原来面积的一半。

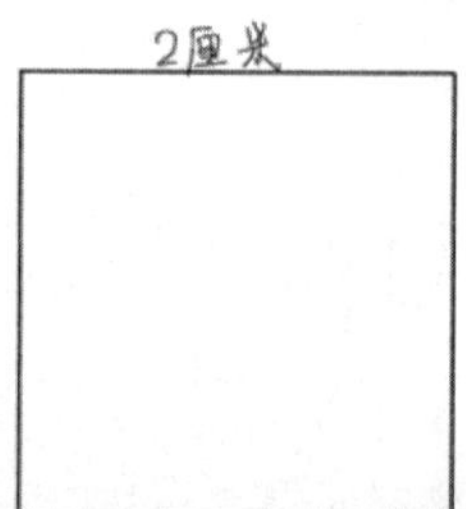

40. 药房里的故事

你到医药商店去买过药片吗？如果营业员为你数药片，他会拿出一个小巧的工具。这是一个等边三角形的无盖小盒，边上翻起一点，正好把药片挡住。他把几十粒药片倒进小盒子，轻轻一抖，药片就在里面整整齐齐地排好了队。有趣的事情发生了，营业员并不会如你想象的那样一五一十地数药片，他只要看一看就知道是多少。你懂得营业员的窍门在哪里吗？

比如说，现在药片排成了六排，你能不数就算出是多少粒吗？

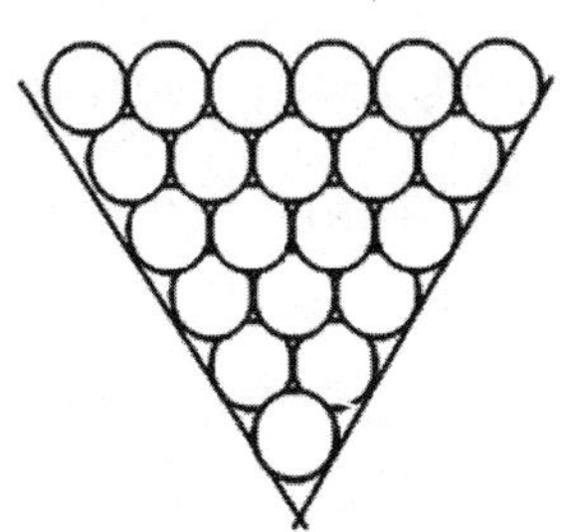

41. 数一数有多少个三角形

请你数一数，图中共有大小三角形多少个？不过为了不至于少算，最好先找出规律。

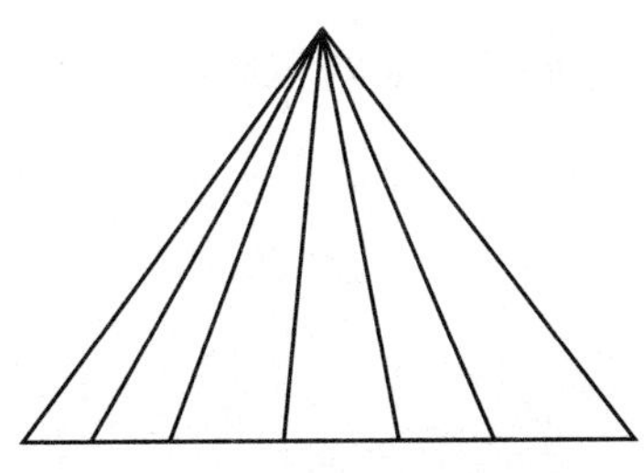

42. 小小"建筑师"

放学了，女孩子们"造房子"玩。

小琴把一串纽扣抛到第一格，单脚跳进此格，捡起后回到起点；再抛到第二格，重复上述动作……跳到第五格，就算一圈结束了。

小琴和小伙伴们说："工人叔叔造高楼，我们也造大一点，跳50间算一圈，好不好？"

"好，"小姑娘们一致同意。

这话给哥哥听见了，他说："你们大伙慢一点造，应该先算一算，如果每间房子向前伸0.5米，纽扣每次都丢在正中的话，造一圈50间的'房子'，一共要跳多少路呢？"

当结果算出来的时候，小琴吐了吐舌头，自己也笑了。

43. 圆里面的三角形

裁一张圆纸片，在里面折出一个正三角形，使它的三个顶点都在圆上。你会吗？

（这样的三角形称为圆内接正三角形）

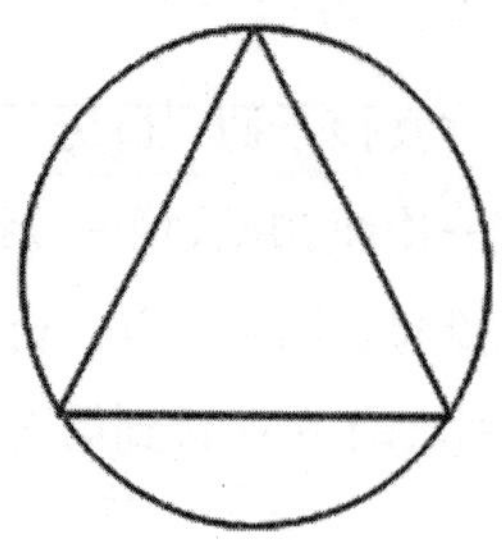

44. 布置跑道

要开运动会了，黄老师带领同学们布置场地。200米赛跑的终点在直道，因为绕过一个半圆圈，外跑道的起点要挪前一点儿。黄老师说："每道跑道宽1.22米，那么外圈跑道的起点分别要比相邻的内圈跑道挪前多少米呢？"

小林听了说："那你还没有告诉我们半圆跑道的半径是多少啊？"

黄老师说："半径是用不着告诉你的。"

小林和同学们讨论了好久，算出了结果，也终于弄懂了。你知道为什么吗？

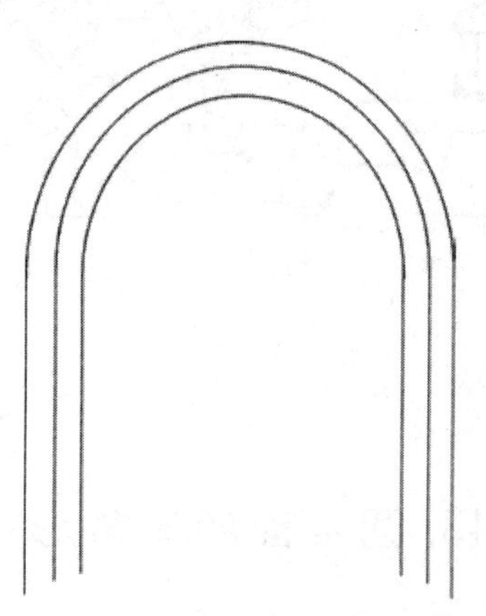

45. 地球的"腰带"

黄老师见同学们都懂了跑道的事情，就问了下面一个问题：

赤道是地球的"腰带"，它近似等于4万公里，可算是一个庞大的数字了。如果假设这根"腰带"长出10米，那么它离开地球表面有多高？比如，一只小蚂蚁能从下面钻过去吗？

46. 做游戏

五个小朋友在操场上捉迷藏，其中一个小朋友被蒙着眼睛，另外四个小朋友分别记为A、B、C、D。只听A说，B在我的正前方；B说，C在我的正前方；C说，D在我的正前方；D说，A在我的正前方。请问有这种可能吗？如果有，他们的位置关系是怎样的。

47. 拼成正方形

将下列图形裁两刀后，拼成一个正方形。

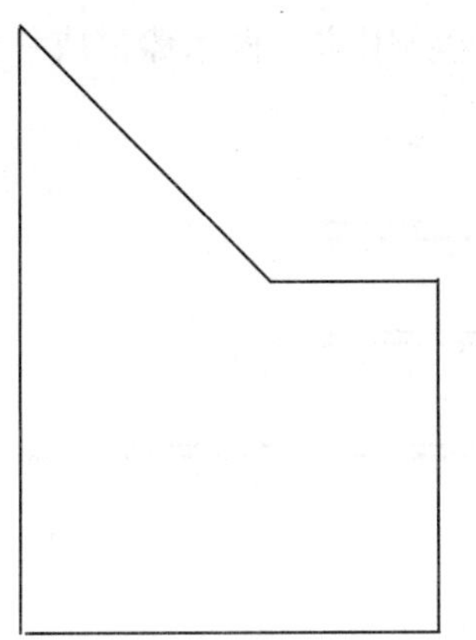

48. 阴影部分的面积

下图中是一个矩形，阴影部分四边形的四个端点，两个是矩形的顶点，另外两个是长和宽的中点，那么阴影部分的面积是矩形面积的几分之几？

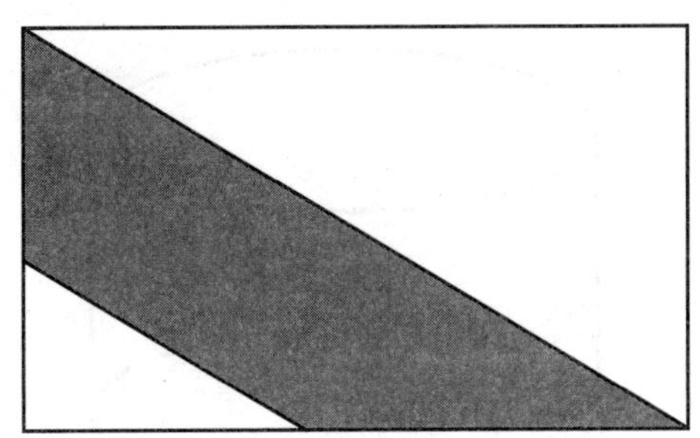

49. 巧分三角形

你能用四个圆就把下图中的九个三角形一一分开吗？

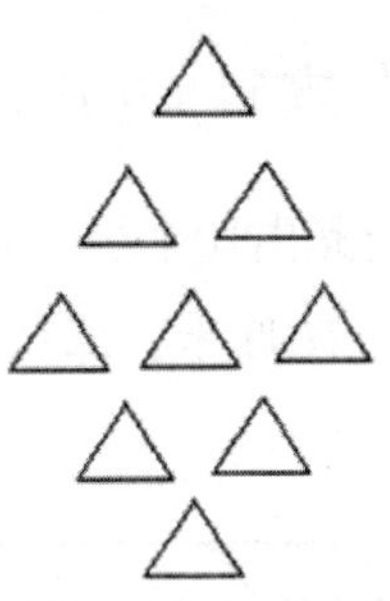

50. 圆的直径是多少

在一张长为6厘米，宽为5厘米的长方形纸上，画一个最大的圆，它的直径是多大？

51. 圆柱体的体积

有一个圆柱体，它的高是1.5分米，如果把它用一个横截面截开，那么截成的两个小圆柱体的表面积比原来圆柱体的多1.6平方分米，那么原来圆柱体的体积是多少呢？

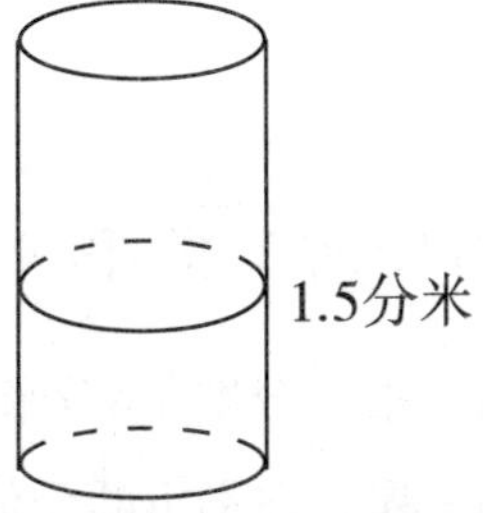

52. 立方体的表面积

下面图形是由10个小立方体组成的立体图形，边长是3厘米，那么它的表面积是多少？

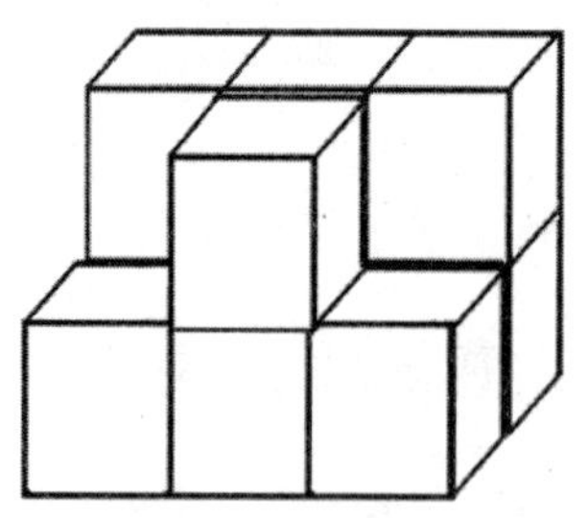

53. 蚂蚁聪明吗

一个圆锥体，一只小蚂蚁从A点出发，绕一周回到A点，它走的路径是过A点的横截面的圆周，它走的路径是最短的吗？

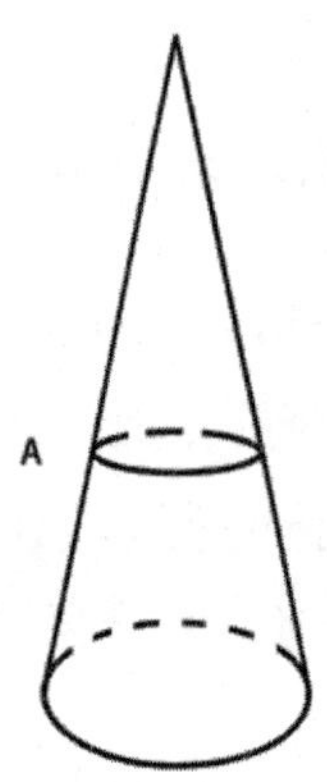

54. 拼三角形

有三根长分别是4分米、5分米和12分米的木棒，在不折断任何木棒的情况下，你能够用这三根木棒拼成一个三角形吗？

55. 切生日蛋糕

小娟今天要过生日，妈妈给她买了一个大大的生日蛋糕庆祝，一家人吃过晚饭之后，要小寿星切蛋糕，一共有8个人参加她的生日宴会，爸爸就要求她切三刀，把蛋糕分成相等的八份，你能帮她想想怎么切吗？

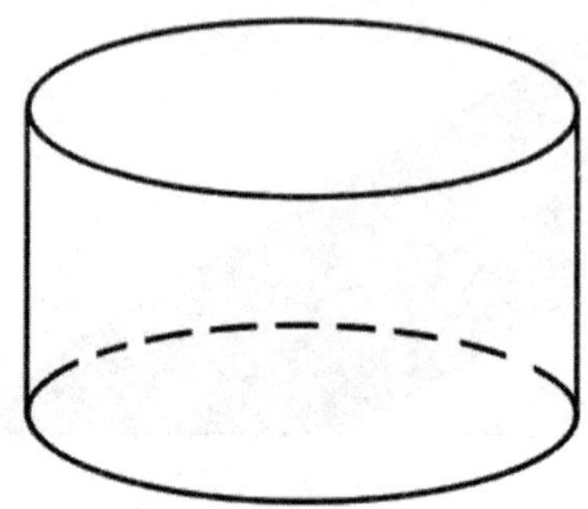

56. 大三角形的面积

下图中的两个三角形都是正三角形，圆中的小三角形的面积是200平方厘米，那么你知道大三角形的面积是多少吗？

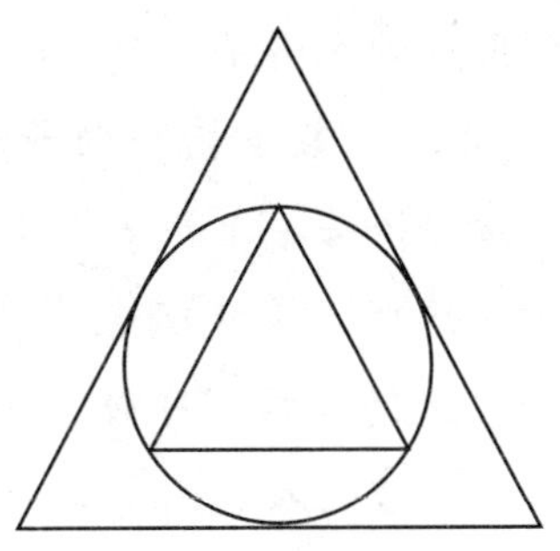

57. 挨骂的工人

一家装潢公司，承接了一幢大楼的室内装饰工程，在室内装饰中有四个工人打算在一个墙面上铺满瓷砖，其中甲工人选用了“正三角形”瓷砖，乙工人选用了“正方形 ”瓷砖，丙工人选用了“正五边形”瓷砖，丁工人选用了“正六边形”瓷砖，结果一个工人被工头大骂了一通，你知道被骂的工人是谁吗？

58. 平分圆

下面是由五个大小相等的圆组成的图形，P点是最左侧圆的圆心，你能通过P点作一条直线，二等分这五个圆的面积吗？

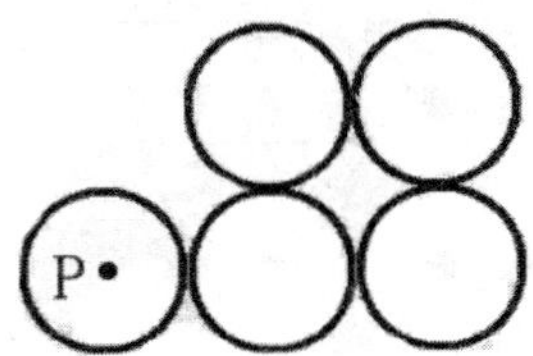

59. 火柴拼图

三根火柴能拼一个三角形，那么要拼成两个三角形最少需要几根火柴呢？六根火柴能拼成四个三角形吗？

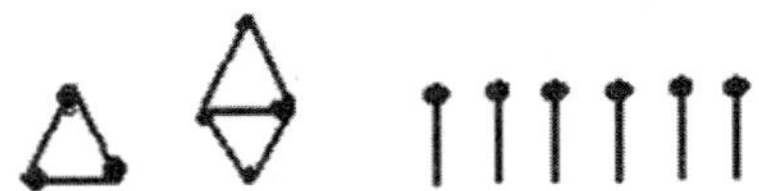

60. 圆的面积比较

下图中，圆A和圆B的面积哪个大？

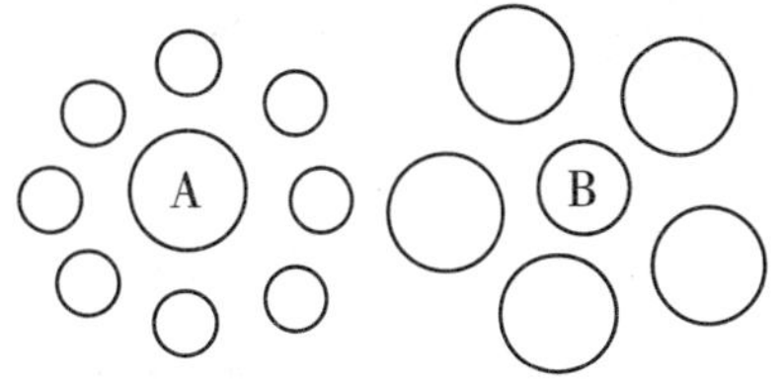

61. 比较长短

如下图，（1）左图中线段AB和CD哪一个长？（2）右图中，线段l和线段m哪一个更长？

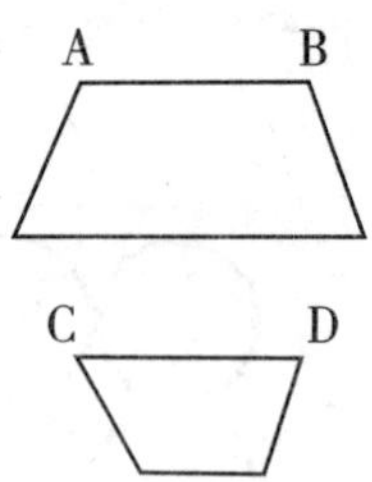

62. 被掩盖的直线

下图中长方形左侧的a，b，c，d，e五条线段中，哪一条与右侧的线段在同一条直线上？

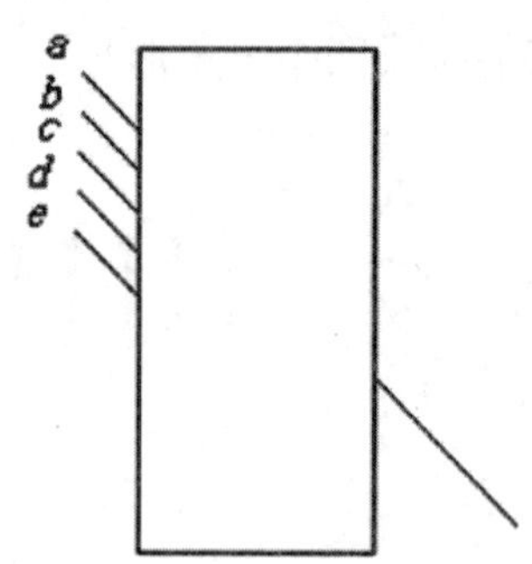

摇橹青年妙答皇帝难题

杏花春雨江南，杭州西湖游人如织。一列豪华的船队出现在湖上，缓缓向湖心驶去，原来是皇帝带着大臣和嫔妃也来游湖了。

皇帝饱览湖光山色之余，面对盈盈春水，忽然提出一个问题："这西湖的水，如果用缸来舀，有多少缸呢？"

皇帝身边的人听了，个个面面相觑，半天答不上来。老宰相一向号称智囊，这时只是皱眉搔头；李妃平时伶牙俐齿，善于应对，这时也变成哑巴。皇帝问左边的人，左边的人惶恐地低头；皇帝问右边的人，右边的人也同样木然。正在尴尬万分的时候，船尾一位摇橹的青年跑向船头向皇帝跪下。

宰相喝问："你有何事奏报？"

青年说："启奏万岁，这西湖有多少缸水，要看用来量水的缸有多大. 如果用跟西湖一样大的缸来量，就是一缸；如果用比西湖小一半的缸来量，就是两缸；如果用比西湖大一倍的缸来量呢，那就只有半缸了。"

皇帝听了微微点头说："答得好！"又瞟了一眼面前的大臣嫔妃，不胜感慨地说："想不到满朝大臣、众多嫔妃，连一个摇橹青年都不如！"

细品上述故事，青年的确答的妙。妙就妙在一个众人不易回答的问题，青年能分情况巧妙答出，他这种思考问题的方法，实际上就是数学中常说的分类讨论思想。

第三章　答案

1. 判定三角形

如果这个三角形中还有一个角是45°，这个三角形恰好是直角三角形。但题意说45°是最小角，则另一个角大于45°，那么第三个角肯定不够90°。因此，这个三角形是锐角三角形。

2. 五角星大串连

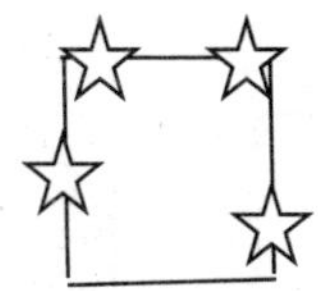

3. 钝角大变身

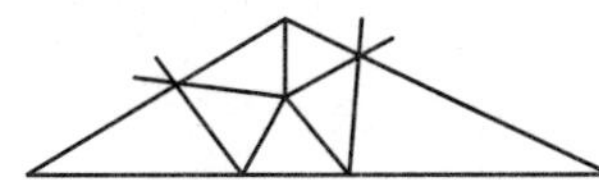

4. 几何木偶

问号处应为：

5. 巧称牛奶

将桶倾斜，直到液面像下面示意图那样为止。

6. 三截木棒

因为三角形的两边之和大于第三边，所以只需要把两截稍短的木棍首尾相连，如果它们的长度大于最长的那截，那么就能组成一个三角形。

7. 挖去的面

挖去1个小正方体就增加5个小正方形的面，一共挖去6个小正方体，那么表面小正方形的面会增加5×6=30(个)。

8. 六边形变长方形

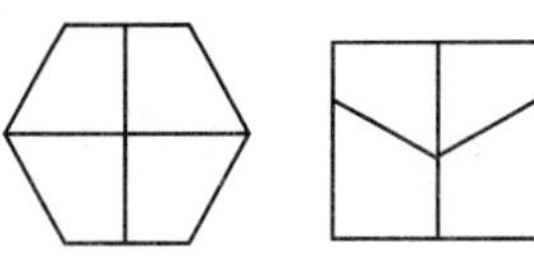

9. 几何图形巧切割

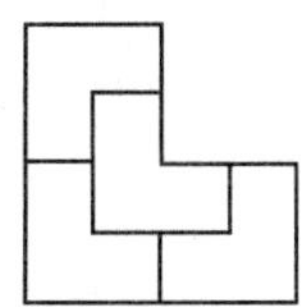

10. “弯曲”的平行线

(1) a和b是平行直线。(2) 图中“长刺”的各直线平行。

11. 大变三角形

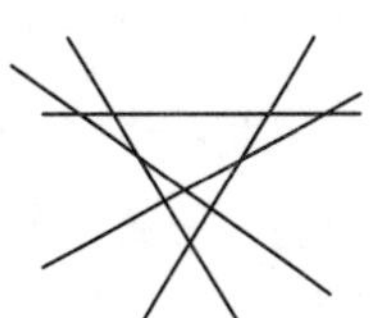

12. 巧摆正方形

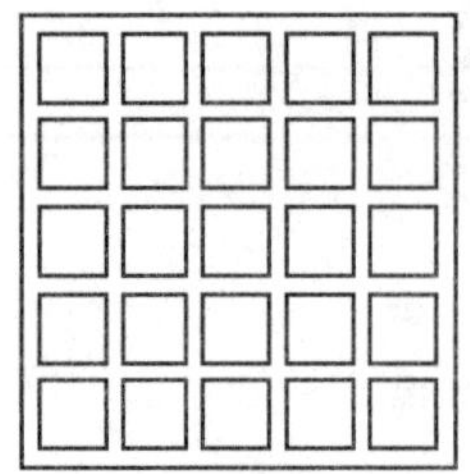

13. 正方形的神秘失踪

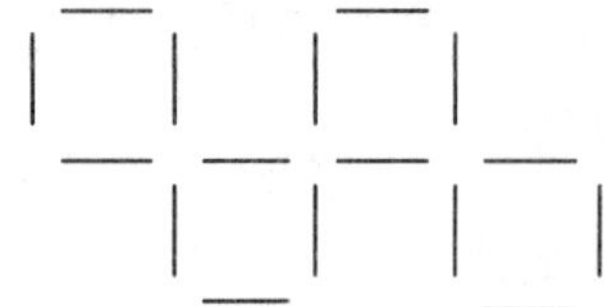

14. 连线

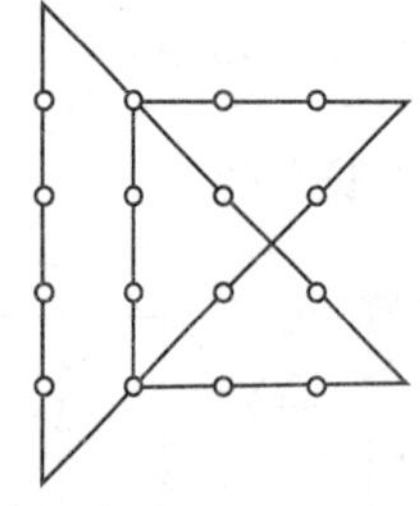

15. 三角形的个数

一共包含有27个大小不同的三角形，其中，以一个单位长为边的三角形为16个；以两个单位长为边的三角形为7个；以三个单位长为边的三角形为3个；以四个单位长为边的三角形为1个。

16. 含“几何”的长方形

为了不重复不遗漏，可由小到大，由内向外数。中间竖着数为4个，中间横着数为3个，拐角数为4个，上下左右各大半部的为4个，最大的为1个。合起来是4+3+4+4+1=16（个）。所以符合条件的长方形有16个。

17. 几何四瓣花

将花朵图案和正方形相比较，从正方形出发，在每一边的中部向内挖去半个圆，每个角上向外拼接四分之三个圆，就得到花朵图案。总起来看，四边四角，共挖去两个整圆，拼接三个整圆，净增加一个整圆的面积。圆的半径是1厘米，正方形的边长是4厘米。取圆周率为3.14，得到花朵图案的面积是19.14平方厘米。

18. 不合群的圆

D。

19. 面积大比拼

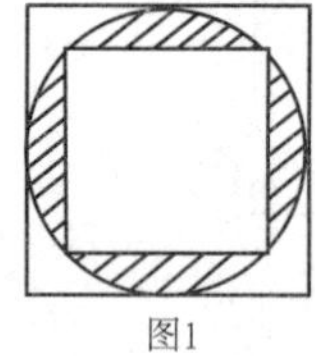
图1

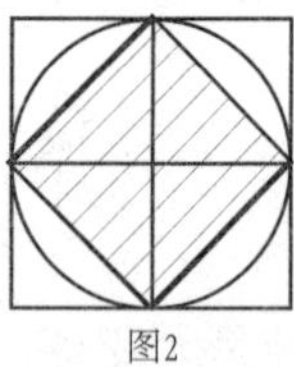
图2

试着把图1中内侧的小正方形旋转45°，这么一来，就会变成像图2一样。再把小正方形用两条对角线分成4个等腰三角形。于是，最外侧的大正方形中，会有8个形状相同的等腰三角形，因此，外侧的大正方形面积为内侧小正方形面积的2倍。

20. 被切掉的正方体

正方体原有12条棱，每切掉一块就增加3条棱，每个顶点处都切掉一块，一共切掉8块。由此可推算出棱的条数：12+3×8=12+24=36（条），所以这个图形共有36条棱。

21. 重叠的面积

大的正三角形与小的正三角形边长之比

为(5+2):(3+2),即7:5。

两者的面积之比为其平方比,即49:25。做到这一步,问题就明朗了。

与49-25=24相当的实际面积为48平方厘米,而重叠部分的面积相当于2的平方即4,所以,实际面积为8平方厘米。

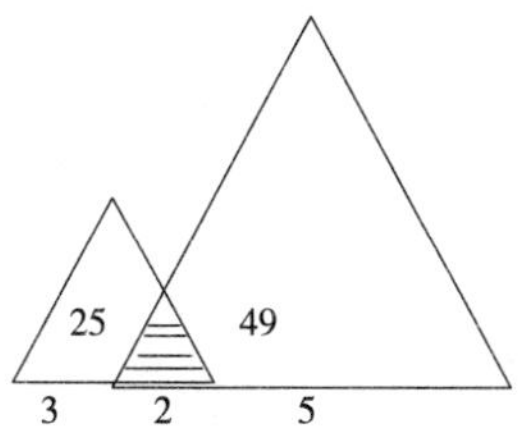

22. 切正四面体

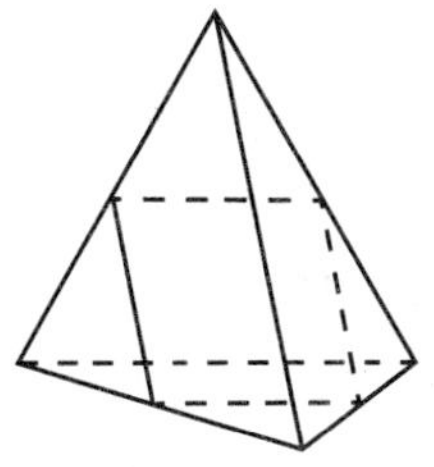

23. 火柴棍三角形

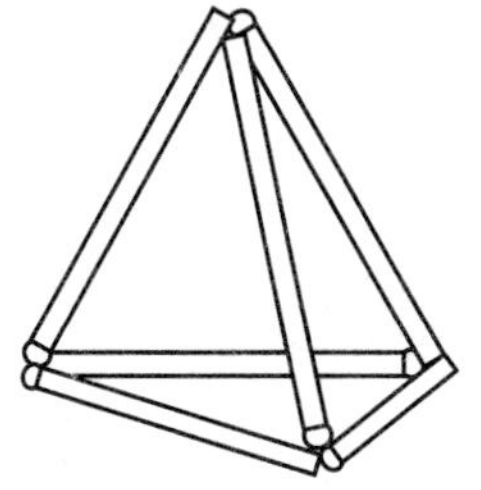

24. 反转三角形

D。

25. 找出问号处的图形

F。第一个图案的彩色区加上第二个图案的彩色区,也就是彩色区的总和,即为第三个图案。这条规律不仅适用于横向,也适用于纵向——这是做这种题的一个重要提示。

26. 填补图形

B。每行每列中都包含四种图形。

27. 六等分图形

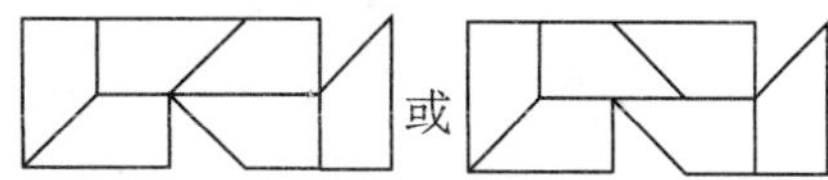

28. 猜图形

四边形。这里有两个系统的图形互相交叉地排列着,第一系统的图形的排列先是一条线的图形,跳过一个图形是两条线的图形,再跳过一个图形是三条线的图形。所以接着再跳过一个图形应该是四条线的图形。第二系统的排列是从第二个图形五边形开始的,隔一个是四条线的图形,再隔一个是三条线的图形。

29. 图像归组

B属于甲组,ACD属于乙组,甲组的图形都是由连贯的线构成,乙组的图形是由两条以上不连贯的线构成。

30. 图形壁画

D。

31. 相对的一面

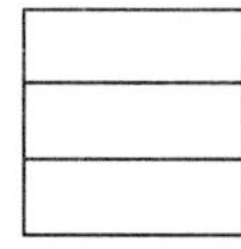

32. 棱长之和

截成正方体棱长:24÷12=2(厘米)

长方体的长:2×2=4(厘米)

长方体棱长之和:2×8+4×4=16+16=32(厘米)。

33. 排列组合

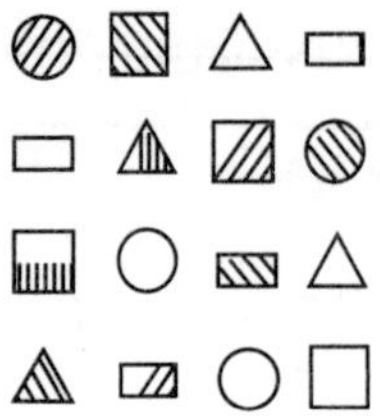

34. 找另类

D。其他各项都是六条线。

35. 最大面积

长10米，宽5米，面积为50平方米。

36. 阴影面积

阴影部分刚好是正方形的一半，$S=10\times10\div2=50$(平方厘米)。

37. 分割三角形

图形②的面积比较大。先多用几根火柴棒把图形细分成小三角形。可以看到，图形①中有4个小三角形，而在图形②中却有5个小三角形。

38. 两棵树的距离

由三角形知识：两边之和大于第三边，而两边之差小于第三边，可以知道桃树与苹果树之间的距离x满足：$6.9-0.85<x<6.9+0.85$，并且x是一个整数，所以$x=7$。

39. 面积减半的正方形

对折后可以找到各边的中点，然后把四个顶点折到正方形的中心，这样得到的图形就是原来正方形面积的一半。

40. 药房里的故事

药片的数量是$1+2+3+4+5+6=21$（片）。营业员已经记熟了各种情况，所以很快就能说出答案了。

41. 数一数有多少个三角形

可以以左边的第一条边为固定边，逐渐数出含有这条边的三角形，再以左边第二条边为固定边，依次向右，数出含有这条边的三角形，依次数过去，这样能不重不漏。总共有$7+6+5+4+3+2+1=28$（个）三角形。（或者从含有三角形的个数分类，即1个三角形的，由2个三角形组成的……依次数出数量，之后相加即可）

42. 小小“建筑师”

我们可以先算一下5格时候，一圈走的距离，第一格走的距离是$0.25+0.25=0.5$(米)，第二格走的距离是$2\times(0.25+0.5)=1.5$(米)，第三格走的距离是$2\times(0.25+0.5+0.5)=2.5$(米)，依次可得第四次走的距离是3.5(米)，第五次走的距离是4.5(米)，那么我们可以得出如果有50格，那么第50格走的距离是49.5(米)，跳50格走的路程是$0.5+1.5+2.5+\cdots+49.5=1250$米，要完成是很难的。

43. 圆里面的三角形

设圆的半径为2，那么从圆心到正三角形的边的距离为1，所以可以先把圆对折，找到圆心，然后把半圆对折，那么折痕就是正三角形的一条边，以这个边的两个端点为另外两条边的端点，一样对折半圆，这样就能折出一个正三角形了。

44. 布置跑道

圆的半径公式为$S=2\pi r$，直道是平行直线，长度是一样的，两个弯道如果起点一样，那么它们之间距离的差距是$l=2\pi(R-r)$，这样知道了半径的差就可以了，不一定要知道各个半径才能计算。

45. 地球的“腰带”

赤道的长度为4万公里，“腰带”长出10米，也就是$10=2\pi(R-r)$，$R-r=10\div2\pi\approx1.6$（米），所以不高于1.6米的人都可以穿过去，小蚂蚁当然能钻过去了。

46. 做游戏

可能，四个小朋友分别在正方形的四个顶点上就可以了。

47. 拼成正方形

沿线裁开，拼接即可

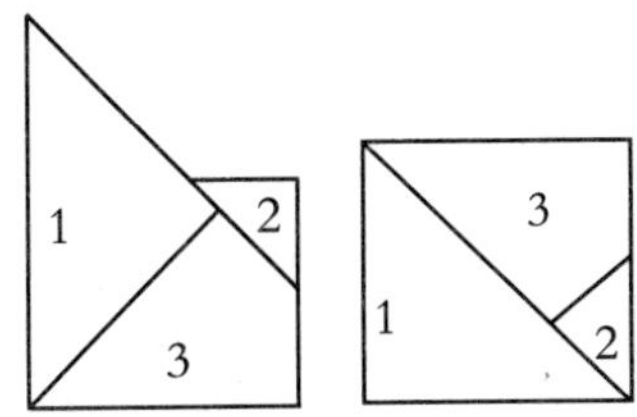

48. 阴影部分的面积

设左边小三角形的面积是1，那么矩形一半的面积是4，则阴影部分的面积是3，所以阴影部分的面积是矩形面积的$\frac{3}{8}$。

49. 巧分三角形

50. 圆的直径是多少

它的直径是长方形的宽，即为5厘米。

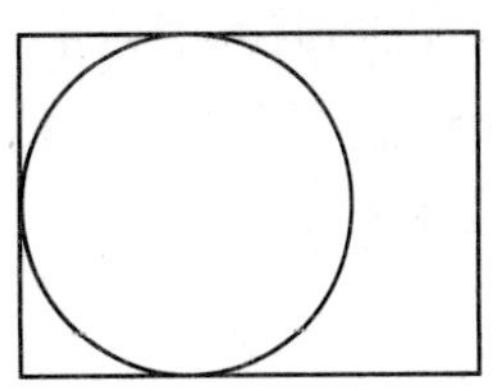

51. 圆柱体的体积

截成的两个小圆柱体，表面积增加了两个底面圆的面积，所以原来圆柱体的底面积是$1.6\div2=0.8$（平方分米），所以它的体积为：$0.8\times1.5=1.2$（立方分米）。

52. 立方体的表面积

其表面积是$4\times6\times9+2\times4\times9=288$（平方厘米）。

53. 蚂蚁聪明吗

把圆锥展开，小蚂蚁走过的路程是一个圆弧，而依据两点之间直线最短，可以知道小蚂蚁走的不是最短距离。

54. 拼三角形

如果要求三根木棒首尾相接，就不能拼成三角形，如果没有这样的要求，那就可以拼成三角形。

55. 切生日蛋糕

先分成相等的四块，然后从中间再切一刀就能平分成八块了。

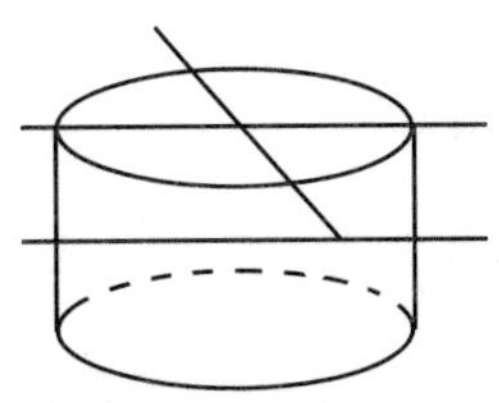

56. 大三角形的面积

把原来的图形旋转60°，可以得到如下图的图形，可以知道大三角形的面积是小三角形面积的4倍，所以大三角形的面积是4×200=800（平方厘米）。

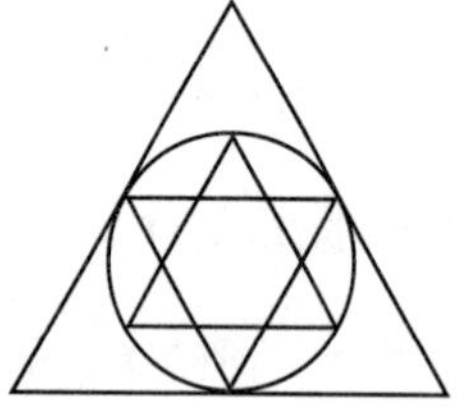

57. 挨骂的工人

被骂的是丙工人，因为正五边形是不能铺满墙面的。

58. 平分圆

在图形的右上方做一个一样的圆，连接两圆的圆心即可（如下图所示）。

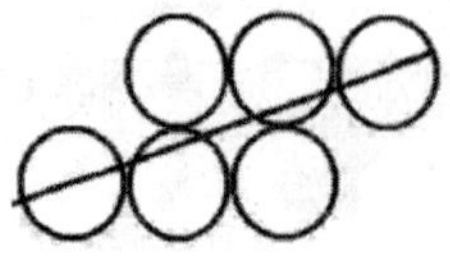

59. 火柴拼图

拼成两个三角形最少需要五根火柴，六根火柴可以拼成四个三角形，拼成四面体的形状即可。

60. 圆的面积比较

一样大，对比可以产生圆A的面积比圆B的面积大的错觉。

61. 长短比较

一样长，对比会使人产生错觉，感觉AB和CD长。

62. 被掩盖的直线

与线段a在同一条直线上。

第四章 等式的奥妙

1. 火柴等式(1)

图1是用火柴摆成的数学式子，虽然里面有一个等号，但实际上两边并不相等。只许移动一根火柴，要使它变成正确的等式。应该移动哪一根？

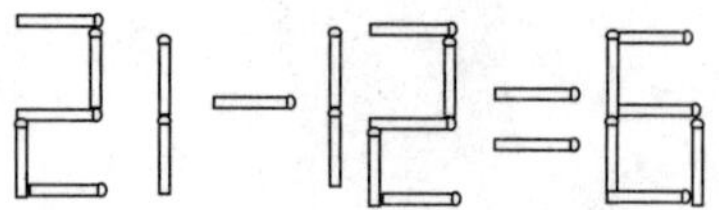

提示 发散思维找出等式之间的关系。

2. 火柴等式(2)

还是这个等式，如果不许移动任何火柴，就要把原图变成正确等式，你能做到吗？

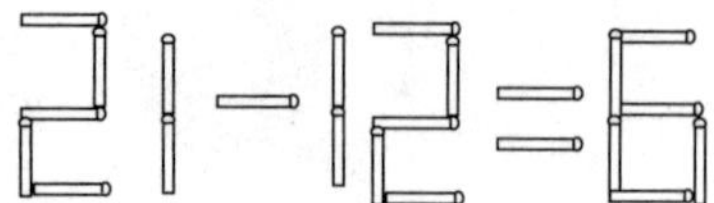

提示 转换思维想问题。

3. 火柴等式(3)

这是一道错误的算式，只要移动其中的1根火柴，就会变成一个正确的等式。请问该移动哪一根火柴？

23－7＋1－1＋1＝3

提示 发散思维找出等式之间的内在关系。

趣味馆

大象的左耳朵像什么？

（答案：它的右耳朵）

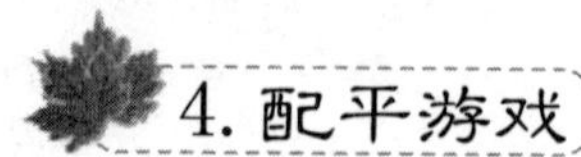

4. 配平游戏

你能够将第三架天平配平吗？

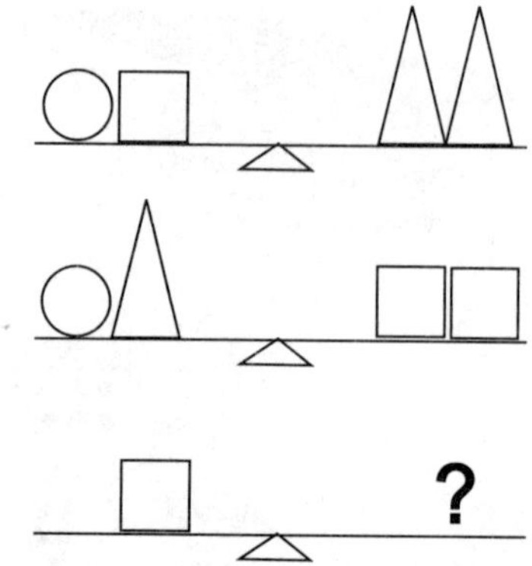

提示 发散思维找出等式关系。

5. 小猴运桃

小猴子从300米远的地方往回运一筐桃子，需要两个小猴子一起抬，现在由三个猴子轮流抬，请你算一下，每个小猴子抬着桃子平均走了多少米？

提示 找出等式关系。

趣味馆

有一只羊想起一件高兴的事，结果变成了什么？

（答案：小丑羊）

6. 鸭子和羊

一个农夫赶着一群羊和鸭子往山坡上去，已知鸭子和羊有44只，它们共有100条腿。请问鸭子和羊各有几只？

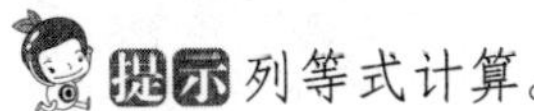

提示 列等式计算。

7. 攒钱计划

小红和小强准备把零用钱攒起来，以后寄给希望工程。小红现在有5元，她计划每月节约11元；小强现在有3元，他打算每月节约12元。如果他们俩准备一共凑足100元，需要多少个月？

提示 列等式计算。

趣味馆

如何只添加一笔就使5+5+5＝550等式成立？

（答案：545+5＝550（在"+"上添加一撇使其变为4））

8. 圆圈等式

图中九个圆圈组成四个等式，其中三个是横式，一个是竖式。你知道如何在这九个圆圈中填入1~9这九个数字，使得这四个等式都成立吗？注意：1~9这九个数字，每个必须填一次，即不允许一个数字填两次。

○－○＝○
　　　　×
○÷○＝○
　　　　＝
○＋○＝○

提示 注意各圆圈之间的关系。

9. 巧填等式

□、△、○各代表什么数字时，等式成立。

□＋□＋△＋○＝16
□＋△＋△＋○＝13
□＋△＋○＋○＝11

提示 根据各个图形之间的关系计算。

趣味馆

小明的妈妈有三个孩子，老大叫大毛，老二叫二毛，那老三叫什么？

（答案：小明）

10. 七数字的等式

将0、1、2、3、4、5、6这七个数填在圆圈和方格内，每个数字恰好出现一次，组成只有一位数和两位数的整数算式。问填在方格内的数是几？

○ × ○ = □ = ○ ÷ ○

提示 注意各数字之间的关系。

11. 字母等式

下面用A、B、C、D、E组成三组算式。算式中相同的字母代表的数字是相同的。请把字母变成数字。

AD×AD=ABC
DA×DA=CBA
AE×AE=ACB

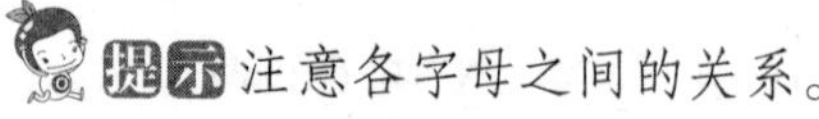

12. 图形等式

每题相同图形表示相同的数。

（1）
△×4=24
□+△=15
○÷□=6
△=?,□=?,○=?

（2）
6×□=30
13-□=△
△÷○=2
□=?,△=? ,○=?

提示 注意各数字之间的关系。

趣味馆

为什么青蛙跳得比树高？

（答案：青蛙会跳而树不会跳）

13. 错误等式变正确

62-63=1是个错误的等式，能不能移动一个数字使得等式成立？移动一个符号让等式成立又应该怎样移呢？

提示 注意各数字之间的关系。

14. 生肖等式

在图1中，十二生肖里有七个出场，每种生肖代表一个数字，不同生肖代表不同数字，组成如图所示纵横交错的若干等式。这是些什么样的等式呢？

提示 注意各生肖之间的关系。

趣味馆

什么东西肥得快，瘦得更快？

（答案：气球）

15. 做题速度

小明和小华一起做同样的口算题，小明做了$\frac{1}{3}$时问小华，“你做到哪里了？”小华说：“我还有45道。”小明做了余下的一半时，又问小华，小华说：“我正好做了一半。”如果他们做题的速度不变，求他们做题的速度比和总题数。

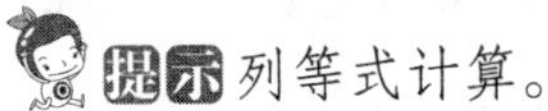

提示 列等式计算。

16. 邮票数量

小明的邮票比小光少$\frac{1}{6}$，如果小光拿出20%的邮票给小明，小明抽出14张邮票。两人的邮票数量相等，求小光有多少张邮票？

提示 列等式计算。

趣味馆

当你向别人炫耀你的长处时，别人还会知道什么？

（答案：你不是哑巴）

17. 客人与碗

有对新人的婚礼上，洗碗工在洗碗，旁边有人想知道中午有多少客人吃饭，就问洗碗工：“这些碗有多少人在用？”洗碗工答道：“我只知道他们每两人合用一个菜碗，每三人合用一个汤碗，每四人合用一个饭碗，共用了65个碗。”请问：中午有多少客人吃饭？

提示 注意客人和碗之间的关系。

18. 买卖旧瓷碗

有一个小贩从一个农夫家里收购了两个旧瓷碗，以为会是古董，后来经验证后知道是赝品就以每个60元的价格出售了。其中的一个赚了20%，另一个赔了20%。那么请问，这个小贩在这笔交易中是赔还是赚？

提示 可列等式求解。

趣味馆

艳艳家有5盏灯，关掉4盏灯，还剩几盏？

（答案：还有5盏灯。只是关掉，没有扔掉）

19. 小明探亲

小明暑假去探亲，在亲戚家住了一段

时间，表姐也放暑假，所以这段时间就一直在陪他玩，因为她们一天只搞一个活动，要么在早上一起去跑步，要么就是在晚上打网球，要么就什么也不干待在家里，到小明要走的那天他们共有8个早上什么也没干，有12个晚上待在家里，去跑步或者去打网球的日子总共12天。请问：小明在亲戚家一共住了几天？

提示 可列方程求解。

20. 三人分羊

甲、乙、丙三个人合买一头羊，甲要羊头，乙要羊腿，丙要羊身。这头羊的羊头重6斤，羊身重是羊头、羊腿重的和，羊腿重是半羊头、半羊身的和。羊的牌价是：羊头5元一斤，羊腿3元一斤，羊身的单价是羊头、羊腿的和。他们三个人每人该付多少钱呢？他们想了好久也不知道结果。这时，有一个老者从此经过，当他知道了这一情况后，很快就帮他们算出了各人应付的钱数。亲爱的读者，你知道怎么算吗？

提示 找出羊的等式关系。

趣味馆

用什么可以解开所有的谜？

（答案：谜底）

21. 国王巡查

有一天，国王去士兵的操练场巡查，召唤了一名将领询问：“你营的士兵现在都在做什么？”将领回答说：“$\frac{1}{2}$在参加训练，$\frac{1}{4}$在学习兵法，$\frac{1}{7}$在站岗，$\frac{1}{12}$在做饭，还有两名去查探敌情。”那么，小朋友们，你们能算出这个军营共有多少人吗？

提示 根据总体和部分的关系列算式。

22. 墓志铭中的等式

下面是一个数学家墓志铭中记载的内容：他生平的$\frac{1}{6}$是幸福的童年。再活了生命的$\frac{1}{12}$，长起了细细的胡须。后又结了婚，可是还不曾有孩子，这样度过了一生的$\frac{1}{7}$。再过5年，他得了头胎儿子，生活感到十分幸福。可是命运给这个孩子在世界上的生命只有他父亲的$\frac{1}{2}$。自从儿子死后，他在痛苦中生活了4年，也离开了这个世界。请问这位数学家活了多大岁数呢？

提示 根据数学家一生的时间列等式。

趣味馆

哥哥买了3袋米，弟弟买了2袋米，回家后他们把米放在1个大袋子里，现在他们有几袋米？

（答案：1袋米）

23. 自我介绍

班上转来了两名新生，他们恰好是兄妹，在作自我介绍时，哥哥说："我的兄弟与姐妹的人数相等。"妹妹说："我的兄弟的人数是姐妹的两倍。"你能根据上面的已知条件算出他们家一共有兄弟姐妹几个人吗？

 提示 兄弟姐妹之间的等式关系。

24. 分组中的等式

某班有男生26人，女生24人，现将这个班分成甲乙两组，甲组30人，乙组20人。现在只知道甲组中的男生要多于乙组中的女生。问：甲组中的男生比乙组中的女生多多少？

 提示 各组之间的等式关系。

趣味馆

小李拿了100元去买一个75元的东西，但老板只找了5元给他，为什么？

（答案：他只给了老板80元）

25. 步测距离

星期天，阳光明媚，小丽一家决定去附近的公园游玩，小丽突发奇想，她很想知道她们家到公园到底有多长的距离，于是决定用步数去测量。她先用双步计数，走到一半路程时她又改用三步计数，已知得到的双步数比三步数多250。请问：小丽家到公园共有多少步呢？

 提示 找出到公园距离的等式关系。

26. 妙填等式

把下列式子中的图形用合适的数字代替：

$$\Diamond\heartsuit \times (\Diamond + \heartsuit) = \Diamond^3 + \heartsuit^3$$

 提示 注意各数字之间的关系。

27. 购书计划

小明去书店购买图书。在订计划时，他遇到了这么一个问题：这次购买的图书分为科技资料、小说和画报三种，共100本。他身上带了100元。已知科技资料每本10元，小说每本5元，画报每本0.5元。问小明能购买三种图书各多少本？

 提示 购买的各种图书之间的等式关系。

趣味馆

尼克考了500多分，雅克考了600多分，为什么老师认为他们的成绩不相上下？

（答案：因为尼克考了6门，雅克考了7门）

28. 蜡烛燃烧的等式

有两支蜡烛，长短和粗细不同。长的蜡烛点燃后可以照明$3\frac{1}{2}$小时，短的（比较粗）蜡烛可以照明5小时。把两支蜡烛同时点燃2小时后，剩下来的长度相等。问：长蜡烛与短蜡烛长度之比是多少？

提示 长蜡烛和短蜡烛之间的关系。

29. 列车长度

甲、乙两人在铁路轨道旁边背向而行，速度都是每小时3.6公里。一列火车匀速地向甲迎面驶来。列车在甲身旁开过用了15秒钟，而后在乙身旁开过用了17秒钟。问：这列火车的长度是多少？

提示 找到速度和长度的关系。

趣味馆

为什么现代人越来越言而无信？

（答案：打电话当然比写信方便）

30. 轮船与飞机

一艘轮船从码头出发向海洋航行，当它在离岸180里的地方时，带有紧急邮件的水上飞机，从轮船的出发地点向轮船方向飞去。水上飞机的速度比轮船的速度大10倍。问：在离岸多少里的地方，水上飞机追上轮船？

提示 轮船与飞机之间的速度关系。

31. 唐诗变等式

唐代大诗人杜甫住在成都草堂时著的《绝句》：

两只黄鹂鸣翠柳，

一行白鹭上青天。

窗含西岭千秋雪，

门泊东吴万里船。

有人说：这首诗之所以这么优美动人，不仅是它情景交融，而且因为诗中有数学帮忙，把景物数量化，显得更投入，更动情。你看，“两只黄鹂”，这里有数字2；“一行白鹭”，这里有数字1；“西岭千秋雪”用到了数1000；“东吴万里船”运用了数10000。每一句都离不开数。所以请用刚才杜甫诗句里的四个数2、1、1000和10000，再连同两个0，添加适当的数学符号，组成一个等式。快来试试看吧？

提示 注意各数字之间的关系。

趣味馆

小李今天早上出门丢了20块钱，回来的路上又捡到10块钱，请问今天小李丢了多少钱？

（答案：20块钱）

32. 中英互换

数字0、1、2、3的英文读法和中文读法对照如下：

ZERO	零
ONE	一
TWO	二
THREE	三

四个数字0、1、2、3可以组成一道等式：0+1+2=3。用英文表达，并且写成

```
  ZERO
   ONE
+  TWO
-------
 THREE
```

竖式，成为巧得很，如果将这道竖式中不同字母换成不同的数字，刚好也能得到正确的算式。应该怎样换呢？

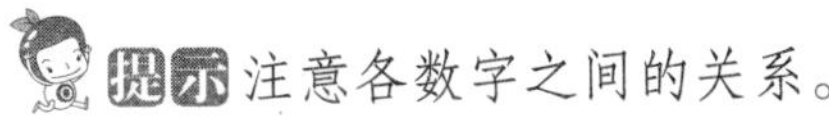

提示 注意各数字之间的关系。

33. 买东西

星期天，一家三口人上街走走，在路上忽然想起要买点东西。爸爸拿出票夹，妈妈取出钱包，各人查看自己带了多少钱。结果，两人随身带的钱数加起来，共有172元。

在百货商店里，爸爸买了一双皮凉鞋，用去他票夹里钱数的九分之四。妈妈买了一件衣服，付出了32元。跟在身后的儿子，伸出左手拉住爸爸，伸出右手拉住妈妈，说："现在爸爸的钱和妈妈的钱一样多了！"

刚出家门时，爸爸和妈妈身边各有多少钱呢？

提示 爸爸剩的钱和妈妈剩的钱成等式。

趣味馆

从装有30个苹果的货车里取走6个苹果，可以取多少次？

（答案：只能取一次，因为取过一次之后车里就不是30个苹果了）

34. 我和汽车

沿着马路往前走，我注意到：每隔12分钟就有一辆公共汽车从后面经过我；每隔4分钟就有一辆公共汽车由对面开过来。假定我和汽车的速度始终是均匀的。问：每隔几分钟从公共汽车的起点站开出一辆车来？

提示 注意汽车和我的速度关系。

35. 改正错误

下面是错误的算式：

$$2\times7+4\times6+5\times9+18+3=100$$

怎样对调数字使等式成立？

趣味馆

一年中有7个月有31天，那么哪个月有28天？

（答案：每个月都至少有28天）

36. 加括号，变等式

在下面式子中加上一对括号,让等式成立。

1−2−3+4−5+6=9

37. 趣味填数——等式（1）

请在括号中分别填入1、2、3、4、5、6这6个数字，使之成为三道等式。

21×（　）8=（　）218

81×（　）3=18（　）3

79×（　）3=3（　）97

38. 趣味填数——等式（2）

把1~9九个数字填入下面的方框中，组成三个等式。

（ ）（ ）÷（ ）=（ ）（ ）÷（ ）=（ ）（ ）÷（ ）

39. 回文数

“1545451”这个数从左往右读与从右往左读完全一样，我们把这种数叫做“回文数”，请你在这个数之间添上适当的运算符号，使下面两个等式成立。

1545451=2002

1545451=54

40. 教师节快乐

算式中“教、师、节”分别代表3个整数，它们的和正好等于54，请你把1~9填入三个算式的○中，使等式成立。

教2=○　　师2=○○○　　节3=○○○○○

41. 火柴等式（1）

下面这个火柴算式是成立的。请移动一根火柴，仍能得到一个正确的算式。

7+4−1=10

42. 火柴等式（2）

在下面由火柴摆成的算式中，移动两根火柴使等式成立。

①41−1112+11=42

②222−1222+222+711=177

43. 火柴变换（1）

下图是由24根火柴摆成的回字形，移动四根火柴，使它变成两个大小相同的正方形。

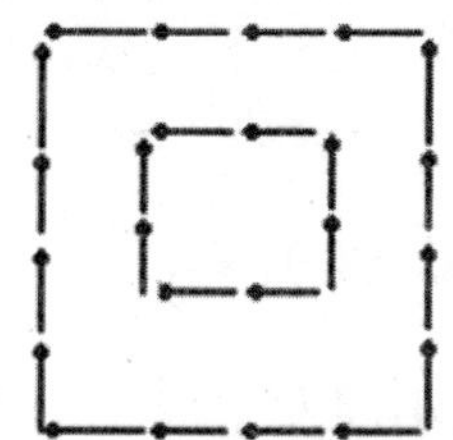

44. 火柴变换（2）

在下图所示的火柴摆成的图形中，移动三根火柴，得到三个相同的正方形。

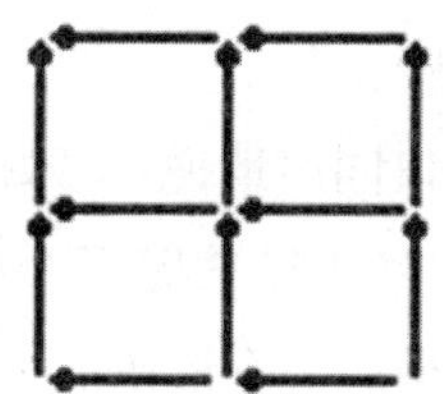

45. 火柴变换（3）

用十六根火柴棍可以摆出四个大小相同的正方形，如下图.试问：如果用十五根、十四根、十三根、十二根火柴棍，能否摆成四个大小相同的正方形？

46. 正方形中的等式

把1，2，3，4，5，6，7，8 八个数字填入图中空格，使每行每列的和为12。

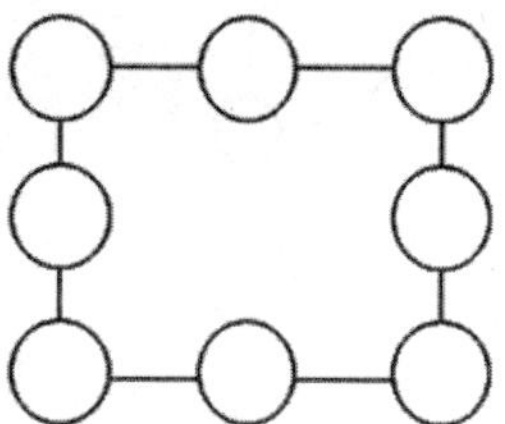

提示 与上题一样，注意角上的重复，你就可以先确定四个边上的数来。

47. 三角形中的等式

把1，2，3，4，5，6，7，8，9九个数字填入图中空格，使每条边上四个数的和都为17。如果要求和都为23，应怎么填？

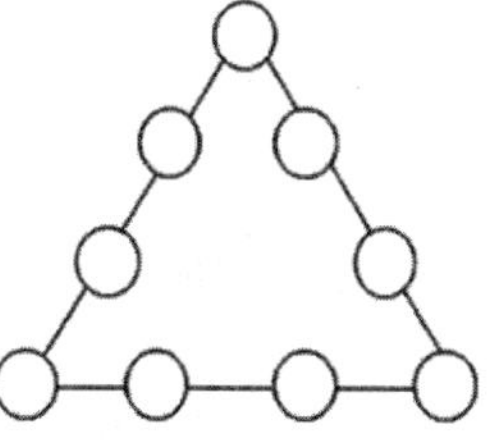

提示 先找出顶点的三个数。

48. 花样填数（1）

把1, 2, 3, 4, 5, 6, 7, 8 八个数字填

入图中空格，使每条线（直径或圆周）上的四个数加起来的和都相等。

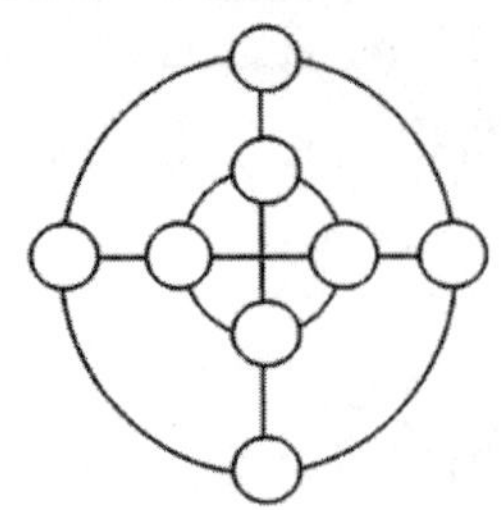

49. 花样填数（2）

把1，2，3，4，5，6，7七个数字填入圆圈，使每条线（半径或圆周）上的三个数加起来的和都相同，有几种可能的填法？

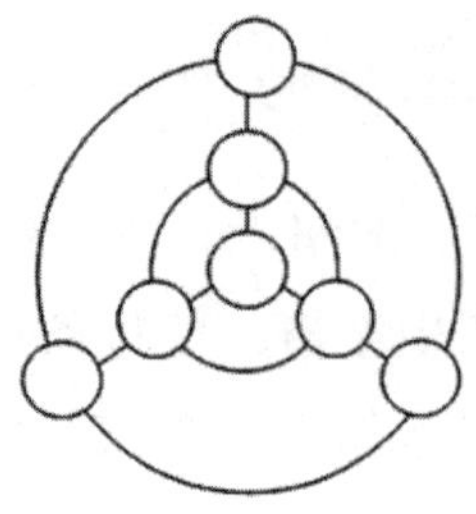

50. 填成倍数

把1，2，3，4，5，6，7，8，9九个数字填入图中空格。这样，每一横行的三个数字组成一个三位数。如果要使第二行的三位数是第一行的两倍，第三行的三位数是第一行的三倍，应怎样填数？

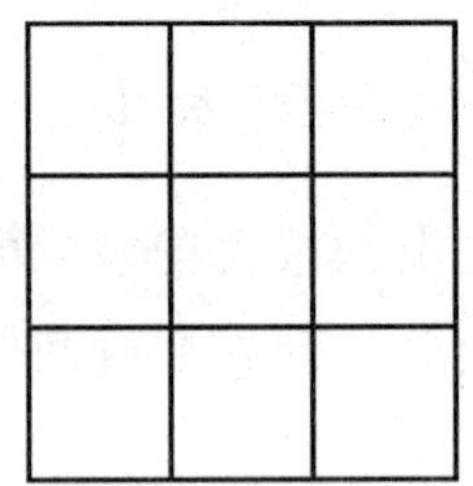

51. 从谁开始

三十个小朋友坐成一个大圆圈，老师在圈外出谜语给大家猜。老师说了第一谜语：“千条线，万条线，掉进水里就不见。”每个人都举手要求回答。

老师说：“这样吧，第一个谜语我请某个同学回答，而下一个谜语就由他左邻第二个同学回答……这样轮流下去。但回答过的同学就不再计算在里面了，好不好呢？”

大家异口同声地说：“好。”

只有小克站起来提了个附加要求，他希望回答最后一个谜语。

老师说：“好的，最后一个就留给小克。但为了做到这一点，我应该让哪一个同学来回答第一个谜语呢？”

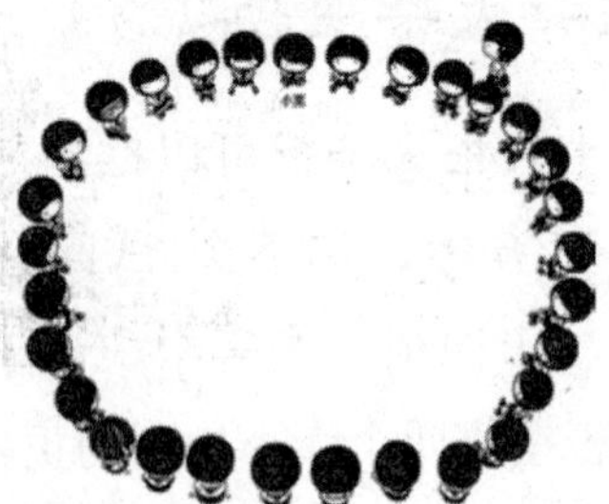

52. 整除的等式

老师把画报51册，连环画135本，儿童读物108本，至少有315张白纸交给小朱和小李，请他们把图书和纸平均分给三个班级。

小朱问：“如果分不均匀，怎么办？”

老师没有回答，小李满有把握地说：“不会分不均匀，我们去干吧。”

小李怎么知道这些图书和纸，可以平均分配给三个班级的？

53. 预知差错

小陈是公共汽车售票员，她的票夹上有5角、1元、1元5角三种车票。她习惯把钱都放在车厢的小桌的抽屉里，这样，就可以随时算出有没有差错。有一次她数了数桌上的钱，是360元8角，她说：“今天我肯定出了差错了。”小陈还没有最后结账就预知有差错了。她是怎样计算的呢？

54. 冰水转化

水结成冰，体积会增加$\frac{1}{9}$，那么，冰在融化成水的时候，体积会减少多少？

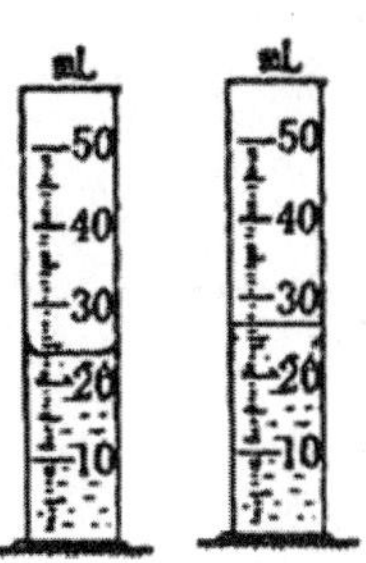

55. 卖水果

李大哥和王二叔在集市上卖苹果，不过刚到集市，王二叔有事，就把自己带的苹果托付给李大哥代卖。两个人带的苹果一样多，但是由于李大哥的苹果比较小，3个卖1元钱，王二叔的大一些，2个卖1元钱。现在李大哥为了方便，把所有的苹果混在一起，以2元钱5个售卖。卖完之后，李大哥给王二叔钱的时候才发现比他们单独卖少了10元，这是怎么回事呢？两个人当初有多少苹果呢？

56. 汉字等式（1）

下面的等式中，相同的汉字代表相同的数字，不同的汉字表示不同的数字，那么请你算一算各个汉字代表哪个数字？

```
  桃李满天下
×          桃
―――――――――――
下下下下下下
```

57. 汉字等式（2）

下面的等式中，相同的汉字代表相同的数字，不同的汉字表示不同的数字，那么请你算一算各个汉字代表哪个数字才能使等式成立。

```
  良 师 益 友
     师 益 友
        益 友
+          友
―――――――――――
  2  0  0  0
```

58. 汉字等式（3）

下面的等式中，相同的汉字代表相同的数字，不同的汉字表示不同的数字，那么请你算一算各个汉字代表哪个数字？

```
  润物细无声
×          4
―――――――――――
  声无细物润
```

59. 买汽水

大明和小惠去公园里玩耍，一段时间后，两个人渴了，准备买一瓶汽水喝，拿出钱来之后，大明差一元钱，而小惠只差一分钱，你知道一瓶汽水多少钱吗？

60. 小虫分裂

有一种小虫，每隔两分钟就可以分裂一次，分裂之后，两只新的小虫一样是每隔两分钟分裂一次。现在把一只这样的虫子放在一个瓶子里，那么两分钟后，虫子变成了两只，再过两分钟后，虫子变成了四只，如此下去，两个小时后，正好满满一瓶子小虫，那么如果一开始就放进去两只小虫，要分裂成满满一瓶子小虫，需要多长时间呢？

老寿星的岁数

两百多年以前，在清代乾隆五十年的时候，乾隆皇帝在乾清宫摆下千叟宴，3900多位老年人应邀参加宴会。其中有一位客人的年纪特别大。

这位年龄特大的老寿星有多大岁数呢？

乾隆帝说了，不过不是明说，而且是出了一道对联的上联：

花甲重开，外加三七岁月。

大臣纪昀（“昀”读“yún”）在一旁凑热闹，也说一说这位老寿星的岁数，当然也不是明说，而是对出了下联：

古稀双庆，又多一个春秋。

对联里讲些什么呢？这位老者的岁数究竟是多少？

先看上联。花甲就是甲子，一个甲子是60年时间。“花甲重开”，是说经过了两个甲子，就是120年，这还不够，还要“外加三七岁月”，3和7相乘，是21年，所以总数是$60 \times 2+3 \times 7=141$。

可见乾隆皇帝是说，这位老人家141岁。

再看下联。“古稀”是70岁。唐代诗人杜甫《曲江二首》诗中说，“人生七十古来稀”。当然，我们现在生活条件和医疗条件好了，七十自称小弟弟，活到八十不稀奇，可是直到半个世纪以前，能活70岁还是值得骄傲和令人羡慕的，往往要好好地庆贺一番。“古稀双庆”，是说这位老先生居然有两次庆贺古稀，度过了两个70年，并且不止这些，还“又多一个春秋”，总数是$70 \times 2+1=141$。

可见纪昀是在变个花样说，不错，这位老年人是141岁。

富兰克林的遗嘱与拿破仑的诺言

富兰克林利用放风筝而感受到电击，从而发明了避雷针。这位美国著名的科学家死后留下了一份有趣的遗嘱：

"……一千英镑赠给波士顿的居民，如果他们接受了这一千英镑，那么这笔钱应该托付给一些挑选出来的公民，他们得把这些钱按每年5%的利率借给一些年轻的手工业者去生息，这些钱过了100年增加到131000英镑。我希望那时候用100000英镑来建立一所公共建筑物，剩下的31000英镑拿去继续生息100年。在第二个100年末了，这笔款增加到4061000英镑，其中1061000英镑还是由波士顿的居民来支配，而其余的3000000英镑让马萨诸塞州的公众来管理。过此之后，我可不敢多做主张了！"

同学们，你可曾想过：区区的1000英镑遗产，竟立下几百万英镑财产分配的遗嘱，是"信口开河"，还是"言而有据"呢？事实上，只要借助于复利公式，同学们完全可以通过计算而作出自己的判断。

就是复利公式，其中m为本金，a为年利率，F为n年后本金与利息的总和。在第一个100年末富兰克林的财产应增加到：（英镑）比遗嘱中写的还多出501英镑。在第二个100年末，遗产就更多了：（英镑）。可见富兰克林的遗嘱是有科学根据的。遗嘱故事启示我们：在指数效应下，微薄的财产，低廉的利率，可以变得令人瞠目结舌。威名显赫的拿破仑，由于陷进了指数效应的旋涡而使法国政府十分难堪！

1797年，拿破仑参观国立卢森堡小学，赠上了一束价值三个金路易的玫瑰花，并许诺只要法兰西共和国存在一天，他将每年送一束价值相等的玫瑰花，以作两国友谊的象征。由于连年征战，拿破仑忘却了这一诺言！1894年，卢森堡王国郑重地向法兰西共和国提出了"玫瑰花悬案"。要求法国政府在拿破仑的声誉和1375596法郎的债款中，二者选取其一。这笔巨款就是三个金路易的本金，以5%的年利率，在97年的指数效应下的产物。

第四章 答案

1. 火柴等式(1)

只要在右边把6改成9,就得到正确等式,如下图。

21-12=9

2. 火柴等式(2)

可以做到,只要把图形倒过来看就行了。

3. 火柴等式(3)

23-7+1-14=3

4. 配平游戏

一个三角形或圆形都可以。

5. 小猴运桃

每个小猴子抬桃子平均走了200米。

6. 鸭子和羊

设鸭子为X只,羊则为(44-X)只。依题意可列方程2X+4×(44-X)=100。

X=38

即有鸭子38只,羊有44-38=6(只)。

7. 攒钱计划

设要凑足100元需要X月,依题意得:(5+11X)+(3+12X)=100。

X=4

即4个月后,他们俩就能凑足100元。

8. 圆圈等式

⑨-⑤=④
×
⑥÷③=②
=
⑦+①=⑧

9. 巧填等式

先算出□+△+○=10,再求出□=6,△=3,○=1。

10. 七数字的等式

设A×B=C=D÷E,可见0不能是A、B、E,也不能作C的个位数,所以0只能是D的组成数字。因此,通过简单验算,可确定其他位置的数据,满足条件的唯一等式是:3×4=12=60÷5。

11. 字母等式

A=1,B=6,C=9,D=3,E=4。

12. 图形等式

(1)△=6,□=9,○=54。

(2)□=5,△=8,○=4。

13. 错误等式变正确

(1)把62移动成2的6次方:$2^6-63=1$

(2)把后面等于号上的"-"移动到前面的减号上,使等式成为62=63-1。

14. 生肖等式

从横看第一行的等式马猴-鸡=牛，得到马=1。

再从竖看最左边的算式，得到猴=0。

从竖看中间一道等式鸡=兔×兔，知道“鸡”是平方数，因而是4或9。

因为牛≠马，所以只能是鸡=4，兔=2。进而得到牛=6，羊=3，狗=9。

横看的三个等式，分别是

10−4=6，

1+2=3，

11−2=9；

竖看的三个等式，分别是

10+1=11，

4÷2=2，

6+3=9。

15. 做题速度

设，总题数是X，第一次提问时，小明做了$\frac{X}{3}$题，小华做了X−45题。第二次提问时，小明做了$\frac{X}{3}+\frac{(X-\frac{X}{3})}{2}=\frac{2X}{3}$题，而小华做了$\frac{X}{2}$题，因为做题速度不变，则第一次和第二次时的做题速度比值是相同的，这样就可以列出等式，解方程即可得出X=60，小明和小华的做题速度比为$\frac{4}{3}$。

16. 邮票数量

方法一：假设小关有邮票1，那么小明的邮票是$1-\frac{1}{6}=\frac{5}{6}$

$\frac{5}{6}$+20%−（1 −20%）

$=\frac{5}{6}+\frac{1}{5}-\frac{4}{5}$

$=\frac{7}{30}$

$14\div\frac{7}{30}=60$（张）。

方法二：假设小光有邮票x

$\frac{5}{6}x+0.2x-14=0.8x$

$\frac{7}{30}x=14$

x =60。

17. 客人与碗

设客人为X个，则菜碗、汤碗、饭碗分别为$\frac{X}{2}+\frac{X}{3}+\frac{X}{4}=65$，解得X=60，即有60个客人。

18. 买卖旧瓷碗

我们可以假设其中一个旧瓷碗收购时花了X元，另一个旧瓷碗花了Y元，那么根据题意列方程，X（1+20%）=60，Y（1− 20%）=60，得X=50，Y=75，X+Y=125，所以我们可以得知小贩赔了5元。

19. 小明探亲

设小明和表姐早上跑步、晚上待在家中的天数为x，早上待在家中、晚上打网球的天数为y，既没有跑步也没有打网球的天数为z。那么，根据条件，可以列出方程式：y+z=8，x+z=12，x+y=12。现在只要求出x+y+z的和就可以了。解上面三个方程式，然后便可以得到x+y+z=16。所以，小明在表姐家一共住了16天。

20. 三人分羊

设羊身重为X斤，已知羊身重=羊头重+羊腿重，所以$6+(\frac{6}{2}+\frac{X}{2})=X$，解得X=18。羊腿重为半羊头、半羊身重的和，即$\frac{6}{2}+\frac{18}{2}=3+9=12$。

所以，甲付5×6=30（元），乙付12×3=36（元），丙付18×8=144（元）。

21. 国王巡查

根据题意，可设此军营有X人，则搞训练的是$\frac{X}{2}$人，学兵法的是$\frac{X}{4}$人，站岗的是$\frac{X}{7}$人，做饭的是$\frac{X}{12}$人，查探敌情的是2人。所以可以列方程为$X=\frac{X}{2}+\frac{X}{4}+\frac{X}{7}+\frac{X}{12}+2$，X=84人。

22. 墓志铭中的等式

设数学家活了X岁：

可得方程$X=\frac{X}{6}+\frac{X}{12}+\frac{X}{7}+5+\frac{X}{2}+4$，即X=84。

23. 自我介绍

在谈姐妹和兄弟的人数时，哥哥和妹妹都没有把自己包括在内，因此：设兄弟为X人（说话的哥哥在内），姐妹为Y人（说话的妹妹也在内）。X−1=Y，2(Y−1)=X，X=4，Y=3，所以兄弟有4人，姐妹有3人，一共为7人。

24. 分组中的等式

可设甲组中的男生为X，甲组中的女生为Y，由题意可得：X+Y=30，即Y=30−X。那么乙组中女生的数目就为24−Y。因此甲组的男生和乙组的女生的差是：X−(24−Y)，将Y=30−X代入上式，可得：X−[24−(30−X)]=6，所以甲组中的男生比乙组中的女生多6个。

25. 步测距离

设双步数为Y。根据题意列方程：2Y=3（Y−250），Y=750； 三步数：750−250=500，3×500+2×750=3000（步）；因此从小丽家到公园共有3000步。

26. 妙填等式

$37\times(3+7)=3^3+7^3$，

$48\times(4+8)=4^3+8^3$，

$111\times(11+1)=11^3+1^3$，

$147\times(14+7)=14^3+7^3$，

$148\times(14+8)=14^3+8^3$。

27. 购书计划

设购科技资料X本，小说Y本，画报Z本，则有（1）X+Y+Z=100，（2）10X+5Y+Z/2=100。2×（2）−（1）得19X+9Y=100，Y=（100−19X）/9，根据题意，X/Y/Z都应该是正整数，所以只有X=1时，才有正整数解9，代入原方程组得X=1，Y=9，Z=90，即小明购买的三种图书数量分别是：科技资料1本，小说9本，画报90本。

28. 蜡烛燃烧的等式

设长蜡烛的长度为x,短蜡烛的长度为y。每小时长蜡烛燃烧$\frac{2}{7}x$，短蜡烛燃烧$\frac{1}{5}y$。燃烧两小时后长、短蜡烛分别剩下了$\frac{3}{7}x$、$\frac{3}{5}y$。根据题意：$\frac{3}{7}x=\frac{3}{5}y$，所以$\frac{x}{y}=\frac{7}{5}$，所以长蜡烛与短蜡烛长度之比是7∶5。

29. 列车长度

设列车长为y米，速度为x，依题意得$\begin{cases}\frac{y}{x-1}=17\\\frac{y}{x+1}=15\end{cases}$解得y=255，即这列火车的长度为255米。

30. 轮船与飞机

设轮船的速度为x,那么水上飞机的速度为10x。假定水上飞机追上轮船时，飞机飞行了s里。在同一时间内，轮船航行的路程为s−180里。因此：$\frac{s}{10x}=\frac{s-180}{x}$。

31. 唐诗变等式

$10\times1000+2\times0=10000$；

$(20-10)\times1000=10000$。

32. 中英互换

首先，从四位数ZERO加上两个三位数，得到五位数THREE，而且不同字母表示不同的数字，可知Z=9，TH=10。

其次，从末位数字相加，得到O=5或O=0。字母O又是三位数ONE的首位数字，不能为零，所以O=5。

脑筋稍稍开动，就已经发现数字0、1、5、9各自替换哪个字母。好苗头，一鼓作气，乘胜前进！

还剩下百位相加和十位相加的情形，干脆把它们放在一起考虑。注意进位，并且利用已有战果，可知ER+5N+1W+1=1RE，即$(E\times10+R)+(50+N)+(10+W)+1=100+R\times10+E$。将上式变形，得到

$(E\times10+R)-R\times10-E=100-(50+N)-(10+W)-1$，

$(E-R)\times9=39-(N+W)$。

从上面的等式看出，$39-(N+W)$应该是9的倍数。因为数字0、1、5、9已经有了得主，只需在剩下的数字里分析，所以N+W至少等于2+3，至多等于7+8。因而　$4<N+W<16$。由此推出

$23<39-(N+W)<35$。在23和35之间，9的倍数只有一个，就是27。所以

$(E-R)\times9=39-(N+W)=27$。

这样就得到

$E-R=3$，$N+W=12$。

又找出两个新的简单关系式。

因为可选的数字只有2、3、4、6、7、8，其中不同两数之和为12的，只有4和8，所以N和W的值只有两种可能：N=4，W=8；或者N=8，W=4。

数字4和8又有了归属，可用的字母只剩2、3、6、7了。其中满足两数之差为3的，只有6和3。所以E=6，R=3。

这样一来，每个字母换成什么数字，都已完全确定。

$9635+586+145=10366$；

$9635+546+185=10366$。

33. 买东西

这个问题可以用简单方程来解。

设在刚出家门时，爸爸身边有x元，那么妈妈有(172−x)元。依题意得方程

$x\times\left(1-\frac{4}{9}\right)=(172-x)-32$。

变形，得到

$x\times\frac{14}{9}=140$，

所以

$x=90$(元)，$172-x=82$(元)。

由此可见，从家里出来，爸爸身边有90元，妈妈有82元。买鞋时，爸爸付出40元；买衣服时，妈妈付出32元。结果两人身边都剩下50元，恰好相等。

34. 我和汽车

假设每隔x分钟有一辆公共汽车由起点站开出来。那么，在某一辆车追过我的那个地方，过了x分钟又有一辆开到了。如果第二辆车追到我，那么它在余下的12−x分钟里面应该经过我在12分钟里走过的路。这就是说，我在1分钟里走的路，车只要走$\frac{12-x}{12}$分钟。另一方面，分析车从对面开来的情况。根据题意，隔4分钟又有一辆车开到面前了，而它在余下的x−4分钟里要开过我在4分钟里走过的路。因此，我在1分钟里走的路，车只需$\frac{x-4}{4}$分钟就够了。所以：$\frac{12-x}{12}=\frac{x-4}{4}$。由此，x=6，即每隔6分钟有一辆公共汽车开出。

35. 改正错误

原式应该等于104，现在结果是100，必须减少4，于是只要7与3对调即可。

36. 加括号，变等式

1−(2−3+4−5)+6=9。

37. 趣味填数——等式（1）

21×（ 5 ）8=（ 1 ）218

81×（ 2 ）3=18（ 6 ）3

79×（ 4 ）3=3（ 3 ）97。

38. 趣味填数——等式（2）

21÷3=49÷7=56÷8。

39. 回文数

1+5×4×5×4×5+1=2002

1+5−4+5−4+51=54。

40. 教师节快乐

由“节3”是个五位数，得“节”≥22，“教”+“师”≤32，由“师2”是个三位数，得“师” ≤31，所以“教”=1“师”=24“节”=29。

41. 火柴等式（1）

7+4−11=0。

42. 火柴等式（2）

①题中，等号左边有一个四位数1112，而其他的数都是两位数，所以，基本想法是把这个四位数变成两位数，或把它变成三位数，再把其他一个数变成三位数.观察算式注意到，等号右边是42，而等号左边第一个数是41，如果能把“−1112+ 11”的计算结果凑成“+1”，就可以了，可以这样变：“+112—111”，就满足了算式。

②题中，等号左边有一个减数是1222，而其他数都是三位数.所以应考虑把1222中的1移走.观察算式，可考虑把1移到它前面的“—”号上，则算式变成：

222+222+222+711=177

显然，如果把711中的7变为1，而添在177上，变为777，则等式成立。

解：①题的答案是：

①41+112−111=142

②题的答案是：

②222−1222+222+711=177

43. 火柴变换（1）

如下图，虚线就是要移动的火柴棒。

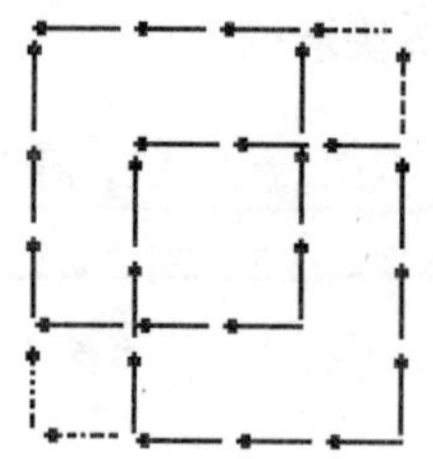

44. 火柴变换（2）

如下图，虚线就是要移动的火柴棒。

45. 火柴变换（3）

如下图。

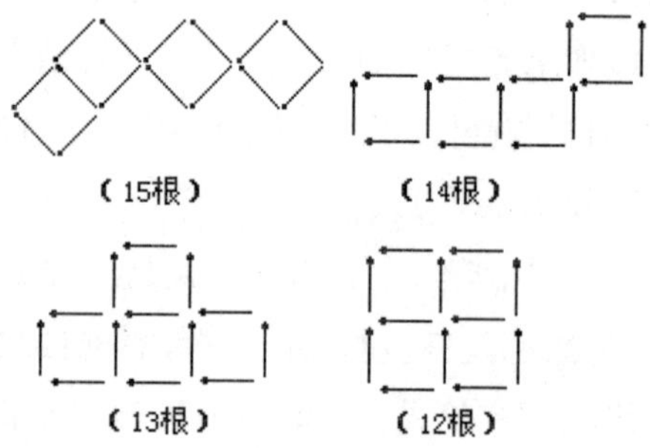

46. 正方形中的等式

先确定四条边上要填的数字，因为1+2+3+4+5+6+7+8=36，上下（左右）两边六个数字的和是24，所以，边上相对的圆中所填数字的和是36−24=12，然后再确定顶点位置的数字。答案如下：

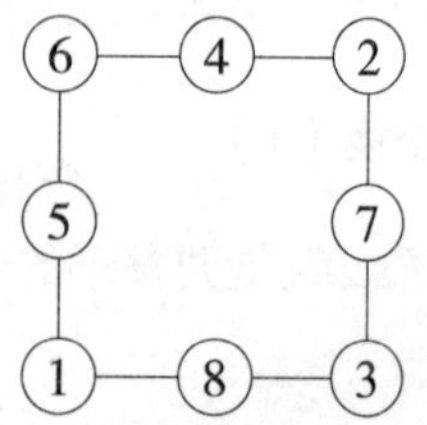

47. 三角形中的等式

设从三角形一个点开始，按顺时针方向填入的数字分别是a、b、c、d、e、f、g、h、i，如下图所示：

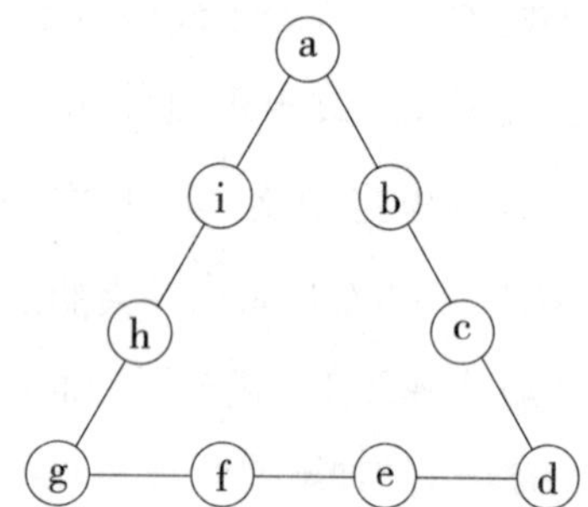

那么有a+b+c+d=17　（1）

d+e+f+g=17　（2）

g+h+i+a=17　（3）

三式相加，从而有a+b+c+d+e+f+g+h+i+(a+d+g)=51，且a+b+c+d+e+f+g+h+i=45从而a+d+g=6，所以三个顶点处的数字分别为1、2、3。若等于23，则a+d+g=24，从而三个顶点处的数字分别为7、8、9。具体答案如下：

（1）和是17

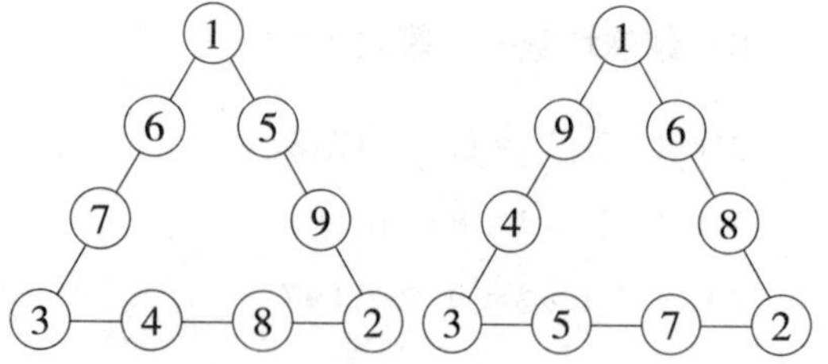

（2）和是23

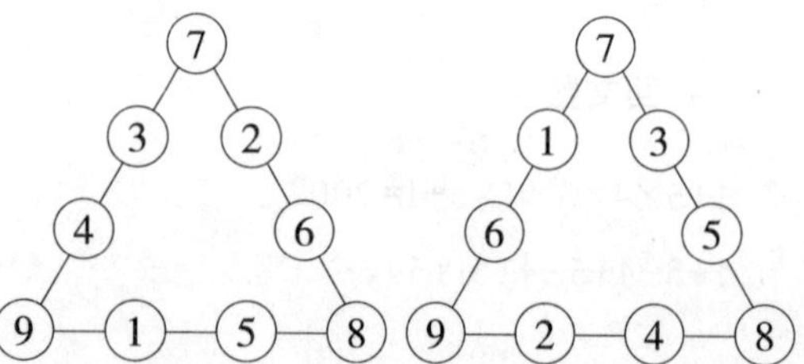

48. 花样填数（1）

首先计算四个数相加的和，它等于（1+2+3+4+5+6+7+8）÷2=18，并且9=1+8=2+7=3+6=4+5

那么以1、8；2、7；3、6；4、5两个为一组，可以分成（1、8、2、7；3、4、5、6）（1、8、3、6；2、7、4、5）（1、8、4、5；2、7、3、6）这三种情况，也就是大圆和小圆圆周上的四个数的三种情况，直径上的数字需要相对而填就可以了。

答案如下。

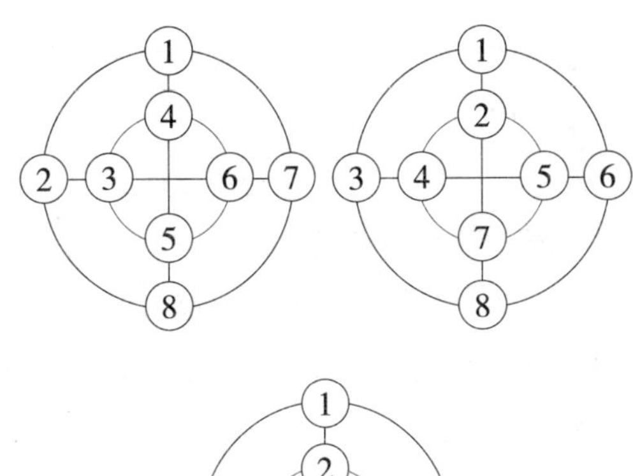

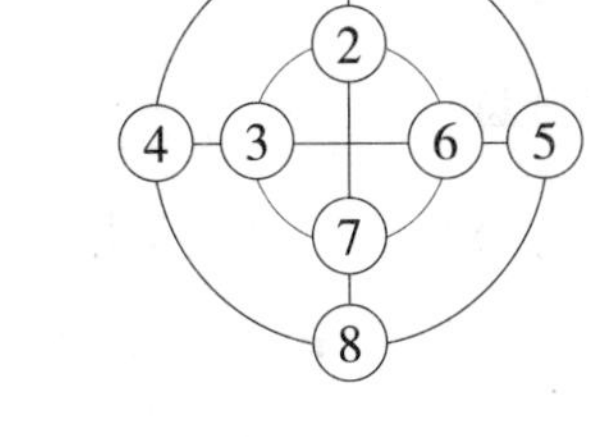

49. 花样填数（2）

把所填的数字用字母表示，如下图：

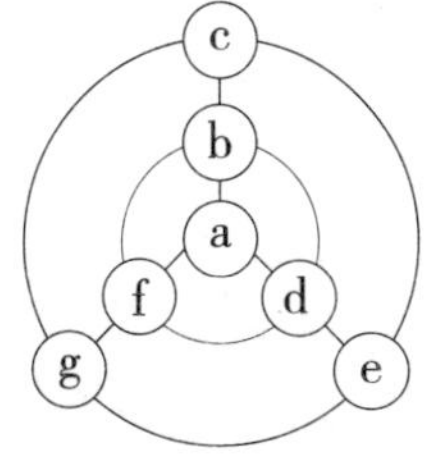

从而有a+b+c=a+d+e=a+f+g=b+d+f=c+e+g从而3a+b+c+d+e+f+g=2a+28并且b+c=d+e=f+g，那么28−a就能被3整除，所以a可能为1、4、7，若a=1，则半径上的和为10，并且要求圆周上的三个数的和也为10，其中1+2+7=10，所以7在哪个圆周上也不满足条件，所以a≠1；若a=4，则半径上的和为12；若a=7，则半径上的和为14，而剩余6个数的和为21，无论怎样填写都不能让圆周上的三个数的和相等，所以a≠7。这样a=4，三个数的和为12。

可以得到以下一个答案：

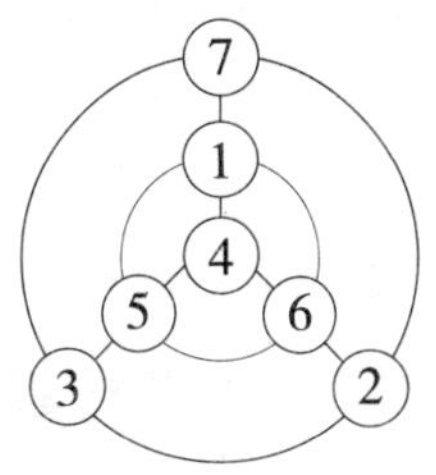

50. 填成倍数

第一行填327，第二行填654，第三行填981。

51. 从谁开始

把每个同学从1~30编号，那么第一轮回答问题，单号的同学全部回答了，第二轮双号的同学回答，所以小克如果想最后一个回答，编号应该是30，那么他左邻的第一个同学首先回答问题。

52. 整除的等式

51、135、108、315都可以整除3，所以可以平均分给三个班。整除3的数字的特征：各位上的数字的和可以整除3，那么这个数能整除3。

53. 预知差错

因为三种票价都是5角的倍数，所以总钱数也一定是5角的倍数，360元8角不是5角的整数倍。能整除5的数的特征：数字的个位是0或5。

54. 冰水转化

设原来水的体积是9，那么冰的体积就会变成10，从而体积为10的冰，融化成水的体积就为9，体积减小$1\div10=\frac{1}{10}$。

55. 卖水果

原来每一个的平均价格是$(\frac{1}{3}+\frac{1}{2})\div2=\frac{5}{12}=\frac{25}{60}$，卖出的平均价格是$\frac{2}{5}=\frac{24}{60}$，所以卖出价格的比原来的便宜，所以卖的钱少了。

设原来每人有x个苹果，那么有$x\div3+x\div2-10=2\times2x\div5$，解得$x=300$，所以两人原来各有300个苹果。（或者由上面分析可知，每个苹果少买了$\frac{25}{60}-\frac{24}{60}=\frac{1}{60}$，差价是10元，所以李大哥一共卖出去$10\div\frac{1}{60}=600$（个），两人原来各有$600\div2=300$（个）。

56. 汉字等式（1）

一个乘数是五位数，一个乘数是一位数，积是六位数，那么可知桃≥3，经过试验可知，桃=7，并且7×7=49，所以李×桃，需要进位6才能使前两位成为叠数（55），可知下=5，从而可以确定，李=9，满=3，天=6。即79365×7=555555。

57. 汉字等式（2）

友×4的末位是0，可知友=5，益×3+2的末位是0，可知益=6，师×2+2的末位是0，可知师=4或9，又如果师=9，则良=0，不合题意，可知师=4，从而良=1。

58. 汉字等式（3）

因为最后没有进位所以润≤2，并且乘数是4，所以润=2，声=8，物=1，无×3+3的末位是1，所以无=7，细=9，即21978×4=87912。

59. 买汽水

设汽水售价为x元，那么大明有x−1元，小惠有x−0.01元，并且$x-1+x-0.01<x$，且$x\geq1$，所以$1\leq x<1.01$，所以汽水售价为1元。（也可以由题意，若大明有钱，那么他最少也有1分钱，那么两个人的钱加起来一定可以买一瓶汽水，所以大明没有钱，从而汽水的售价是一元钱一瓶）。

60. 小虫分裂

需要1小时58分钟，我们可以知道，放进去1只虫子，2分钟之后会有2只虫子，这样就成了第二次的情况了，所以如果一开始放进去2只虫子，要成为满满一瓶，需要的时间是2小时减去2分钟，就是1小时58分钟。

第五章
有趣的组合

1. 蜜桃方阵

下面是两幅图，每条边数上去都是五个桃子，但桃子的总数却不同，现在要从第二幅图中再拿掉两个桃子，但仍要求每边是五个桃子，你要怎么摆呢？

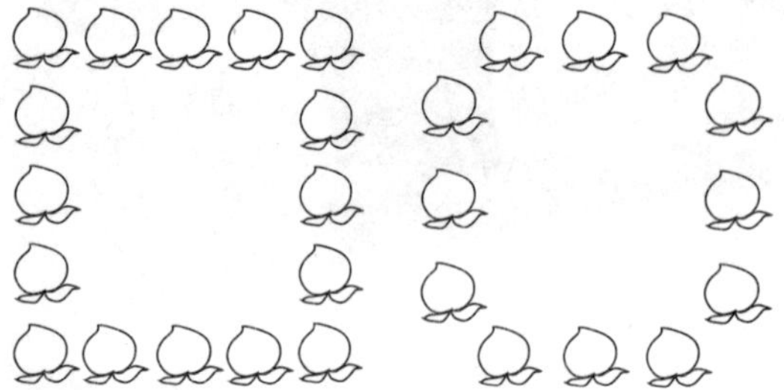

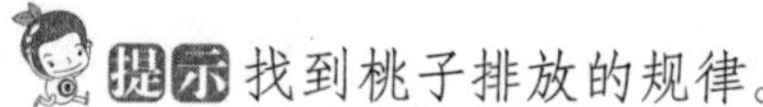

提示 找到桃子排放的规律。

2. 有趣的组合

下面有一些奇怪的图形，它们其实是一些有趣的组合，你能看出其中的奥秘吗？

提示 找到图形中的规律。

趣味馆

一人加三人不是四人，是什么人？

（答案：是众人，众有三个人，再加一个人）

3. 地毯的图案组合

小芸房间的地毯上是一幅漂亮的星月组合图，但却丢失了一块，你知道丢失的那块是下面六幅图中的哪幅吗？

提示 注意图形的规律。

4. 丢失的插件

下面是两组拼图的插件，仔细观察它们之间的规律，找出问号处应该是哪一个插件？

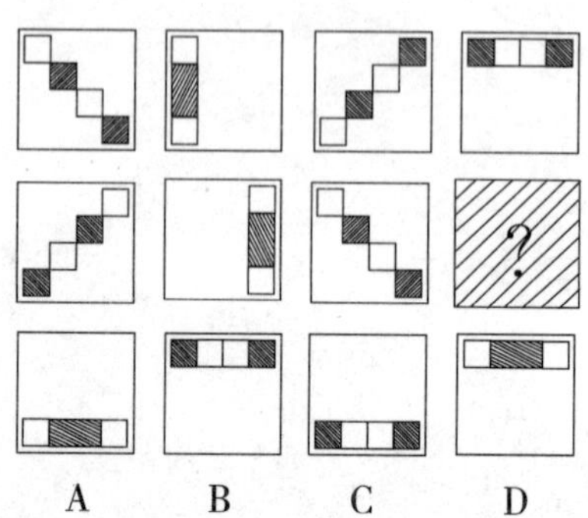

提示 找出图形规律。

趣味馆

小明家住在五楼，可是电梯坏了，他自己也没有走楼梯，他却上了五楼回到家里，这可能吗？

（答案：爸爸背着他上的楼）

5. 移火柴取草莓

下图中，在用4根火柴做成的杯子形状里放了一颗草莓。请试着只移动2根火柴，把草莓从杯子中取出来（杯形不能破坏）。

提示 找到火柴移动的规律。

6. 有趣的瓶子组合

三个瓶子排列成图1的形式。现在只准你移动其中的一个并将瓶口朝下，使它成为图2的形式。你能做到吗？

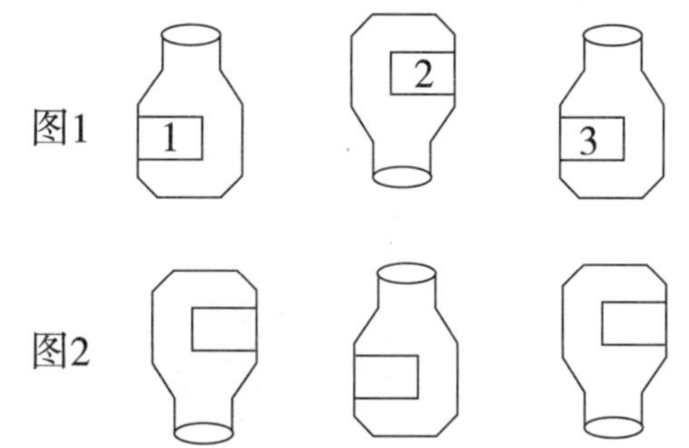

提示 仔细观察瓶子排列。

趣味馆

1314是一生一世，3399是长长久久，那你知道数字1111是什么意思吗？

（答案：独一无二）

7. 环环相扣

下图是5组锁环，每组锁环都能分成3个单独的锁环，现在想将这15个锁环连接成一条锁链，要求只能切割三个锁环，你知道该用什么方法吗？

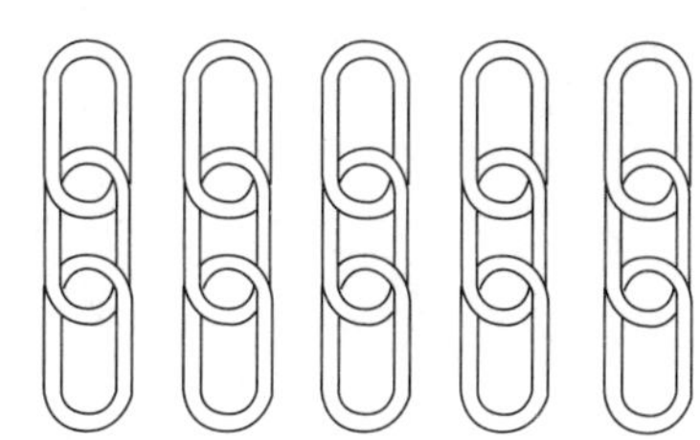

提示 分锁环连锁链。

8. 豆子组合

每个盘中有4个豆，只许移动三次，腾出一个盘子，而且使三角形每条边上的豆子数相等，你看怎样移动？

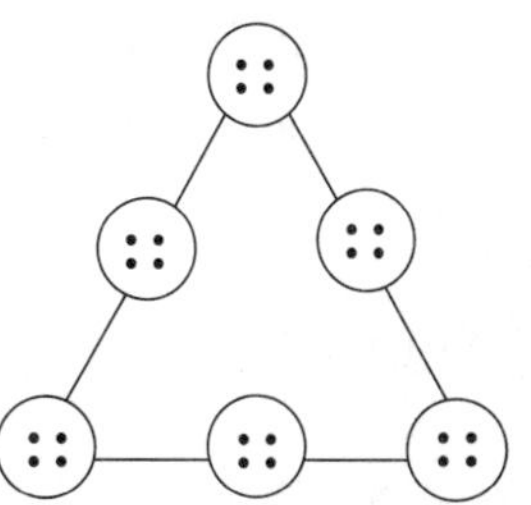

提示 找到豆子移动的规律。

趣味馆

一对夫妻家里有6个小孩。老爸叫大家来吃饭，老四叫老三，老三叫老五，老五叫老大，老大叫老二，老二叫老四，老四叫老六，还有老几没来？

（答案：老妈）

9. 规律组合

推理填图，图中问号表示什么图形？

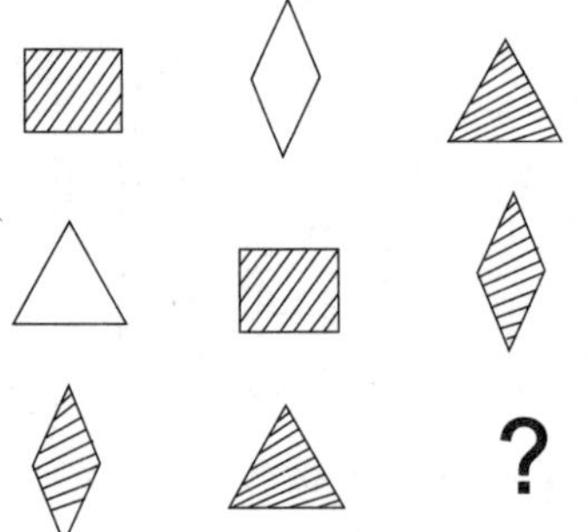

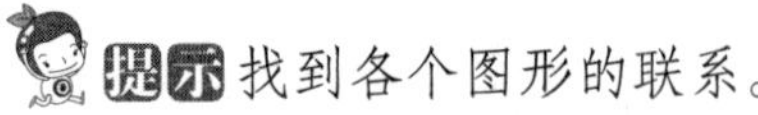

提示 找到各个图形的联系。

10. 树苗组合

植树节又到了，老师带领同学们去植树，老师给了一小队十六株树苗、二小队十二株树苗、三小队十株树苗，要求他们分别植成十行、六行、五行，每行要有四株，请问应当怎样植？

提示 给树苗排队。

趣味馆

刚买的袜子为什么会有一个洞？

（答案：袜口）

11. 火车大掉头

下图是用35根木棒摆成的火车运行的正方形轨迹，火车从里向外顺时针行进，先要求你只移动4根火柴，使图形的形状不变，但这次火车从里向外行驶时是按逆时针方向？

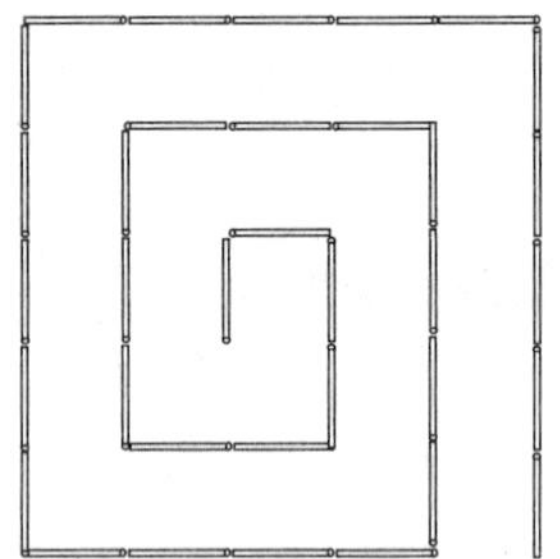

提示 找到火柴排列规律。

12. 神秘组合

仔细观察下图，想想看这幅图是什么？

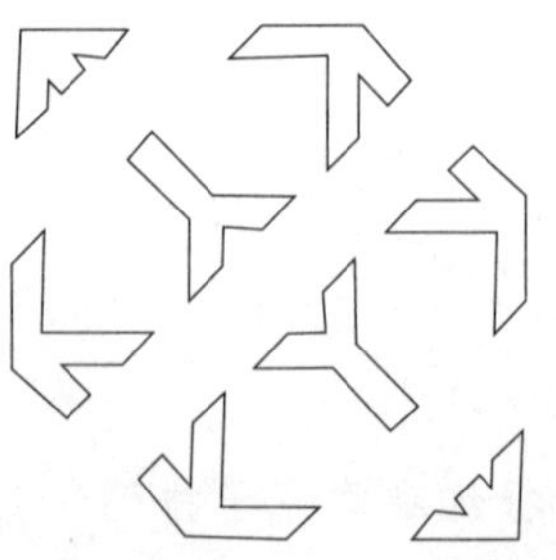

提示 考察眼力。

几个学生排队上校车。4个学生的前面有4个学生，4个学生的后面有4个学生，4个学生的中间也有4个学生。请问一共有几个学生？

（答案：8个）

13. 巧种树

有一块地上栽着16棵美丽的树，它们形成12行，每行4棵树，其实这16棵树可以形成15行，每行4棵树，你知道应当怎样栽种吗？

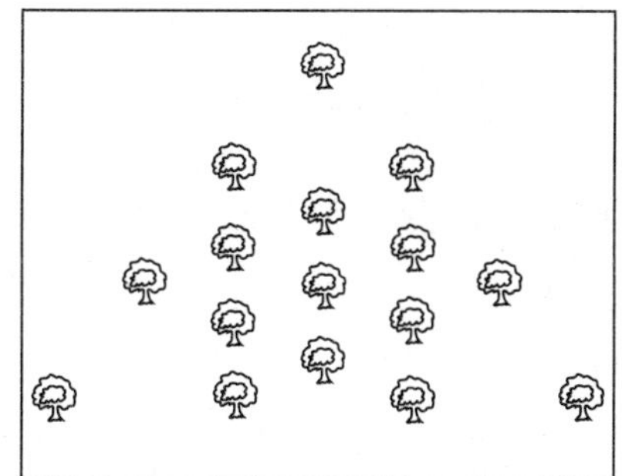

提示 找到树合适的排列。

14. 移杯子

有10只杯子，前面5只装有水，后面5只没有装水。移动4只杯子可以将盛水的杯子和空杯相间，现在只移动2只杯子也要使其相间，你可以做到吗？

提示 给有水杯和无水杯换位置。

趣味馆

莉莎买了10个芒果，向小贩要了6个袋子，她在每个袋子里都装了双数的芒果，请问她是怎么装的？

（答案：先拿5个袋子，每个袋子装2个芒果，然后把这5个袋子都装进第六个袋子里）

15. 图形组合

请根据A、B、C、D、E这五个图形的变化规律，填出下一个图形F？

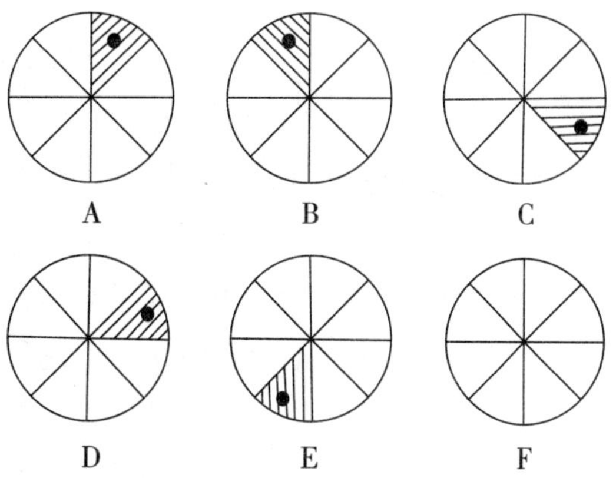

提示 找到图形的变化规律。

16. 与众不同的组合

下面6个图形中，有4个图形可由同一个图形旋转不同的角度得到，但有2个不能，你能找出不同的2个吗？

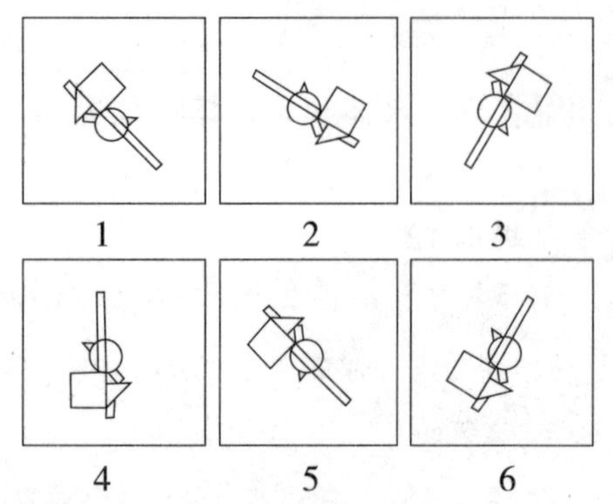

提示 找有不同特性的图形。

趣味馆

黑人和白人生下的婴儿，牙齿是什么颜色？

（答案：婴儿没有牙齿）

17. 小花猫搬鱼

小花猫有四只盘子，其中一个盘子里有三条鱼，另外一个盘子里有一条鱼，还有两个盘子里没有鱼。小花猫尽量克制住自己想吃的欲望，把鱼集中到一个盘子里一起吃，但是它每次只会从两只盘子里分别拿出一条鱼，放到第三个盘子里。请问，小花猫要搬运几次，才能把所有鱼都集中到一个盘子里？

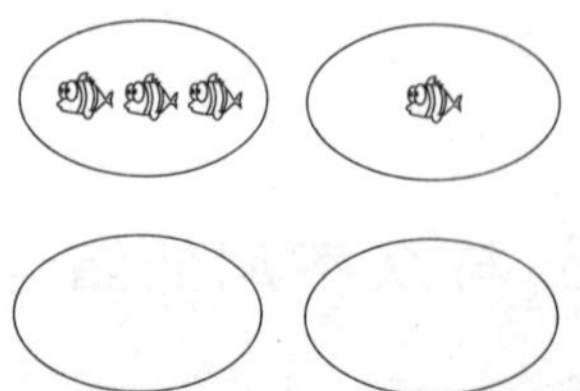

提示 找到移鱼的规律。

18. 火柴掉头

有九根火柴排成一排，其中有一根头朝上，现要求每次任意调动7根，到第4次时，所有的火柴头都要向上，快来试试看吧？

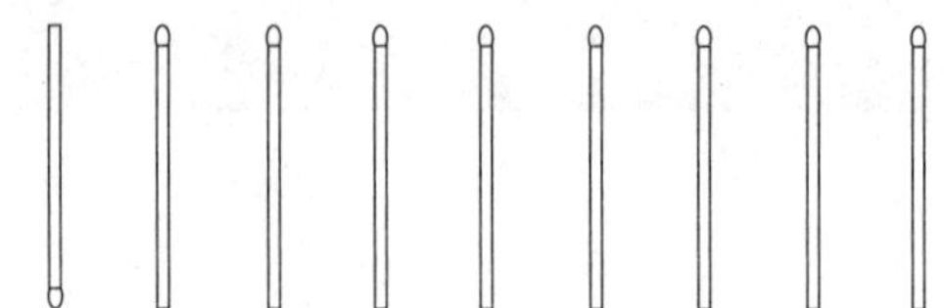

提示 找到火柴调动的规律。

趣味馆

鸭蛋一打有多少个？

（答案：一个也没有了，因为全都打碎了）

19. 酒瓶排队

下图是四瓶红酒，你能设计出一种摆法，使每两瓶红酒的瓶盖之间的距离相等吗？

提示 可考虑将酒瓶调头。

20. 椅子的摆放

15位很久没见的同学一起在一家餐

厅聚会，可是餐厅只剩下一张六角形的大桌子，如果每一边都坐三个人，那么椅子该怎么摆放呢？

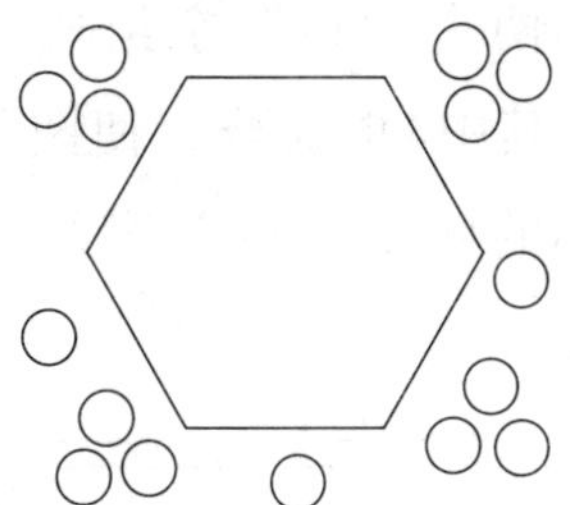

提示 给同学安排座位。

趣味馆

什么东西没吃的时候是绿的，吃的时候是红的，吐出来是黑的？

（答案：西瓜）

21. 硬币三角形

下图中1~4组硬币中只要移动图中有颜色的硬币，三角形就会颠倒，那么要将图5上下颠倒，最少要移动几枚硬币呢？

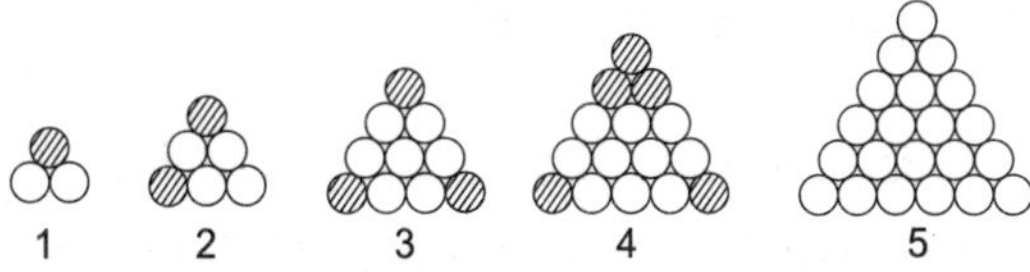

提示 找到移动硬币的规律。

22. 对称的棋子组合

下图是围棋盘的一角，上面已摆下5枚棋子。如果要将下面棋盘变成一个中心对称图形，最少要摆几枚棋子？

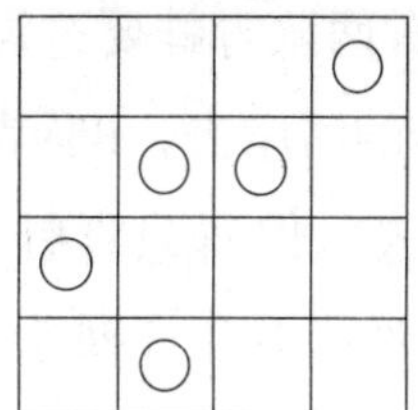

提示 知道对称图形的性质。

趣味馆

一个人掉到河里，还挣扎了几下，他从河里爬上来，衣服全湿了，头发却没湿，为什么？

（答案：因为他是光头）

23. 巧移盘子

有ABC三张桌子，A桌上有四个从上到下，从小到大叠起来的盘子，现在要把A桌上的盘子移到C桌上，要求每一次只能移动任何桌子上的一个盘子，每桌上有两个或两个以上盘子时盘子必须重叠放置，任一盘子不能放在比它小的盘子上。

怎样移才能又快又简便呢？

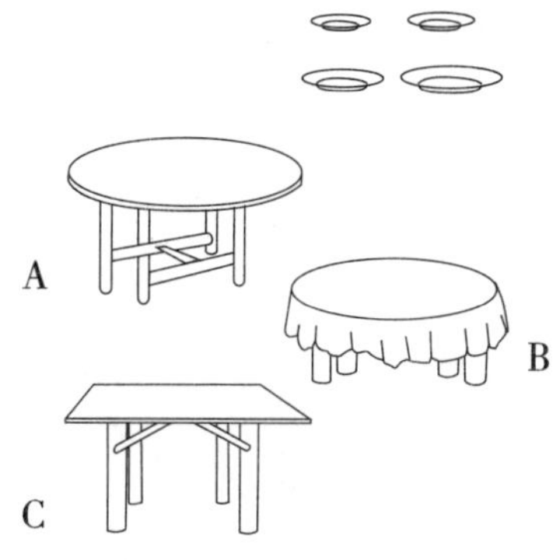

提示 找到移盘子的规律。

 24. 青蛙过河

下图中有两队青蛙要过河，A队青蛙要到B队青蛙的河岸去，B队青蛙要到A队青蛙的河岸去，但每只青蛙一次只能跳一个格子，而且不允许回头，它们该怎么过去呢？

提示 找到青蛙过河的规律。

趣味馆

什么歌唱组合会帮助你？

（答案：F4）

25. 企鹅归组

冰上有10只企鹅在休闲的散步，请你用3个同样大小的圆圈，把每只企鹅都分开，让它们都互不干扰，你知道怎样分吗？

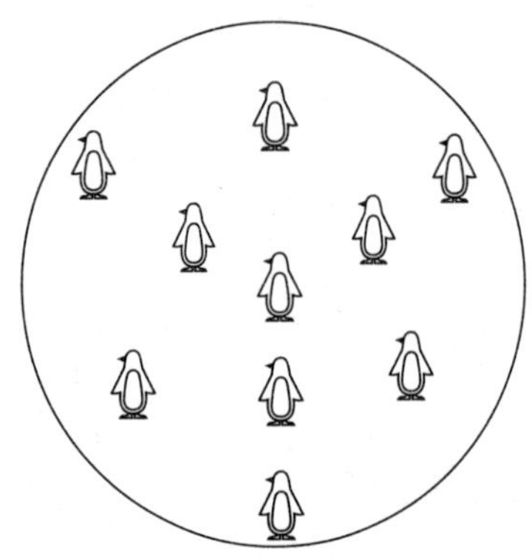

提示 给企鹅分组。

 26. 不等变相等

下图是用24根火柴排成，它是由一大一小两个“口”字组成的。现在希望移动其中4根火柴，使图形变成由同样大小的两个“口”字组成，有什么办法吗？

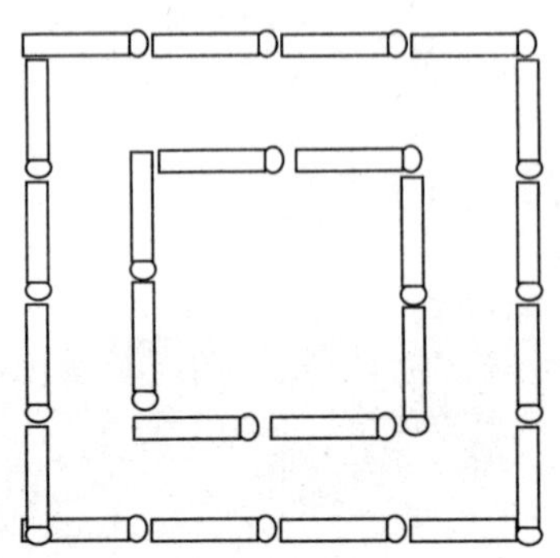

找到移动火柴的规律。

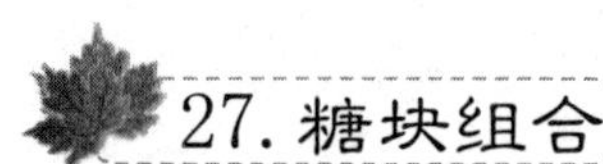

有1有2没3没4有5没6没7没8没9有10。猜猜是什么？

（答案：硬币）

27. 糖块组合

把12粒糖，分放在边长50厘米、20厘米、10厘米三只方匣里，使大匣子里的糖的粒数是中匣子里的糖的粒数的2倍，中匣子里的糖的粒数是小匣子里的糖的粒数的2倍，该怎么放？

提示 按比例分糖果。

28. 奇特的图形组合

最后一个三角形右下角缺一个什么样的符号？

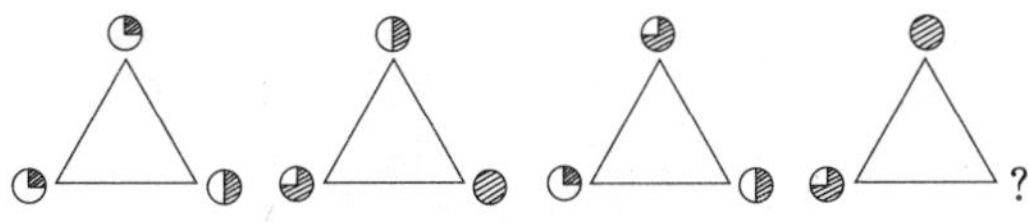

提示 找到图形的变化规律。

有一棵三角形的树被送到北极去种，请问长大后，那棵树叫什么名字？

（答案：三角函数（果树））

29. 台阶游戏

小王和小李在玩跳台阶的游戏，小王每一步跳2个台阶，最后剩下1个台阶；小李每一步跳3个台阶，最后会剩下2个台阶，小王计算了一下，如果每步跳6个台阶，最后剩5个台阶；如果每步跳7个台阶，正好一个不剩。你知道台阶到底有多少个吗？

提示 求台阶个数。

30. 不同的搭配

小美有4条裙子，8件上衣，4双皮鞋，把这些衣服鞋子混在一起，共有多少种搭配方法？

提示 求衣服搭配的种数。

趣味馆

小白加小白等于什么？

（答案：小白兔（小白Two））

31. 画直线（1）

用一笔，画出五条直线，把下图中15个点全部连起来，怎么画？

32. 画直线（2）

用一笔画出三条直线，穿过9个圆圈，怎么画？

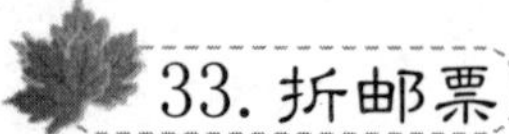

33. 折邮票

晓华喜欢集邮，下图是四个连在一起的邮票，晓华说要折在一起，有13种折法，如果从左向右四张邮票编号为1、2、3、4，那么折成后四张邮票的编号如下：（1）1、2、3、4；（2）1、2、4、3；（3）1、4、3、2；（4）2、1、3、4；（5）2、1、4、3；（6）2、3、4、1；（7）3、4、1、2；（8）3、4、2、1；（9）3、2、1、4；（10）4、3、1、2；（11）4、3、2、1；（12）4、1、2、3；（13）2、4、1、3。但老师说不对，你想一想，有几种折法？上面的13种折法中，哪种不对？

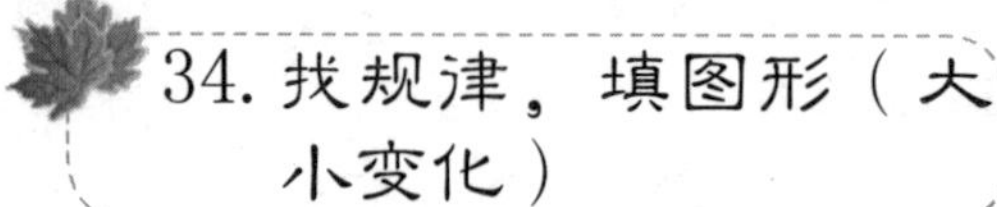

34. 找规律，填图形（大小变化）

下图中，问号处的图形应该是（　）

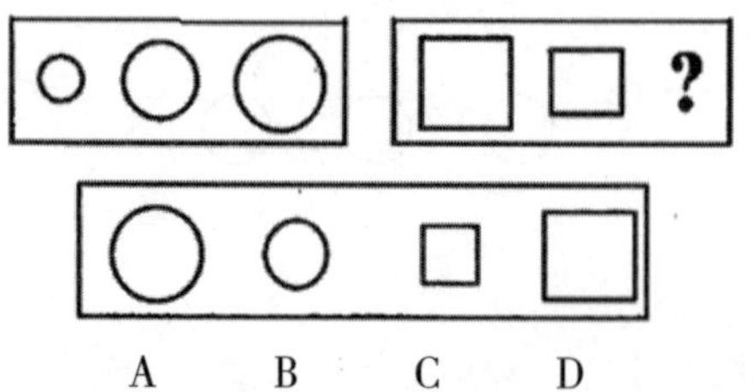

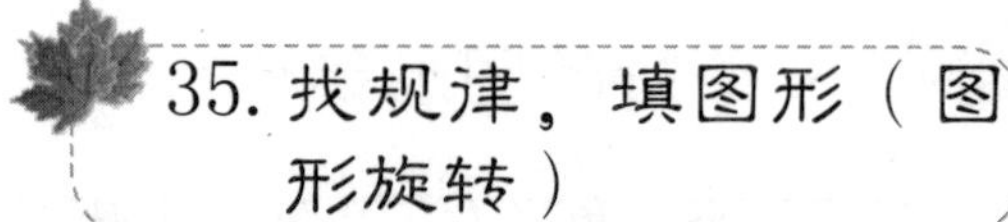

35. 找规律，填图形（图形旋转）

下图中，问号处的图形应该是（　）

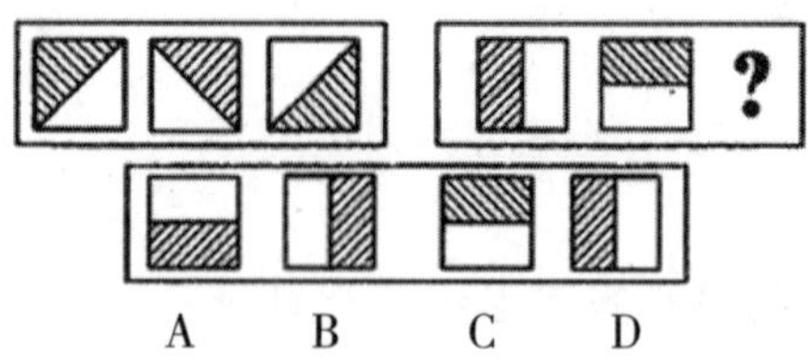

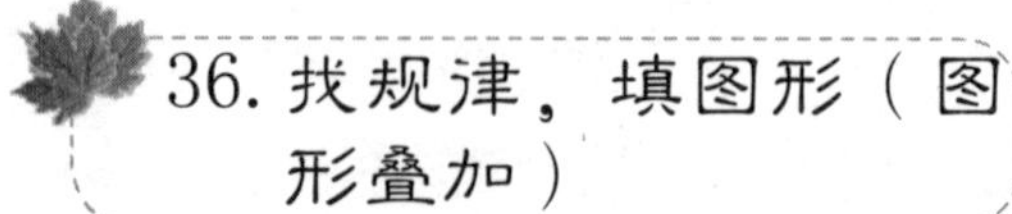

36. 找规律，填图形（图形叠加）

下图中，问号处的图形应该是（　）

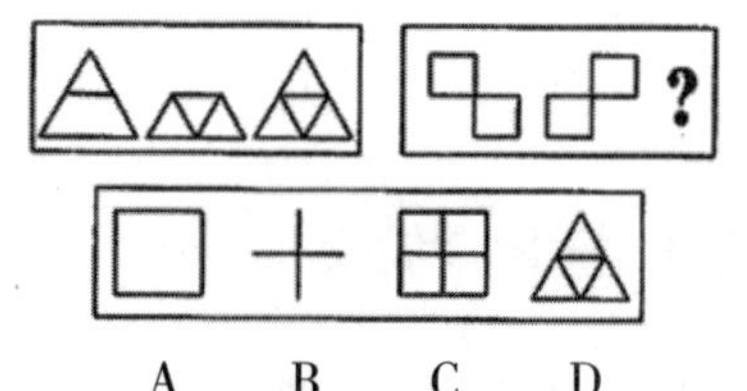

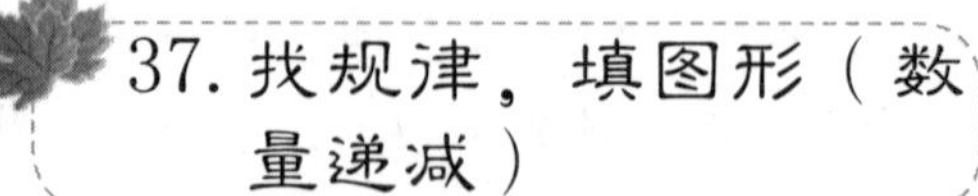

37. 找规律，填图形（数量递减）

下图中，问号处的图形应该是（　）

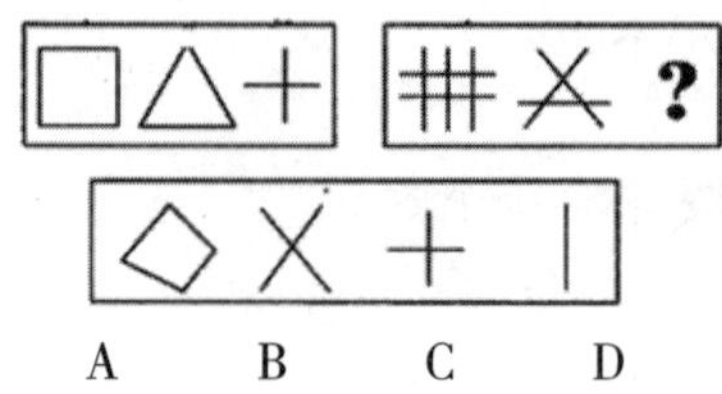

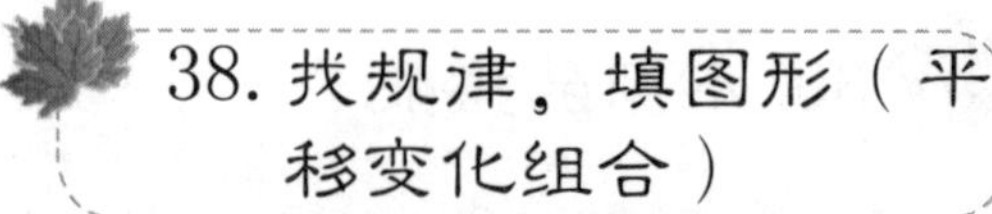

38. 找规律，填图形（平移变化组合）

下图中，问号处的图形应该是（　）

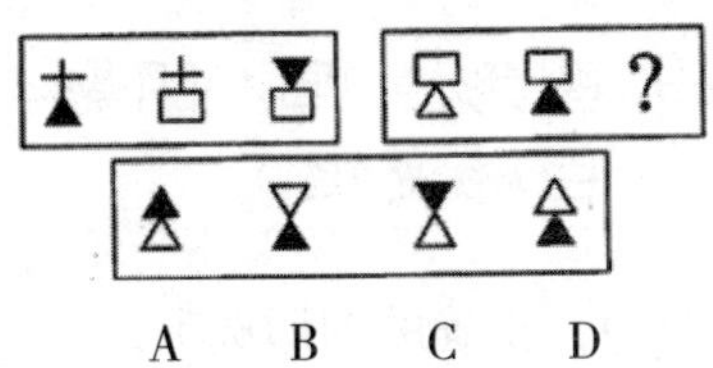

39. 找规律，填图形（相同图形变化组合）

下图中，问号处的图形应该是（　）

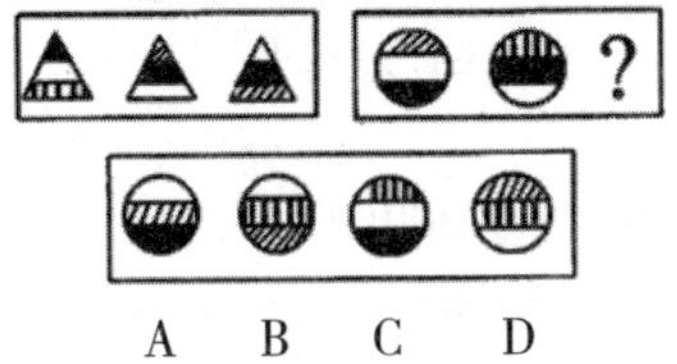

40. 找规律，填图形（图形的翻转）

下图中，问号处的图形应该是（　）

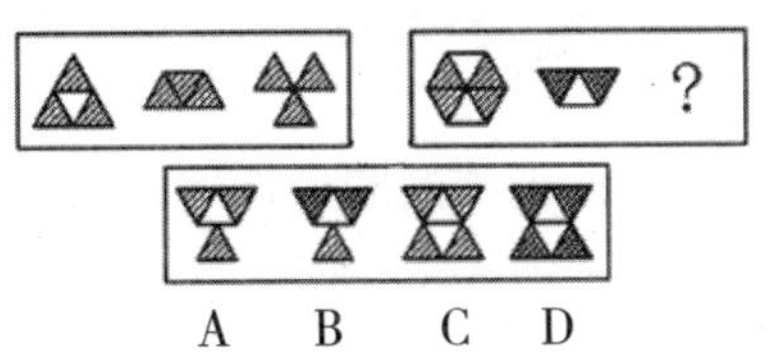

41. 找规律，填图形（图形的相减）

下图中，问号处的图形应该是（　）

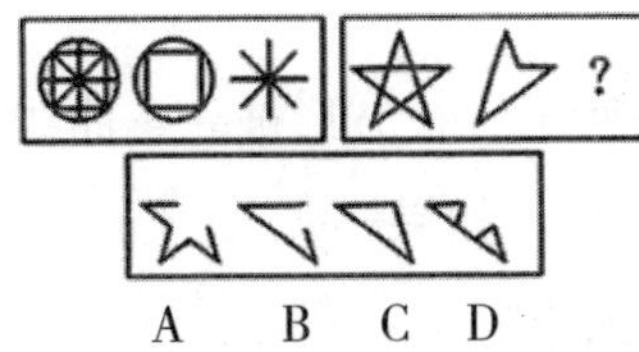

42. 立体图形的还原（长方体）

下图中，正确的图形选项是（　）

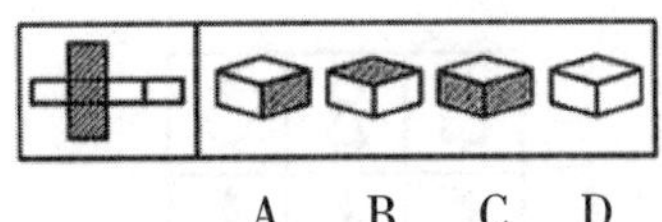

43. 立体图形的还原（组合体）

下图中，正确的图形选项是（　）

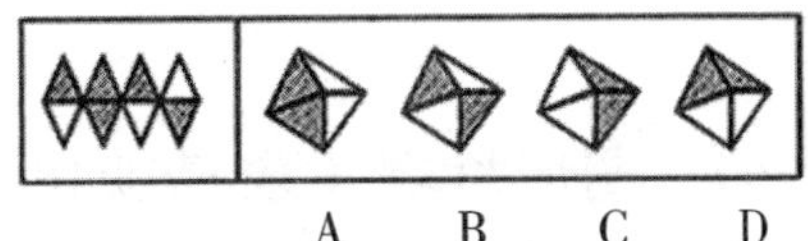

44. 立体图形的还原（正方体）

下图中，正确的图形选项是（　）

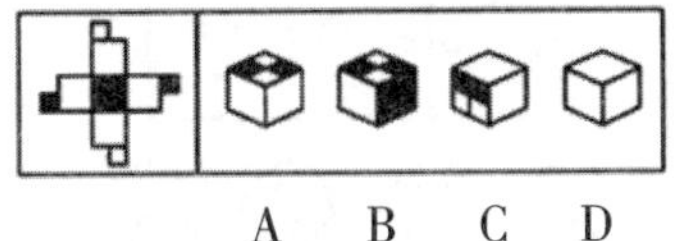

45. 图形推理（图形变换）

下图中，正确的图形选项是（　）

46. 图形推理（图形组合与变换）

下图中，正确的图形选项是（　）

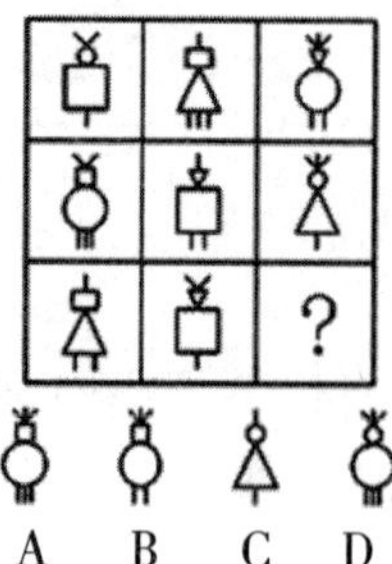

47. 图形推理（表情变化）

下图中，正确的图形选项是（　）

A B C D

48. 图形推理（方向变化）

下图中，正确的图形选项是（　）

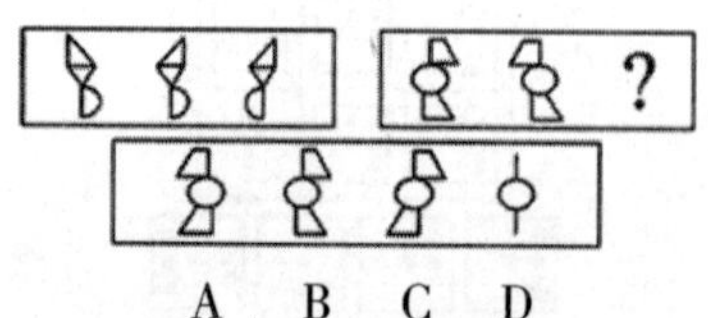

49. 图形推理（阴影与空白的变化）

下图中，正确的图形选项是（　）

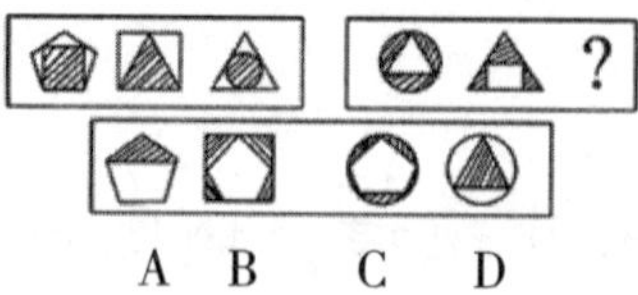

50. 图形推理（图形的翻转与分割）

下图中，正确的图形选项是（　）

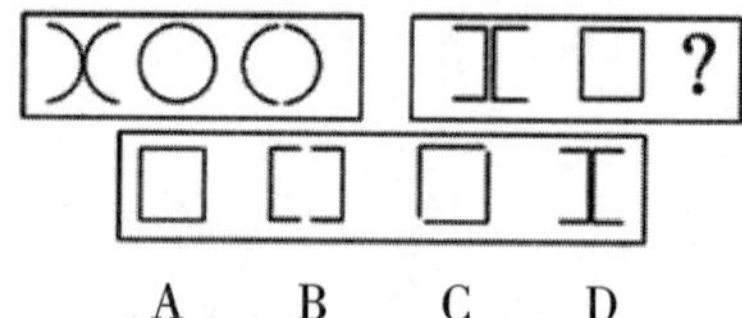

51. 图形推理（图形的重叠）

下图中，正确的图形选项是（　）

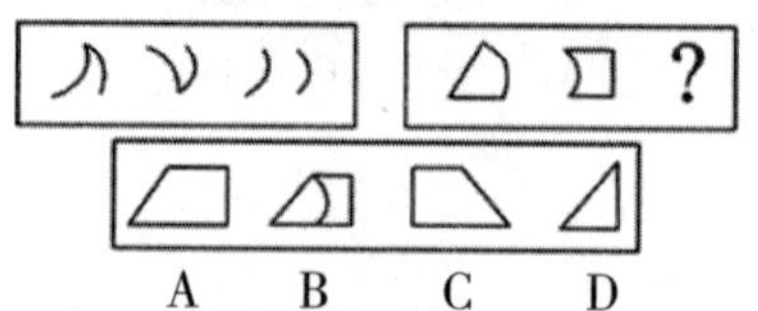

52. 周长问题

如图所示，正方形被一条曲线分成了A、B两部分，如果x>y，试比较A、B两部分周长的大小。

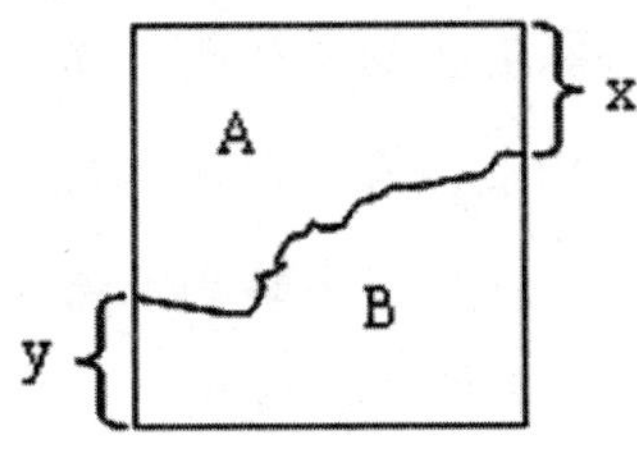

53. 字母与图形（1）

根据第一组给出的三个英文字母，从四个选项中找出第二组问号处应填的字母。

第一组

F	H	N

第二组

E	M	?

（A）A （B）K （C）W （D）T

54. 字母与图形（2）

根据第一组给出的三个英文字母，从四个选项中找出第二组问号处应填的字母。

第一组

B	E	H

第二组

O	R	?

（A）N （B）O （C）T （D）U

55. 字母与图形（3）

根据第一组给出的三个英文字母，从四个选项中找出第二组问号处应填的字母。

第一组

B	D	H

第二组

E	J	?

（A）P （B）O （C）T （D）X

56. 汉字与图形（1）

根据第一组给出的三个英文字母，从四个选项中找出第二组问号处应填的字母。

人	打	莉
土	什	智
天	计	?

（A）雪 （B）整 （C）激 （D）履

57. 汉字与图形（2）

根据所给出的汉字，从四个选项中找出问号处应填的汉字，使之呈现一定的规律性。

内	外	夹	攻	?

（A）独 （B）善 （C）其 （D）身

对数螺线与蜘蛛网

曾看过这样一则谜语:“小小诸葛亮，稳坐军中帐。摆下八卦阵，只等飞来将。”动一动脑筋，这说的是什么呢?原来是蜘蛛，后两句讲的正是蜘蛛结网捕虫的生动情形。我们知道，蜘蛛网既是它栖息的地方，也是它赖以谋生的工具。而且，结网是它的本能，并不需要学习。

你观察过蜘蛛网吗?它是用什么工具编织出这么精致的网来的呢?你心中是不是有一连串的疑问，好，下面就让我来慢慢告诉你吧。在结网的过程中，功勋最卓著的要数它的腿了。首先，它用腿从吐丝器中抽出一些丝，把它固定在墙角的一侧或者树枝上。然后，再吐出一些丝，把整个蜘蛛网的轮廓勾勒出来，用一根特别的丝把这个轮廓固定住。为继续穿针引线搭好了脚手架。它每抽一根丝，沿着脚手架，小心翼翼地向前走，走到中心时，把丝拉紧，多余的部分就让它聚到中心。从中心往边上爬的过程中，在合适的地方加几根辐线，为了保持蜘蛛网的平衡，再到对面去加几根对称的辐线。一般来说，不同种类的蜘蛛引出的辐线数目不相同。丝蛛最多，42条；有带的蜘蛛次之，也有32条；角蛛最少，也达到21条。同一种蜘蛛一般不会改变辐线数。

到目前为止，蜘蛛已经用辐线把圆周分成了几部分，相邻的辐线间的圆周角也是大体相同的。现在，整个蜘蛛网看起来是一些半径等分的圆周，画曲线的工作就要开始了。蜘蛛从中心开始，用一条极细的丝在那些半径上作出一条螺旋状的丝。这是一条辅助的丝。然后，它又从外圈盘旋着走向中心，同时在半径上安上最后成网的螺旋线。在这个过程中，它的脚就落在辅助线上，每到一处，就用脚把辅助线抓起来，聚成一个小球，放在半径上。这样半径上就有许多小球。从外面看上去，就是许多个小点。好了，一个完美的蜘蛛网就结成了。

让我们再来好好观察一下这个小精灵的杰作:从外圈走向中心的那根螺旋线，越接近中心，每周间的距离越密，直到中断。只有中心部分的辅助线一圈密似一圈，向中心绕去。小精灵所画出的曲线，在几何中称之为对数螺线。

对数螺线又叫等角螺线，因为曲线上任意一点和中心的连线与曲线上这点的切线所形成的角是一个定角。大家可别小看了对数螺线:在工业生产中，把抽水机的涡轮叶片的曲面作成对数螺线的形状，抽水就均匀；在农业生产中，把轧刀的刀口弯曲成对数螺线的形状，它就会按特定的角度来切割草料，又快又好。

第五章 答案

1. 蜜桃方阵

2. 有趣的组合

对称是一种简单而有效的制作伪装的方法，遮住每个符号的左半边你就会有答案了。

3. 地毯的图案组合

E。每行每列中都包含三种不同大小的星星，其中一个是黑色的，一个旁边没有月亮。

4. 丢失的插件

B。下一行的图案应是上一行图案水平翻转的影像，所以问号代表的图不会有变化。

5. 移火柴取草莓

将横列的火柴向右移动半根火柴的长度，接下来将左边的纵列火柴移到右下方即可，如此一来空的杯子就会变成倒立形状。只移动半根火柴的距离正是本题的绝妙之处，一般人恐怕很难发现吧。

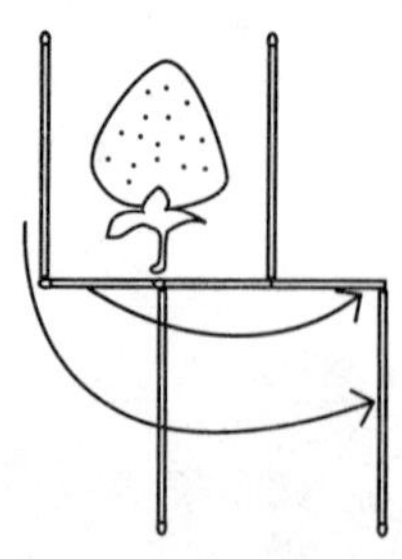

6. 有趣的瓶子组合

只要把第一个瓶子移动到第三个瓶子的后面并将瓶口朝下就行了。

7. 环环相扣

将左边的锁环一个个拆开（切断3个）。利用这些锁环，把另外4组半成品的锁环依序连接起来，就能顺利解决问题。

8. 豆子组合

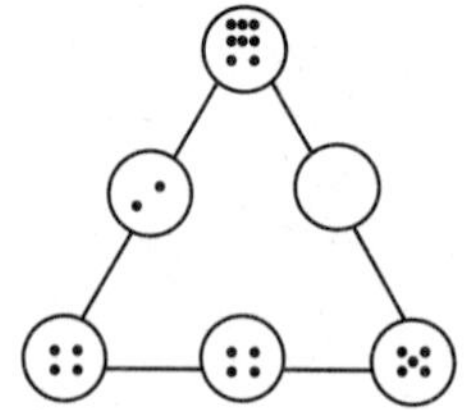

9. 规律组合

? =□。

10. 树苗组合

十六株树苗排成十行：（4个横行，4个竖行，2个斜行）。

11. 火车大掉头

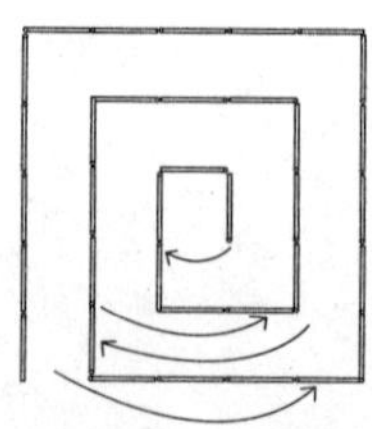

12. 神秘组合

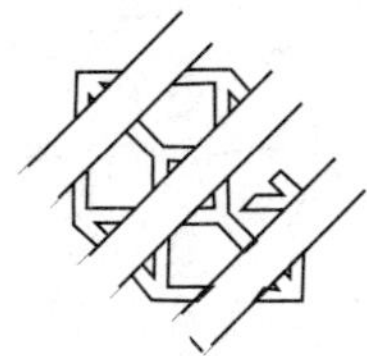

13. 巧种树

按下图的栽法，可使得16棵树形成15行，每行4棵。

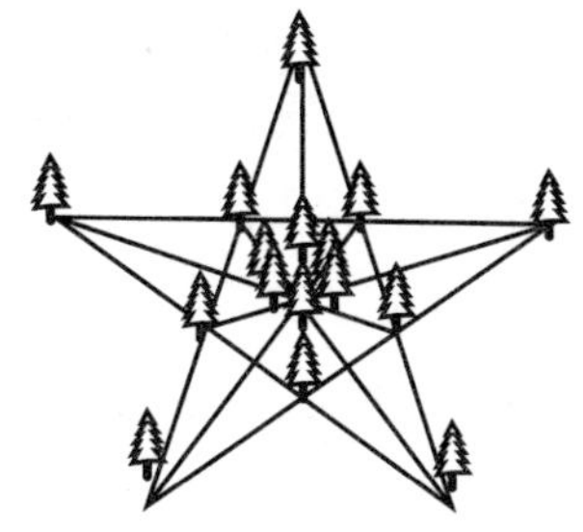

14. 移杯子

将第2只杯子里的水倒入第7只杯子里，将第4只杯子里的水倒入第9只杯子里，这样就可以使其相间了。其实题目考的是一种思维方式，解答的时候不要拘泥于题目本身，要开拓思路。

15. 图形组合

从第一圆圈内黑点开始，首先逆时针退一格，再顺时针进三格，如此反复。

16. 与众不同的组合

②、⑤不一样。

17. 小花猫搬鱼

把盘子分别编号为1、2、3、4。

①先取出1、2盘中的各一条鱼放在3盘中。

②再把1、3盘中的各一条鱼放到2盘中。

③再把1、3盘中的各一条鱼放到4盘中。

④把2、4盘中的各一条鱼放到1盘中。

最后，把2、4盘中各剩的一条鱼都放到1盘中。

18. 火柴掉头

19. 酒瓶排队

将一只瓶子的瓶口朝下，让4只瓶子的瓶口成一个正四面体。要解决这道题，关键要由平面想到立体，由一般的顺着放想到倒着放。

20. 椅子的摆放

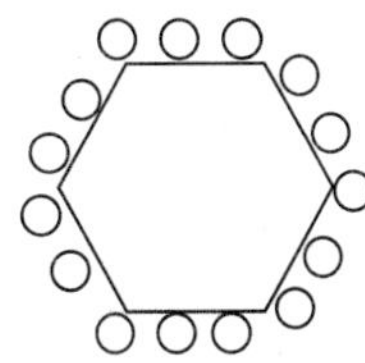

21. 硬币三角形

7枚。

其实，只有当三角形层数是3的倍数时，才会出现非对称的移动方式，所以，只要移动图中有颜色的硬币，就可以将三角形上下颠倒了。

22. 对称的棋子组合

11枚。如图，必须摆满。

23. 巧移盘子

需要15次。下面我们就用图示的方法来演示。假设用4、3、2、1四个数字来代表4个盘子，并且数字越大，代表的盘子越大，过程如下：

A	B	C
(1)4,3,2	1	
(2) 4,3	1	2
(3) 4,3		2,1
(4) 4	3	2,1
(5) 4,1	3	2
(6) 4,1	3,2	
(7)4	3,2,1	
(8)	3,2,1	4
(9)	3,2	4,1
(10)2	3	4,1
(11)2,1	3	4
(12)2,1		4,3
(13)2	1	4,3
(14)1		4,3,2
(15)		4,3,2,1

24. 青蛙过河

我们可以用表来表示，*表示空格，想要左右对调，按以下15个步骤即可完成。

0	A A A * B B B	8	B A B A * A B
1	A A * A B B B	9	B A B A B A *
2	A A B A * B B	10	B A B A B * A
3	A A B A B * B	11	B A B * B A A
4	A A B * B A B	12	B * B A B A A
5	A * B A B A B	13	B B * A B A A
6	* A B A B A B	14	B B B A * A A
7	B A * A B A B	15	B B B * A A A

25. 企鹅归组

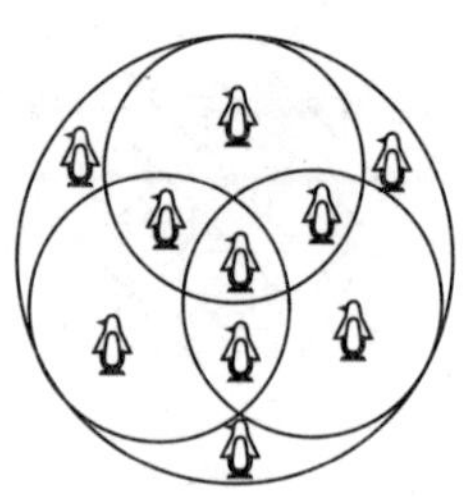

26. 不等变相等

图中两个正方形组成的“回”字，大正方形每边有4根火柴棒，小正方形每边有2根火柴棒。如果要改组成同样大小的两个正方形，边长就应该取平均数，大家都变成3根：

24=4×3+4×3。

有了明确的探索方向，稍加尝试，不难找到问题的答案，例如可以重排成下图。

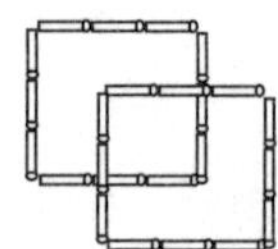

移动火柴的方法见下图，其中的虚线表示移动的火柴。

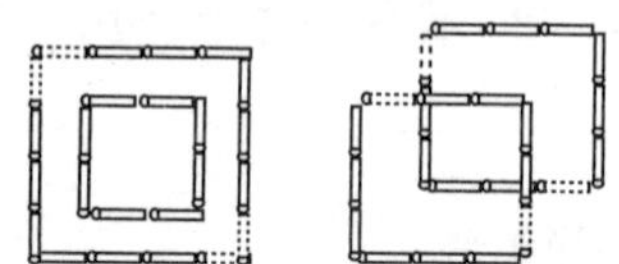

27. 糖块组合

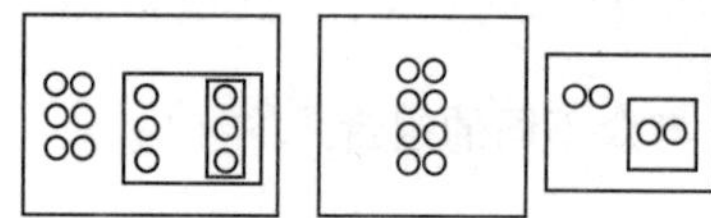

28. 奇特的图形组合

全红圆。从各三角形上端圆圈和下边圆圈来看，变化的规律都是圆圈红影每次多$\frac{1}{4}$（$\frac{1}{4}$，$\frac{1}{2}$，$\frac{3}{4}$），直至全红。

29. 台阶游戏

正好是119个台阶。

30. 不同的搭配

4×8×4=128（种）搭配方法。

31. 画直线（1）

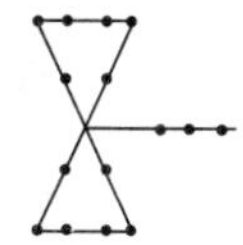

32. 画直线（2）

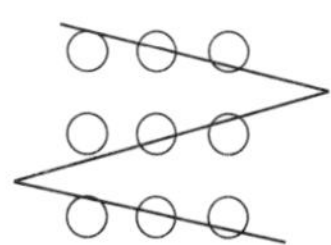

33. 折邮票

共12种，第13种折法不对。

34. 找规律，填图形（大小变化）

C。

35. 找规律，填图形（图形旋转）

B。

36. 找规律，填图形（图形叠加）

C。

37. 找规律，填图形（数量递减）

D。

38. 找规律，填图形（平移变化组合）

B。

39. 找规律，填图形（相同图形变化组合）

A。

40. 找规律，填图形（图形的翻转）

C。（分析：第一个图形上半部分向下翻转一次得到第二个图形，第一个图形的上半部分连续向下翻转两次得到第三个图形。）

41. 找规律，填图形（图形的相减）

C。

42. 立体图形的还原（长方体）

B。需要确定阴影面所在位置。

43. 立体图形的还原（组合体）

B。要注意白色面不相邻。

44. 立体图形的还原（正方体）

A。要注意大阴影面和四个小正方形组合面相对，而且不会出现（D）选项的情况。

45. 图形推理（图形变换）

A。注意点减少的规律与位置。

46. 图形推理（图形组合与变换）

D。图形由四部分组合而成，头发是1、2、3根，可以排除C；头是四边形、三角形、圆形，可以确定是D。

47. 图形推理（表情变化）

C。注意嘴形与耳朵是否相通的变化规律。

48. 图形推理（方向变化）

A。注意图形三个组成部分的变化规律。

49. 图形推理（阴影与空白的变化）

B。阴影与空白的互换。

50. 图形推理（图形的翻转与分割）

B。第2个图形由第1个图的两部分180度翻转得出，第3个图形由第2个图形的中间切开。

51. 图形推理（图形的重叠）

A。去掉两图形重叠部分。

52. 周长问题

设正方形边长为1，那么由x>y，得1−y>1−x，从而1−y+x>1−x+y，所以A部分的周长大。

53. 字母与图形（1）

C。第一组图形中字母都是由三条直线组成，第二组都由四条直线组成。

54. 字母与图形（2）

D。第一组图形中字母在字母表的位置为2、5、8，是等差数列，第二组前两个位置为15、18，下一个应为21，表示U。

55. 字母与图形（3）

C。第一组图形中字母在字母表的位置为2、4、8，是等比数列，第二组前两个位置为5、10，下一个应为20，表示T。

56. 汉字与图形（1）

B。数出汉字笔画数，可知第一列笔画数乘以第二列笔画数等于第三列笔画数，并且每列汉字的结构相同。

57. 汉字与图形（2）

C。数出汉字笔画数，可知汉字笔画数分别为4、5、6、7，可知问号处为8画，为其字。

第六章
概率的智解

1. 及格的把握

小刚去市里参加考试，考题是30个选择题，每个选择题都有3个选项。只要答对18道题就算及格。如果随便答，对的概率也有$\frac{1}{3}$，也就是10道题，而且小刚还有9道题是有把握的。请问：小刚能及格吗？

提示 求小刚及格的概率。

2. 李家卖猪

李家有3头白猪，5头黑猪。一天卖掉了5头猪，卖掉的猪中至少有几头黑猪？

提示 确定出至少有几头黑猪的情况。

趣味馆

小明和小旺玩掷硬币的游戏，小明掷了十次都是阳的一面，问他掷第十一次时，阳和阴的概率各是多少？

（答案：50%）

3. 红色球的概率

一个袋子里有四个球，一个黑色，一个白色，其余两个为红色（大小不一样）。一个人打开口袋，取出了两个球。他看了看这两个球，并说其中一个是红色的，则另一个球是红色的可能性是多少？

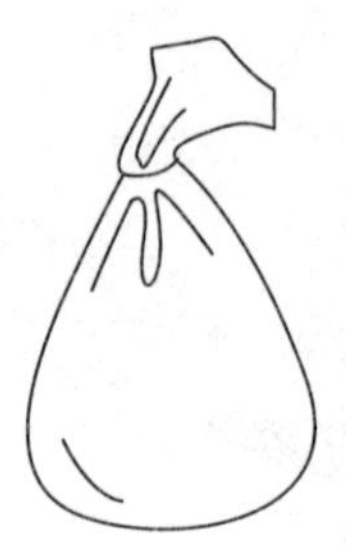

提示 求另一个是红球的概率。

4. 摘花瓣定输赢

有两个女孩摘了一朵有13片花瓣的圆形的花，两个人可以轮流摘掉一片花瓣或相邻的两片花瓣，谁摘掉最后的花瓣谁就是赢家，并以此来预测未来的婚姻是否幸福，实际上只要掌握一定的技巧，就能让自己永远是赢家。你知道怎样才能在这场游戏中取胜吗？

提示 找获胜的方法。

趣味馆

小王与父母头一次出国旅行，由于语言不通，他的父母显得不知所措，小王也丝毫不懂外语，他也不是聋哑人，却像在自己国家里一样未感到丝毫不便，这是为什么？

（答案：小王是个婴儿）

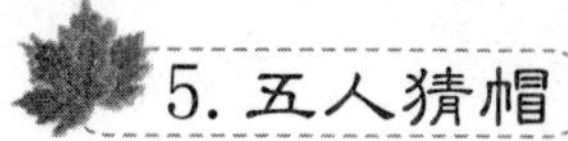

5. 五人猜帽

五个人站成一列纵队，从五顶黄帽子和四顶红帽子中，取出五顶分别给每个人戴上。他们不能扭头，所以只能看见前面的人头上的帽子的颜色。开始时，站在最后的第五个人说："我虽然看到你们头上的帽子的颜色，但我还是不能判断自己头上的帽子的颜色。"这时，第四个人说："我也不知道。"第三个人接着说："我也不知道。"第二个人也说不知道自己的帽子颜色，这时，第一个人说："我戴的是黄帽子。"你知道第一个人是怎么判断的吗？

提示 考察推断能力。

6. 阿凡提选硬币

贪婪的地主想要赶走阿凡提，就向阿凡提挑战说："我这里有两个盒子，其中一个装着10枚金币，另一个装着10枚银币。现在我要把你的眼睛蒙起来，要你随意选一个盒子从里面挑选1枚硬币，如果选中的是金币，我就送给你，如果选中了银币，你就必须离开我们的小镇，永远不回来，怎么样？"阿凡提听后说："没问题，但你得先让我任意调换盒子里的硬币组合。"地主想了一下觉得他应该也要不了什么花样，就答应了他。请问：阿凡提该怎么调换盒子的硬币组合才能确保他的胜率要高些？

提示 找出获胜的概率高的办法。

趣味馆

一辆客车发生了事故，所有的人都受伤了，为什么小军却没事？

（答案：因为小军不在车里）

7. 最后一个球

桌上放着130个球，按1个红球，2个白球，3个黄球的顺序排列，那么你知道最后一个球是什么颜色吗？三种颜色的球各有几个？

提示 找出各个颜色球的总数，算出最后一个颜色的球。

8. 抛硬币概率

有这样一个问题：拿两个五分硬币往下扔，会出现几种情况？小马虎的解答是：情况只有三种：可能两个都是正面，可能一个正面、一个背面，也可能两个都是背面。因此，两个都出现正面的概率是1:3。请你仔细想想，小马虎错在哪里？

提示 求出正反面的概率。

趣味馆

今晚9点钟，所有的人都在做同一件事，你知道是什么吗？

（答案：呼吸）

9. 圣诞礼物

圣诞节又到了，小汤姆在街上遇到了圣诞老人，圣诞老人捧着三个盒子对小汤姆说，我这有三个盒子，三个盒子里只有一个有神秘礼物，选中了，礼物就能归你了，小汤姆看着盒子犹豫不决，最后还是作出了选择，圣诞老人打开了另两个盒子中其中的一个，发现是空的就追问小汤姆：“现在你要不要选择另一个没有打开的盒子呀？”请你们说一下小汤姆应不应该改注意？

提示 求选中有礼物盒子的概率。

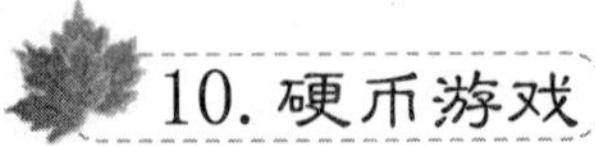

10. 硬币游戏

小强和小杰玩抛硬币游戏，小强拿三枚硬币向空中抛，如果三枚硬币都是正面向上或是都是反面向上，小强输，要拿10个硬币给小杰，但如果硬币中只要出现一个不同的面，则小强赢，小杰给小强5枚硬币。这个游戏如果反复的玩，谁会吃亏呢？

提示 求硬币正反两面的概率各是多少。

趣味馆

一只鸡，一只鹅，放冰箱里，鸡冻死了，鹅却活着，为什么？

（答案：是企鹅）

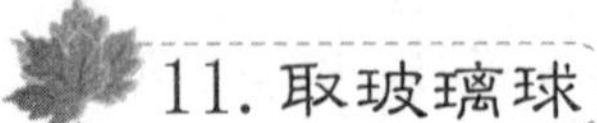

11. 取玻璃球

一个大箱子里装有44个玻璃球，其中:白色的2个，红色的3个，绿色的4个，蓝色的5个，黄色的6个，棕色的7个，黑色的8个，紫色的9个。如果要求每次从中取出1个玻璃球，从而得到2个相同颜色的玻璃球，请问最多需要取几次？

提示 根据取到的各个球的概率来确定。

12. 跳房子游戏

放学后，同学们一起玩跳房子游戏，两两同学一组，他们决定用“石头、剪刀、布”决定谁先跳，你认为这样公平吗？

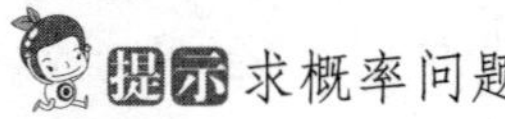

提示 求概率问题。

趣味馆

什么东西洗好了却不能吃？

（答案：扑克牌）

13. 抽签决胜负

国王要提拔一位先锋战士做将军，他有三个候选人分别为王先锋、李先锋、赵先锋，考虑到他们都很优秀，国王就决定用抽签的方式选择，但是有人就提出了异议，认为抽签的先后顺序会影响三个人抽中的概率，所以这个方法不公平，你认为这个人说得有道理吗？

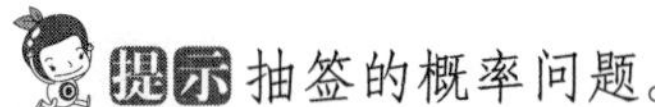

提示 抽签的概率问题。

趣味馆

象棋和围棋的区别是什么？

（答案：一个越下子越少，一个越下子越多）

14. 蓝袜子概率

小静要去旅行，她把四双短袜：两双蓝色，两双白色，散放进行李箱，上火车后小静想要取出一双蓝色的袜子，但由于地方狭小，小静只能从行李箱中一只一只的往外掏，问连取两次后，小静掏出蓝色袜子的概率是多少？

提示 求取袜子的概率。

15. 摸扑克牌游戏

把6张牌洗一下，反扣在桌子上，从中任意摸一张，摸到红桃A的可能性是几分之几？摸到黑桃A的可能性是几分之几？摸到红桃A的可能性是几分之几？摸到其他牌的可能性呢？

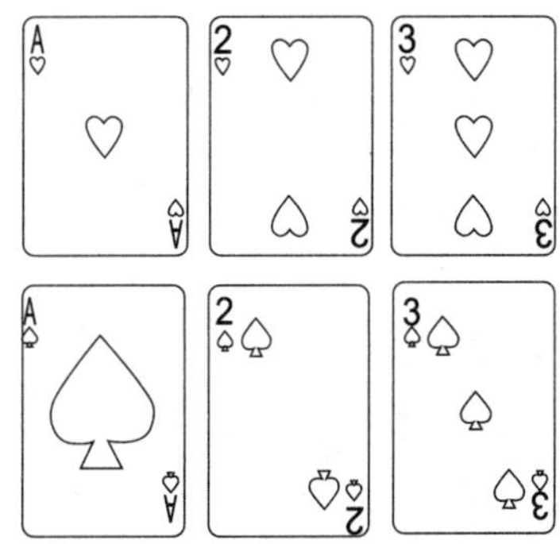

提示 扑克牌的概率问题。

趣味馆

文文在洗衣服，但洗了半天，她的衣服还是脏的，为什么？

（答案：她在洗别人的衣服）

16. 摸球游戏

一只袋子里装有5个完全一样的小黄球，每个球上分别标有1、2、3、4、5，花花和奇奇轮流从袋子中摸一个球，然后放回，规定如果摸到的球号码大于3，花花赢；摸到其他的球，奇奇赢。你认为这个游戏公平吗？

提示 摸球的概率问题。

17. 猜拳概率

小亮和小强玩猜拳游戏，老是分不出胜负，于是小亮想：如果再有一个人加入我们的游戏的话，就不会出现这么多次平手了，你觉得小亮的想法对吗？

提示 猜拳的概率问题。

趣味馆

马在哪里不需要腿也能走？

（答案：象棋盘上）

18. 掷图钉游戏

甲、乙俩人玩下面的图钉游戏。只用一个图钉，任意掷一次。甲掷时，如果钉尖朝上甲得1分，钉尖着地甲、乙均不得分；乙掷时，如果钉尖着地乙得1分，钉尖朝上甲、乙均不得分。两个人轮流掷图钉，谁先得到10分谁就获胜。

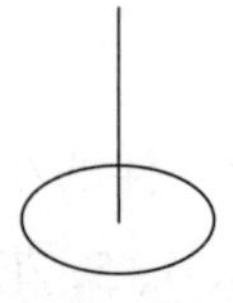
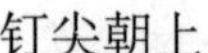
钉尖朝上

钉尖朝下

你认为这个游戏对甲、乙双方公平吗？

提示 可以做实验验证。

19. 抓阄

办公室有甲、乙、丙三位同事，只分到一张参观券，三人都想去。于是采用抓阄的方法，一共做了三个阄，其中有一个阄上写“是”，其他两个阄上写“否”。甲先抓，乙再抓，最后由丙抓。抓完后不再放回，并且同时打开。那么，这种抓阄的方法是否公平？

提示 抓阄的概率问题。

趣味馆

小孩在家门口玩，一人问：“你妈在家吗？”小孩说：“在。”此人按门铃，却无人开门。小孩没有撒谎，这是为何？

（答案：小孩说：“我没说这是我家。”）

20. 奇怪的现象

在某个国家里，家家户户都想要一个男孩。如果头胎生的是男孩，就不再生了。如果头胎生的是女孩，就要再生第二个，还是女孩，还要再生第三个……直到最后一个生的是男孩为止。那么这个国家男、女比例是否会失调？

提示 生男生女的概率问题。

21. 汉字游戏

汉字是世界上最古老的文字之一，字形结构体现人类追求均衡对称、和谐稳定的天性。如图，三个汉字可以看成是轴对称图形。

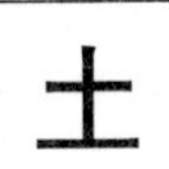

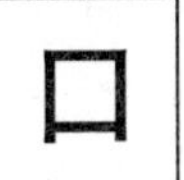

小敏和小慧利用“土”“口”“木”三个汉字设计一个游戏，规则如下：将这三个汉字分别写在背面都相同的三张卡片上，背面朝上洗匀后抽出一张，放回洗匀后再抽出一张，若两次抽出的汉字能构成上下结构的汉字（如“土”“土”构成“圭”）小敏获胜，否则小慧获胜。你认为这个游戏对谁有利？

提示 求能构成的汉字的概率。

趣味馆

美国人登陆月球，第一句话是什么？

（答案：美国话）

22. 钥匙开锁

一把钥匙只能开一把锁，现在有四把钥匙四把锁，但不知哪把钥匙开哪把锁，问最少要试多少次才能保证配好全部的钥匙和锁？

提示 求开锁的概率。

23. 扑克牌游戏

做一个游戏，准备1~10的10张扑克牌，两个人轮流取牌，可任意取，各人取的牌按取牌的顺序排列。哪个人先完成4张单调排列（由大到小或由小到大排列）的牌，就算赢，如果你先取牌，用什么办法才能确保胜利？

提示 取扑克牌的游戏。

趣味馆

一个袋子里装着黄豆，另一个袋子装着红豆，小强将两个袋子里的豆子都倒在地上，很快就把黄豆和红豆分开了，他是怎么做到的？

（答案：很简单，因为袋子里只有一颗黄豆和一颗红豆）

24. 取糖块的概率

有一瓶糖块，其中有红、黄、蓝三种颜色，如果蒙上你的眼睛，让你抓取两块相同颜色的糖块。请问你至少要抓取多少次，才能确定你抓到的糖块中至少有两块同样颜色的糖块？

提示 知道对称图形的性质。

25. 黑白两球

桌上有甲、乙两个盒子，甲盒放有P个白球和Q个黑球，乙盒中放有足够的黑

球。现每次从甲盒中随意取出2个球放在外面。当被取出的2球颜色相同时，需再从乙盒中取一个黑球放回甲盒；当取出的2球颜色不同时，将取出的白球再放回甲盒。最后，甲盒中只剩两个球，问剩下一白一黑有多大概率？

提示 知道对称图形的性质。

在平衡的跷跷板两边各放一个西瓜和一块冰块，重量相等，如果就这样放着，最后，跷跷板会向哪个方向倾斜？

（答案：一样水平，冰化了西瓜滚了）

26. 甜甜的糖果

小甜的口袋里有五颗糖，一颗巧克力味的，一颗果味的，一颗酥糖，两颗牛奶味的（包装和大小一样）。小孙任意从口袋里取出一颗糖，他看了看后说，是牛奶味的。接着又取出一颗，问小孙取出的第二颗糖也是牛奶味的可能性(概率)是多少？

27. 美丽的花朵（1）

小美买了5盆一样的花，3盆红色，2盆黄花，她想把它们摆放成一排，要求2盆黄花互不相邻，那么一共有多少种不同摆放方法？

28. 美丽的花朵（2）

小美买了5盆一样的花，3盆红色，2盆黄花，她想把它们摆放成一排，要求2盆黄花要摆在一块（相邻），那么一共有多少种不同摆放方法？

29. 分字典

希望小学收到30本新华字典，现在要把它们分给二年级3个班，要求每个班至少9本，那么不同的分法共有几种情况？

30. 订报纸

八一小学的老师们准备订一些辅导报纸，现在有A、B、C、D四种学习报，要求每人至少订一种，最多订四种，那么每位老师能有多少种不同的订报方式？

31. 没有票的乘客

一架客机上有100个座位，100个人排队依次登机。第一个乘客把机票搞丢了，但他仍被允许登机。由于他不知道他的座位在哪儿，他就随机选了一个座位坐下。以后每一个乘客登机时，如果他的座位是空着的，那么就在他的座位坐下；否则，他就随机选一个仍然空着的座位坐下。请问，最后一个人登机时发现唯一剩下的空位正好就是他的，其概率是多少？

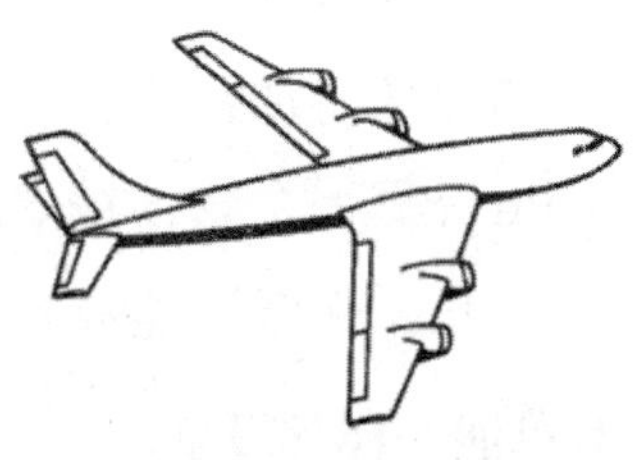

32. 六合彩问题

在六合彩（49 选 6）中一共有 13983816 种可能性，普遍认为，如果每周都买一个不相同的号，最晚可以在 13983816 52（周）= 268919 年后获得头等奖。你觉得对吗？

33. 抛硬币游戏

在投掷硬币的游戏中，如果是一枚硬币，那么我们无论猜什么猜对的概率都是50%；换成投掷两枚硬币，那么如果我们猜一个是“字”一个是“背”，猜对的概率和猜“都是字”或者“都是背”的概率是一样的。这种说法对吗？

34. 硬币游戏

乔伟对吉祥说：“我向空中扔3枚硬币。如果它们落地后全是正面朝上，我就给你1元。如果它们全是反面朝上，我也给你1元。但是，如果它们落地时是其他情况，你得给我5角。”

吉祥说：“让我考虑一分钟。”他想：“至少有两枚硬币必定情况相同，因为如果有两枚硬币情况不同，那么第三枚一定会与这两枚硬币之一情况相同。而如果两枚情况相同，则第三枚不是与这两枚情况相同，就是与它们不同。第三枚与其他两枚情况相同或情况不同的可能性是一样的。因此，3枚硬币情况完全相同或情况不完全相同的可能性是一样的。但是乔伟是以1元对我的5角来赌它们的不完全相同，这分明对我有利。好吧，我打这个赌！”你觉得吉祥这样的分析是正确的吗？

35. A的优势

桌上放着6张扑克牌，全部正面朝下。你已被告知其中有两张且只有两张是A，但是你不知道A在哪个位置。你随便取了两张并把它们翻开。下面哪一种情况更为可能？

（1）两张牌中至少有一张是A；

（2）两张牌中没有一张是A。

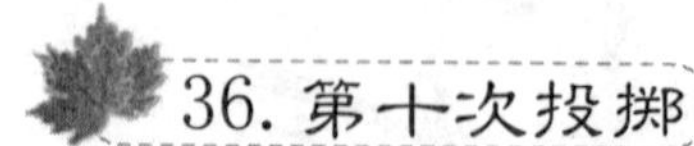

36. 第十次投掷

一只普通的骰子有6个面，因此任何一面朝上的概率是$\frac{1}{6}$。假设你将某一个骰子投掷了9次，每次的结果都是1点朝上。第十次投掷，1点还是朝上的概率是多少呢？

37. 随机取物

桌子上有5件东西。你随机取走几件，请问你手上的物体个数是奇数的可能性大还是偶数的可能性大？所谓“随机取物”，是说每一个物体被取走的概率都是$\frac{1}{2}$。因此，你有可能取走所有的物体，也有可能一样都没拿。

38. 扫雷游戏

如图所示是大家经常玩的扫雷游戏的简单示意图，点击中间的按钮，若出现的数字是2，表明数字2周围的8个位置有2颗地雷，任意点击8个按钮中的一个，则不是地雷的概率是多少？

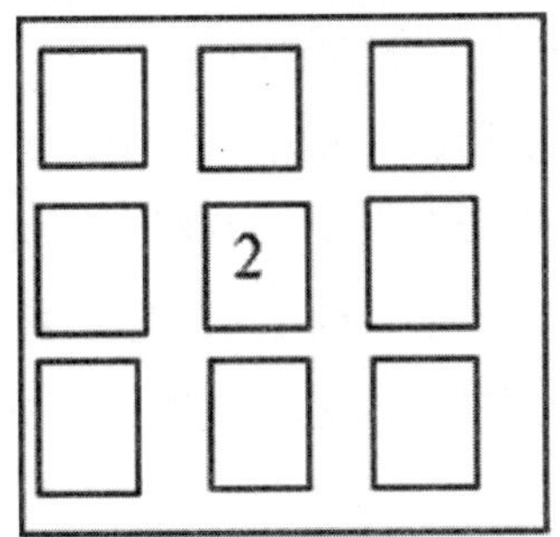

39. 体育知识竞赛

裕龙小学举办一次体育知识竞赛，有一个“百宝箱”环节，是一道选分竞猜游戏，游戏规则如下：在20个运动图标中，有5个运动图标的背面的题目分值为100分，其余商标的背面是30分或50分，参与这个环节的选手有三次翻牌的机会（翻过的牌不能再翻）。某同学前两次翻牌均为100分值的题目，那么他第三次翻牌也为100分值的题目的概率是多少？

40. 猜拳游戏

小红、小明、小芳在一起做游戏时，需要确定游戏的先后顺序，他们约定用“剪子、包袱、锤子”的方式确定。问在一个回合中三个人都出包袱的概率是__________。

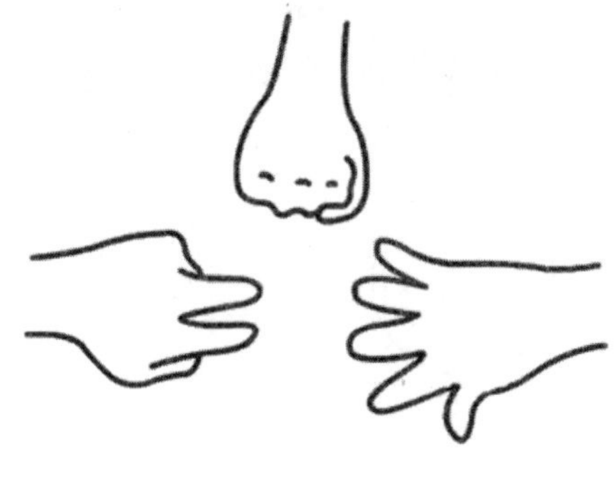

41. 闯关游戏

依据闯关游戏规则，请你探究“闯关游戏”的奥秘：求出闯关成功的概率。

闯关游戏规则如右图所示的面板上，有左右两组开关按钮，每组中的两个按钮均分别控制一个灯泡和一个发音装置，同时按下两组中各一个按钮：当两个灯泡都亮时闯关成功；当按错一个按钮时，发音装置就会发出“闯关失败”的声音。

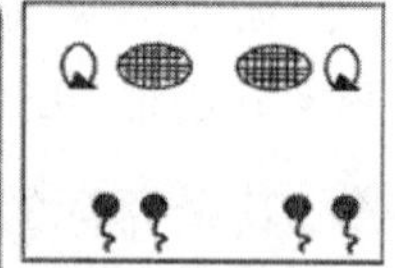

42. 游戏公平吗

欢欢、乐乐两人玩转盘游戏，她们分别把带有指针的圆形转盘A、B分成4等份、3等份的扇形区域，并在每一小区域内标上数字（如图所示）。游戏规则是：同时转动两个转盘，当转盘停止时，若指针所指两区域的数字之积为奇数，则欢欢胜；若指针所指两区域的数字之积为偶数，则乐乐胜；若有指针落在分割线上，则无效，需重新转动转盘。

请问这个游戏规则对欢欢、乐乐双方公平吗？试说明理由。如果不公平，请设计一种对双方公平的一种游戏规则。

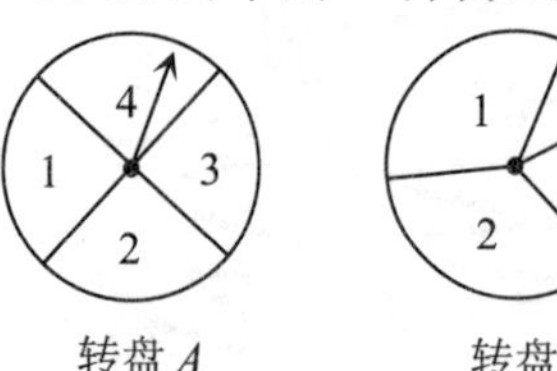

转盘 A　　转盘 B

43. 元旦晚会

中山路小学三年级（1）班要举行一场元旦联欢会，规定每个同学分别转动下图中两个可以自由转动的均匀转盘A、B（转盘A被均匀分成三等份，每份分别标上1，2，3三个数字，转盘B被均匀分成二等份，每份分别标上4，5两个数字），若两个转盘停止后指针所指区域的数字都为偶数（如果指针恰好指在分格线上，那么重转直到指针指向某一数字所在区域为止），则这个同学要表演唱歌节目，请求出这个同学表演唱歌节目的概率。

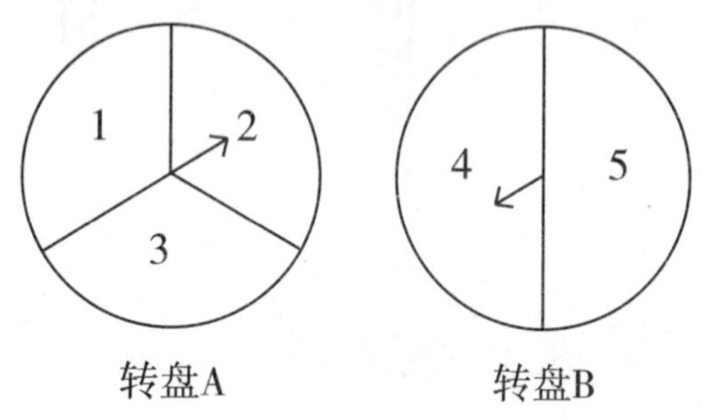

转盘A　　转盘B

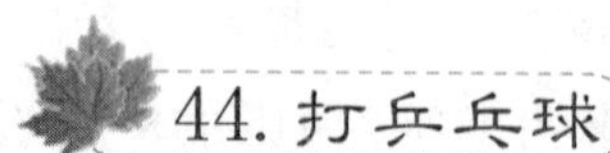

44. 打乒乓球

张庄小学六年级（1）班学生在课外活动时要进行乒乓球练习，体育委员根据场地情况，将同学们分为三人一组，每组用一个球台，每组甲、乙、丙三位同学用“手心、手背”游戏(游戏时，“手心向上”简称手心；“手背向上”简称手背)来决定哪两个人先打球。游戏规则是：每人每次同时随机伸出一只手，出手心或手背。若出现“两同一异”(即两手心、一手背或两手背、一手心)的情况，则同出手心或手背的两个人先打球，另一人做裁判；否则继续进行，直到出现“两同一异”为止。

求甲、乙、丙三位同学在进行“手心、手背”游戏，出手一次就得到结果的概率。

45. 好吃的粽子

端午节吃粽子是中华民族的传统习俗，妈妈买了10只粽子，其中2只红豆粽、3只红枣粽、5只咸肉粽，粽子除内部馅料不同外，其他均相同。小颖任意吃一个，那么吃到红豆粽的概率是多少？

46. 暗箱

在一个暗箱里放有a个除颜色外其他完全相同的球，这a个球中红球只有3个，每次将球搅拌均匀后，任意摸出一个球记下颜色再放回暗箱，通过大量重复摸球实验后发现，摸到红球的频率稳定在25%，那么可以推算出a大约是多少？

47. 黑白两球

一个密码锁的密码由四个数字组成，每个数字都是0~9这十个数字中的一个，只有当四个数字与所设定的密码相同时，才能将锁打开。粗心的小明忘了其中中间的两个数字，他一次就能打开该锁的概率是多少？

48. 转弯的汽车

经过某十字路口的汽车，它可能继续直行，也可能左转或右转，如果这三种可能性大小相同，同向而行的两辆汽车都经过这个十字路口时，求两辆车全部继续直行的概率。

49. 扑克牌游戏

一副普通扑克牌中的13张黑桃牌，将它们洗匀后正面向下放在桌子上，从中任意抽取一张，则抽出的牌点数小于9的概率是多少？

50. 转盘的选择

如下图，有两个构造完全相同（除所标数字外）的转盘A、B，游戏规定，转动两个转盘各一次，指向大的数字获胜。现由你和小佳各选择一个转盘进行游戏，你会选择哪一个呢？为什么？

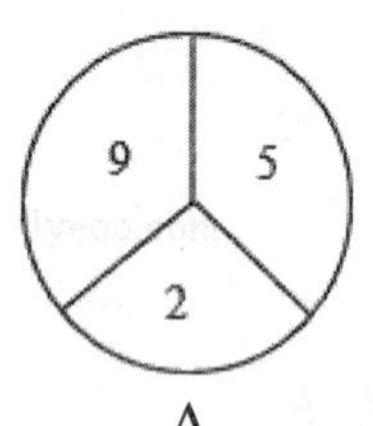

A

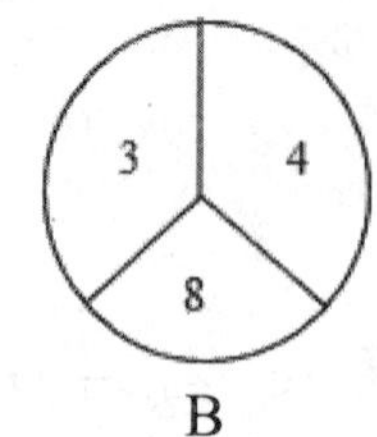

B

51. 奥运福娃

2008年北京奥运吉祥物中的5个“福娃”取“北京欢迎您”的谐音：贝贝、京京、欢欢、迎迎、妮妮。如果在盒子中从左向右放5个不同的“福娃”，那么，有多少种不同的放法。

52. 单词顺序

小宝记得英语单词 “hello”是由三个不同的字母 h,e,o和两个相同的字母 l组成的，但不记得排列顺序，则小宝可能出现的拼写错误共有多少种？

53. 小丑的服饰

马戏团的小丑有红、黄、蓝三顶帽子和黑、白两双鞋，他每次出场演出都要戴一顶帽子、穿一双鞋。问：小丑的帽子和鞋共有几种不同搭配？

54. 复杂的旅程

北京到上海可以乘火车、乘飞机、乘汽车。如果每天有20班火车、6班飞机、8班汽车，那么共有多少种不同的走法？

55. 信号旗

帆船的旗杆上最多可以挂两面信号旗，现有红色、蓝色和黄色的信号旗各一面，如果用挂信号旗表示信号，最多能表示出多少种不同的信号？

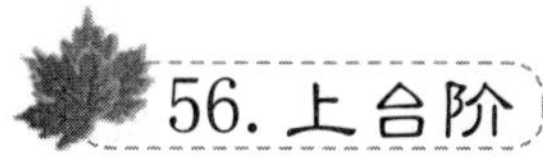

56. 上台阶

子涵要登上9级台阶，他每一步只能登1级或2级台阶，他登上9级台阶共有多少种不同的登法？

57. 相约看电影

如下图是某街区的道路简略图。小翠家在A点住，她要约C点和D点的小敏和小云，沿最短路线到B点的电影院看电影，那么A~B不同路线共有多少条？

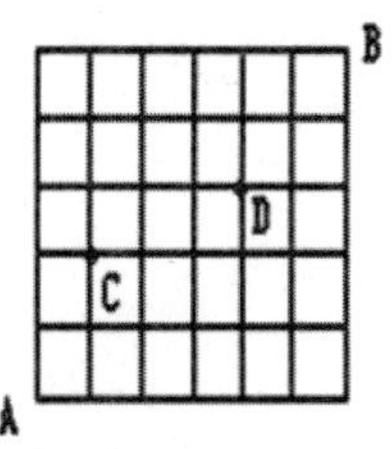

黄金分割造就了美

和谐的音乐关键在于它的频率，舞台的设计关键在于它的中心，把二胡的千斤放在哪里，才会拉出最美妙的音乐呢，把舞台的中心放在何处，才会达到最佳的效果呢？这是艺术家们常考虑的问题。但是，数学家们告诉我们，只要你把它放在黄金分割点，就会达到你的目的了。真是太奇妙了，很多事情只要用到黄金分割就迎刃而解了。在建筑上，在美术上甚至在音乐上，它都体现了它的美妙之处。

早在100多年以前，德国的心理学家弗希纳曾精心制作了各种比例的矩形，并且举行了一个“矩形展览”，邀请了许多朋友来参加，参观完了之后，让大家投票选出最美的矩形．最后被选出的四个矩形的比例分别是:5×8，8×13，13×21，21×34。经过计算，其宽与长的比值分别是:0.625，0.615，0.619，0.618。这些比值竟然都在0.618附近。事实上，大约在公元前500年，古希腊的毕达哥拉斯就对这个问题发生了兴趣，他们发现当长方形的宽与长的比例为0.618时，其形状最美。于是把0.618命名为“黄金数”，这就是黄金数的来历。正如前面所说，这个数是个奇妙的数，正等着你们去探索它的奥妙。

第六章　答案

1. 及格的把握

随便答对的概率只能从没有把握的21道题中算，也就是21道题中，随便答能够答对7道，再把他有把握答对的9道题加上，只能答对16道，因此不能及格。

2. 李家卖猪

5−3=2（头）。

3. 红色球的概率

可能性为五分之一，从四个球中取出两个球有六种可能：1.红色/红色；2.红色1号/白色；3.红色1号/黑色；4.红色2号/白色；5.红色2号/黑色；6.黑色/白色。因为已知黑色白色这一对不可能已拿出，那么在剩下的五种可能中，取出红色/红色的可能性是五分之一。

4. 摘花瓣定输赢

后摘者只要保证花瓣剩下数量相等的两组（两组之间）被摘除花瓣的空缺隔开，就一定能赢得这个游戏。比如，先摘者摘一片花瓣，则后摘者摘取另一边的两片花瓣，留下各有5片的两组花瓣，如果先摘者摘取两片花瓣，则后摘者摘取1片花瓣，同样形成那种格局。之后，前者摘除几片，后者就在另一组中摘除同样多的花瓣，通过这种方法，到最后那一步，她肯定能赢得最终胜利。

5. 五人猜帽

第五个人开始说不知道自己头上的帽子的颜色，这说明前面的四个人中有人戴黄帽子，否则，他马上可以知道自己头上是黄帽子了。第四个人知道了五个人中有人戴黄帽子；但不能断定自己帽子的颜色，这说明他看到前面的三个人中有人戴黄帽子；依次类推，第二个人也不知道自己帽子颜色，说明他前面的人戴黄帽子，所以，第一个人可以断定自己戴的是黄帽子。

6. 阿凡提选硬币

阿凡提可以将1枚金币留在金币盒里，把另外九枚金币倒入另一个盒里，这样一个盒里就只有1枚金币；另一个盒里就有10枚银币和9枚金币。如果他选中那个放1枚金币的盒选中金币的概率是百分之百；如果选中那个放19枚钱币的盒选中金币的概率最大是$\frac{9}{19}$。阿凡提选中两个盒子的概率都是$\frac{1}{2}$，所以把前面的两项结果加起来，得出选中金币总的概率是：$100\%\times\frac{1}{2}+\frac{9}{19}\times\frac{1}{2}=\frac{14}{19}$，这样远远大于原来未调换前的$\frac{1}{2}$。

7. 最后一个球

把1个红球，2个白球，3个黄球看作一组，这一组共有球1+2+3=6（个），那么有130÷（1+2+3）=130÷6=21（组）…4（个）。由1红、2白确定第4个是黄色的。

红球有1×21+1=22（个）。白球有2×21+2=44（个）。黄球有3×21+1=64（个）。

所以最后一个是黄色球。红色球有22个，白色球有44个，黄色球有64个。

8. 抛硬币概率

两个五分硬币可能出现四种情况：1.正正；2.正反；3.反正；4.反反；所以两个都出现正面的概率是1:4。

9. 圣诞礼物

由概率理论应该换，若不换的话，得到礼物的概率是三分之一，若换的话，得到礼物的概率是三分之二。

10. 硬币游戏

小杰，因为三枚硬币落地后有八种可能性：正正正、正正反、正反正、正反反、反正正、反正反、反反正、反反反，所以三枚硬币情况完全相同的可能性是四分之一；不完全相同的可能性是四分之三。如果他们反复打这个赌，小强就很受益，小杰就很吃亏。

11. 取玻璃球

这个大箱子里装有8种颜色的玻璃球，如果真的算你倒霉的话，最坏的可能性就是前8次摸到的都是不同颜色的玻璃球，而第九次摸出的任何颜色的玻璃球，都可以与已摸出的玻璃球构成“同色的两个玻璃球”。所以最多只需要取9次。

12. 跳房子游戏

用甲、乙表示比赛跳房子的双方。

甲	石头			剪子			布		
乙	石头	剪子	布	石头	剪子	布	石头	剪子	布
结果	平局	甲赢	乙赢	乙赢	平局	甲赢	甲赢	乙赢	平局

从上表可以看出，“石头、剪子、布”一共有九种结果。

在这九种结果中，甲获胜3种，可能性是$\frac{3}{9}=\frac{1}{3}$，乙获胜3种，可能性也是$\frac{1}{3}$，平局有3种。因此每种结果出现的可能性相等。

对于甲、乙双方来说。输赢的可能性是相等的，所以用“石头、剪子、布”决定谁先跳是公平的。

13. 抽签决胜负

他的想法是不对的。如果王先锋第一个抽，抽中的可能性是$\frac{1}{3}$。李先锋第二个抽，他能不能抽中，与王先锋抽中不抽中有关。如果王先锋已抽中，那么李先锋就一定抽不中；如果王先锋没有抽中，李先锋有$\frac{1}{2}$机会可以抽中。由于王先锋没有抽中的可能性是$\frac{2}{3}$，在这种情况下，李先锋抽中的机会有$\frac{1}{2}$，所以李先锋抽中的可能性仍然是$\frac{2}{3}\times\frac{1}{2}=\frac{1}{3}$。由于王先锋、李先锋抽中的可能性都是$\frac{1}{3}$，所以赵先锋第三个抽，抽中的可能性还是$1-\frac{1}{3}-\frac{1}{3}=\frac{1}{3}$。所以，采用抽签的方法决定谁当将军很公平合理，先抽、后抽机会都一样，他们都有$\frac{1}{3}$的可能性。

14. 蓝袜子概率

第一次从八只袜子中取一只袜子，被取走的可能性相等，都为$\frac{1}{8}$。其中有四只蓝袜子，故第一次取得蓝袜子的可能性等于$4\times\frac{1}{8}=\frac{1}{2}$。第一次取出为蓝色，则在下面的七只袜子里，有三只蓝色，四只白色，故第二次取出一只蓝色袜子的可能性是$\frac{3}{7}$。所以，要连续取出两只蓝色袜子的可能性，需从第一次取出蓝色袜子的可能性的基础上去考虑。也正因为这样，所以小静连续取两次，得到一双蓝色袜子的可能性为：$\frac{1}{2}\times\frac{3}{7}=\frac{3}{14}$。

15. 摸扑克牌游戏

一共有6张牌，摸到每张牌的可能性都是$\frac{1}{6}$。

16. 摸球游戏

袋子里有五个黄色的小球，任意摸出其中的一个，有5种可能的结果：分别是1号、2号、3号、4号和5号。

任意摸出其中的一个，摸到1号、2号、3号、4号和5号球的可能性是$\frac{1}{5}$。摸到每一个小球的可能性都是相等的。

花花摸到的球可以是4号，也可以是5号，2个$\frac{1}{5}$是$\frac{2}{5}$，奇奇摸到的球可以是1号，2号和3号，3个$\frac{1}{5}$是$\frac{3}{5}$。

由于$\frac{2}{5}<\frac{3}{5}$，对于花花和奇奇来说，输、赢的可能性不相等，所以这个游戏不公平。

17. 猜拳概率

不对，两个人猜拳的排列组合有9种，有$\frac{1}{3}$的机会是平手。而3个人猜拳时的排列组合会有27种，平手的机会是这样的：

石头：石头：石头，石头：布：剪刀，石头：剪刀：布；

剪刀：石头：布，剪刀：剪刀：剪刀，剪刀：布：石头；

布：石头：剪刀，布：剪刀：石头，布：布：布，也是九种。因此两个人猜拳平手的机会和三个人猜拳时平手的机会是一样的，都是$\frac{1}{3}$。

18. 掷图钉游戏

要知道这个游戏是否公平，需要知道钉尖朝上的和钉尖朝下的可能性是否相同。而钉帽着地和钉尖着地的可能性不能通过计算的方法得到，只能采用实验的方法。在实验中，可以采用全班合作的方法尽可能多地获取实验数据，才能知道这个游戏规则是否公平。

有人曾经做过这个实验，采用的方法是用一盒金属图钉（100个），在50厘米的高处，同时倒入一个平底大抽屉里，实验一共做了10次，记录如下：

图钉实验频数统计表

实验顺序	1	2	3	4	5	6	7	8	9	10
频数累计	100	200	300	400	500	600	700	800	900	1000
钉尖朝下频数累计	43	38	33	37	41	34	31	43	35	32
	43	81	114	151	192	226	257	300	335	367
频率计算	0.43	0.41	0.38	0.38	0.38	0.38	0.37	0.38	0.37	0.37

从上表可以看出这种图钉钉尖朝下的可能性大约在0.37到0.38之间。这说明钉尖朝上和钉尖朝下的可能性不相同，这个游戏的规则不公平。

19. 抓阄

分别用A、B和C代表这三个阄。

一共有六种不同的抓法：

（甲A、乙B、丙C），（甲A、乙C、丙B）

（甲B、乙A、丙C），（甲B、乙C、丙A）

（甲C、乙A、丙B），（甲C、乙B、丙A）

如果阄A上写的是“是”

则甲抓到A的可能性是：$\frac{2}{6}=\frac{1}{3}$；乙抓到A的可能性是：$\frac{2}{6}=\frac{1}{3}$；丙抓到A的可能性是：$\frac{2}{6}=\frac{1}{3}$；

所以，这种抓阄的方法是公平的。

20. 奇怪的现象

在这个题目里，生男孩或者是生女孩都是独立事件（不包括发现怀有女孩就堕胎的现象），如果生男孩或女孩的概率相等，从概率统计学的角度讲，这个国家生男孩或生女孩的比率应该是1∶1，男、女比例不会失调。

21. 汉字游戏

解：这个游戏对小慧有利。

每次游戏时，所有可能出现的结果如下：（列表）

	土	口	木
土	（土，土）	（土，口）	（土，木）
口	（口，土）	（口，口）	（口，木）
木	（木，土）	（木，口）	（木，木）

总共有9种结果，每种结果出现的可能性相同。

其中能组成上下结构的汉字的结果有4种：（土，土）“圭”，（口，口）“吕”，（木，口）“杏”或“呆”，（口，木）“呆”或“杏”。

因为小敏获胜的概率是$\frac{4}{9}$；小慧获胜的概率是$\frac{5}{9}$。

小敏获胜的概率小于小慧获胜的概率。

所以游戏对小慧有利。

22. 钥匙开锁

开一把锁，如果不凑巧，试三把钥匙（注：没有成功，用不着再试，因为最后一把钥匙肯定能打开它。）同理开第二把锁至多试2次，开第三把锁至多试1次，最后用不着试便可打开。所以至多试3+2+1=6（次），即最少试6次才能保证配好全部的钥匙和锁。

23. 扑克牌游戏

只要第一张取5，就可稳获胜利。

24. 取糖块的概率

拿3块，可能红、黄、蓝各一种。只要抓取4块就一定能确定有两块同样颜色的糖。

25. 黑白两球

每次从盒中拿出两个球放在外面，那么白球只有两种结果：少两个或一个也不少。同样黑球也只有两种结果：少一个或多一个。根据上面的分析我们可以得知：如果白球数量为单数，那么最后一个白球是永远拿不出去的（最后一次除去），其概率是100%。如果白球为双数，那么白球就会剩2个或1个也不剩，其概率是0。

26. 甜甜的糖果

$\frac{1}{4}$。其实就是口袋里有4颗不一样的糖块，取出1颗，牛奶味的可能性多大。

27. 美丽的花朵（1）

6种。黄花不相邻，那么把每个红花中间留一个间隔放黄花，那么加上两边的位置，一共四个位置，两盆花放在不同的位置，共有6种方法。

28. 美丽的花朵（2）

4种。黄花相邻，那么把每个红花中间留一个间隔放黄花，那么加上两边的位置，一共四个位置，共有4种方法。

29. 分字典

10种.其实就是30的分解有几种情况，要求都要大于等于9，共有10种情况，(9，9，12)(9，10，11)(9，11，10)(9，12，9)(10，9，11)(10，11，9)(10，10，10)(11，9，10)(11，10，9)(12，9，9)，共10种情况。

30. 订报纸

15种。只订一种报纸有4种选择，订两种报纸有6种选择，订三种报纸有4种选择，订四种报纸有1种选择，所以共有15种选择。

31. 没有票的乘客

$\frac{1}{2}$。根据题意，第一个人登机后，后面的98人都找到了自己的位置，那么，剩下的座位不是第一个人的就是最后一个人的，所以最后一个座位是最后一个人的概率为$\frac{1}{2}$。

32. 六合彩问题

不正确.每次中奖的概率是相等的，中奖的可能性并不会因为时间的推移而变大。

33. 抛硬币游戏

这种说法是错误的。因为抛掷两枚硬币，有四种可能的情况，全部有相同的概率（$\frac{1}{4}$）：两个“字”；一“字”一“背”；一“背”一“字”；两个“背”。

所以，回答一个是“字”一个是“背”，答对的概率是50%。

34. 硬币游戏

不正确。因为抛掷三个硬币，有8种可能的情况，即（字字字），（字字背），（字背字），（背字字），（背背字），（背字背），（字背背），（背背背）全部有相同的概率（$\frac{1}{8}$），所以他赢得概率为$\frac{1}{4}$，他的分析是错误的。

35. A的优势

分析两种情况的概率，给6张牌编号为1，2，3，4，5，6，设1和2为A，那么一共有5+4+3+2+1=15种取法，其中至少有一张A的取法有9种，没有A的取法有6种，所以第一种情况更有可能。

36. 第十次投掷

$\frac{1}{6}$。不管投掷几次，每个面朝上的概率都是$\frac{1}{6}$。

37. 随机取物

桌子上物品数为5时，取走物品的个数是奇是偶概率一样，因为取0件和取5件的概率是相同的，取1件和取4件的概率也是相同的，取2件和取3件的概率还是相同的，最终算下来取奇数件和取偶数件的概率相同。

38. 扫雷游戏

8个位置有2颗地雷，则没有地雷的有6颗，所以任意点击8个按钮中的一个，则不是地雷的概率是$\frac{6}{8}=\frac{3}{4}$。

39. 体育知识竞赛

第三次翻牌获奖的概率为$\frac{5-2}{20-2}=\frac{1}{6}$。

40. 猜拳游戏

每个人出包袱的概率是$\frac{1}{3}$，所以在一个回合中三个人都出包袱的概率是$\frac{1}{3}\times\frac{1}{3}\times\frac{1}{3}=\frac{1}{27}$。

41. 闯关游戏

所有可能闯关情况，列表表示如下：

右边按钮 / 左边按钮	1	2
1	（1，1）	（1，2）
2	（2，1）	（2，2）

设两个1号按钮各控制一个灯泡，则闯关成功的概率是$\frac{1}{4}$。

42. 游戏公平吗

结果的情况有：1×1=1，1×2=2，1×3=3，2×1=2，2×2=4，2×3=6，3×1=3，3×2=6，3×3=9，4×1=4，4×2=8，4×3=12。数字之积为奇数的概率为：$\frac{1}{4}$，数字之积为偶数的概率为$\frac{3}{4}$，所以不公平。游戏规则可以变为若指针所指两区域的数字之和为奇数，则欢欢胜；若指针所指两区域的数字之和为偶数，则乐乐胜。

43. 元旦晚会

共有6种等可能的结果，两个转盘停止后指针所指区域的数字都为偶数的有1种情况，所以这个同学表演唱歌节目的概率为：$\frac{1}{6}$。

44. 打乒乓球

所有的情况如下：（心，心，心），（心，心，背），（心，背，心），（心，背，背），（背，心，心），（背，心，背），（背，背，心），（背，背，背）。所以出手一次就得到结果的概率为：$\frac{6}{8}=\frac{3}{4}$。

45. 好吃的粽子

吃到红豆粽的概率是$\frac{2}{10}=\frac{1}{5}$。

46. 暗箱

由题可得：$\frac{3}{a}=\frac{1}{4}$，所以a=12。

47. 黑白两球

四位数字，如个位和千位上的数字已经确定，假设十位上的数字是0，则百位上的数字即有可能是0~9中的一个，要试10次，同样，假设十位上的数字是1，则百位上的数字即有可能是0~9中的一个，也要试10次，依次类推，要打开该锁需要试10×10=100次，而其中只有一次可以打开，故一次就能打开该锁的概率是$\frac{1}{100}$。

48. 转弯的汽车

每辆车直行的概率是$\frac{1}{3}$，两辆车全部继续直行的概率$\frac{1}{3}\times\frac{1}{3}=\frac{1}{9}$。

49. 扑克牌游戏

抽出的牌的点数小于9有1，2，3，4，5，6，7，8共8个，总的样本数目为13个，由此的抽出的牌的点数小于9的概率为：$\frac{8}{13}$。

50. 转盘的选择

解：选择A转盘。

结果由画图可得：

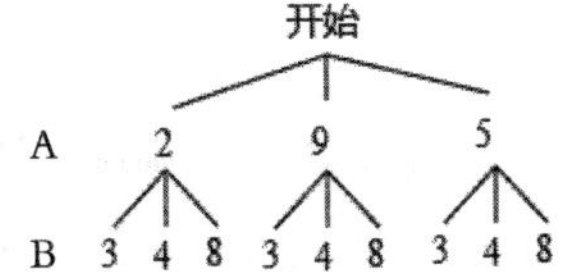

因为共有9种等可能的结果，A大于B的有5种情况，A小于B的有4种情况，所以选择A转盘。

51. 奥运福娃

一共有5×4×3×2×1=120（种）。

52. 单词顺序

5个字母排成一排有5×4×3×2×1=120（种）情况，由于有两个字母重复，所以有120÷2=60种情况，其中有一个正确的，所以小宝可能出现的拼写错误共有60−1=59（种）。

53. 小丑的服饰

一共有3×2=6（种）搭配。

54. 复杂的旅程

一共有20+6+8=34（种）不同走法。

55. 信号旗

根据挂信号旗的面数可以将信号分为两类。第一类是只挂一面信号旗，有红、黄、蓝3种；第二类是挂两面信号旗，有红黄、红蓝、黄蓝、黄红、蓝红、蓝黄6种。所以一共可以表示出不同的信号有3＋6＝9（种）。

56. 上台阶

登上第1级台阶只有1种登法。登上第2级台阶可由第1级台阶上去，或者从平地跨2级上去，故有2种登法。登上第3级台阶可从第1级台阶跨2级上去，或者从第2级台阶上去，所以登上第3级台阶的方法数是登上第1级台阶的方法数与登上第2级台阶的方法数之和，共有1+2＝3（种）…一般地，登上第n级台阶，或者从第（n−1）级台阶跨一级上去，或者从第（n−2）级台阶跨两级上去。所以如果登上第（n−1）级和第（n−2）级分别有a种和b种方法，则登上第n级有（a＋b）种方法。因此只要知道登上第1级和第2级台阶各有几种方法，就可以依次推算出登上以后各级的方法数。由登上第1级有1种方法，登上第2级有2种方法，可得出下面一串数：

1，2，3，5，8，13，21，34，55。

其中从第三个数起，每个数都是它前面两个数之和。登上第9级台阶的方法数对应这串数的第9个，即55种。

57. 相约看电影

如下图所示，从A到C有3种走法，从C到D有4种走法，从D到B有6种走法。因为从A到B是分几步走的，所以不同的路线共有3×4×6=72（条）。

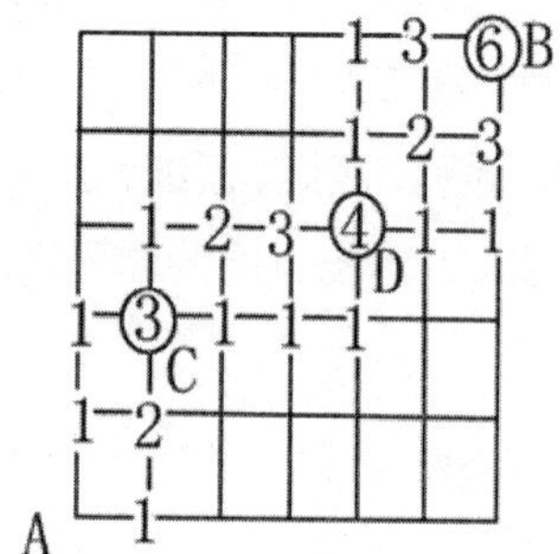

第七章 图形的拼割

1. 不规则切割

下面是一个不规则图形，你需要把以下图形切成两个完全一样的两部分，可以做到吗？试试看吧。

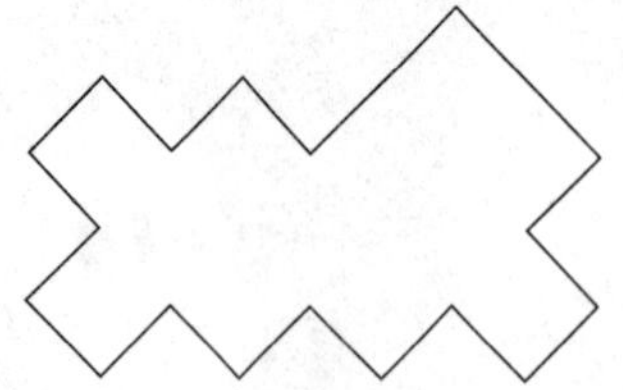

提示 找到切割图形的方法。

趣味馆

根据图形猜一种中医看病的方式？

（答案：切脉，图形像一个走动步的标志被一条直线切断）

2. 拼割火柴

下图是用10根火柴围成的图形，请用5根火柴隔出3等份完全相同的图形。

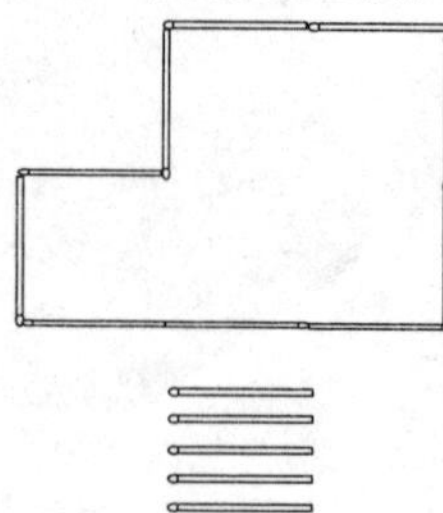

提示 根据条件分割图形。

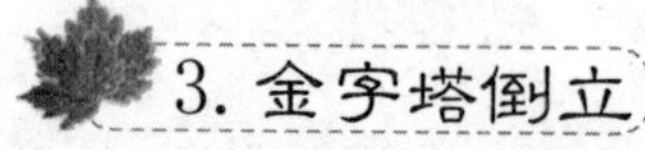

3. 金字塔倒立

在图1中，左边是用10根火柴排成的金字塔，右边是用10根火柴排成的倒立的金字塔。能不能只移动3根火柴，就把左边的金字塔变成右边倒立的金字塔？

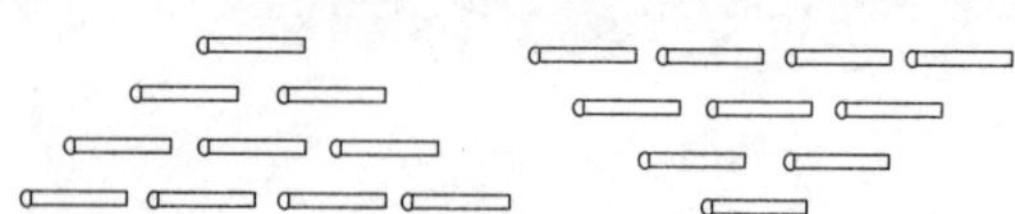

提示 找到图形移动的规律。

趣味馆

一个人被老虎穷追不舍，突然前面有一条大河,他不会游泳，但他却过去了，为什么？

（答案：他晕过去了）

4. 分割月牙

怎样用两条直线把下面的月牙分成六个部分？

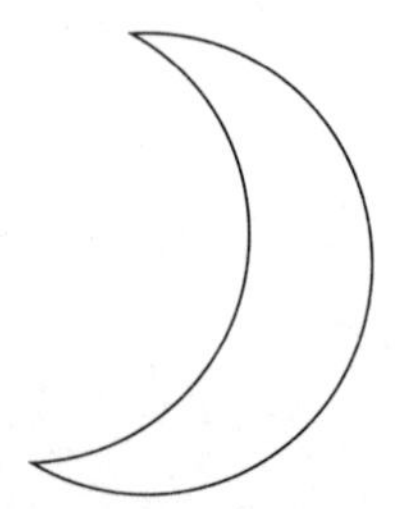

提示 均分图形。

5. 分割三角形

长方形上有不少美丽的三角形图案，请画一条直线将长方形分成两部分，使每部分的面积、形状和所包括三角形的数量都相等。

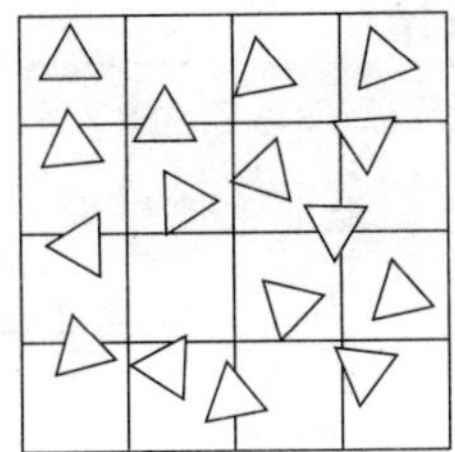

均分图形。

趣味馆

两个盲人怎么分饼？

（答案：瞎掰）

6. 组装船

甲图的图形组合起来，可以拼成乙图的那条船。但甲图中有一块拼板是多余的，你知道是哪一块吗？

提示 找出多余的拼板。

7. 切西瓜

用刀切西瓜，只能切三下，要切出七块西瓜八块皮来，你知道怎样切吗？

找到切西瓜的方法。

怎样才能把不知道变为知道呢？

（答案：把"不"字去掉）

8. 分成全等的图形

将下图分成全等的两块，应当怎样分？

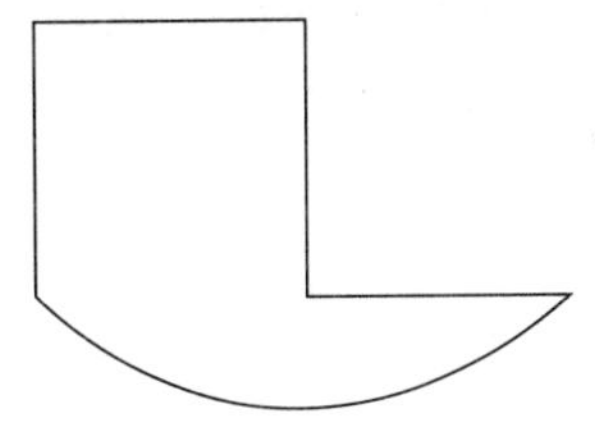

均分图形。

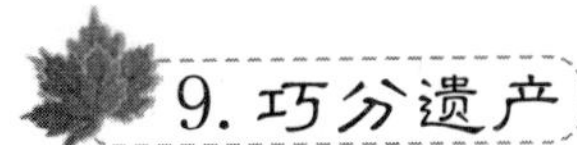

9. 巧分遗产

四户农民要平分下图的土地、房屋和树木。请问：怎么样分才能使四位农民每人都分到相同面积的土地、房屋和树木。

提示 均分土地。

趣味馆

弟弟得意地对姐姐说：家里有一处地方，只有我能坐，你永远坐不了，弟弟说的是什么？

（答案：姐姐的腿上）

10. 扩建土地

如图，一块菱形的土地的四个角上都栽有一棵果树。如何不移栽果树，使土地的面积扩大一倍？

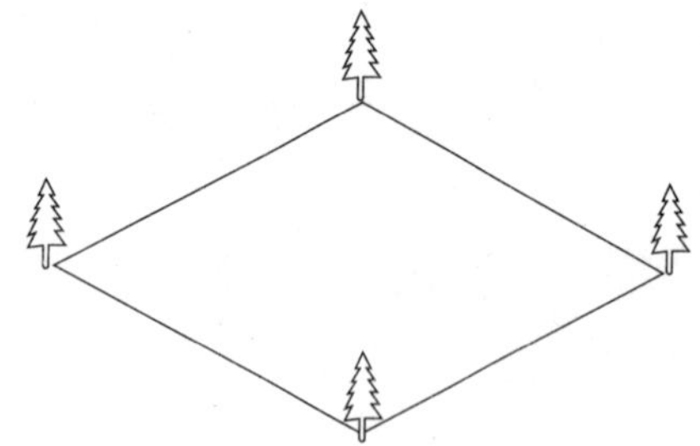

提示 扩大图形。

11. 不可思议的正方形

下图是一个奇形怪状的“十字形”。你能只切两刀就把它分为四部分，再拼成一个规则的正方形吗？

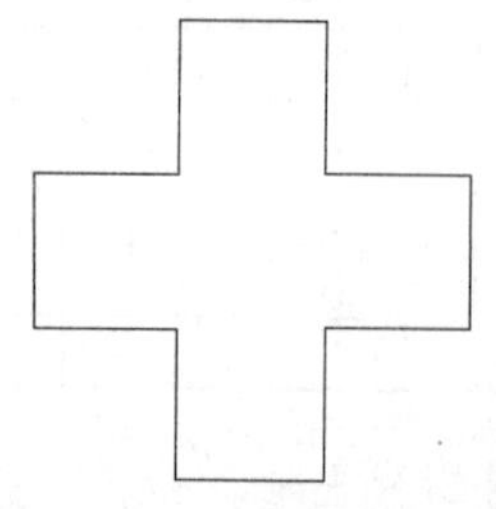

提示 分割然后再拼凑图形。

趣味馆

老师在黑板上写了个8，问：8能被2、4、8除尽以外，还能被谁除尽？

（答案：黑板擦）

12. 拼肥猪

你能把图中大小不等的8个圆圈，拼出一头大肥猪的头像吗？

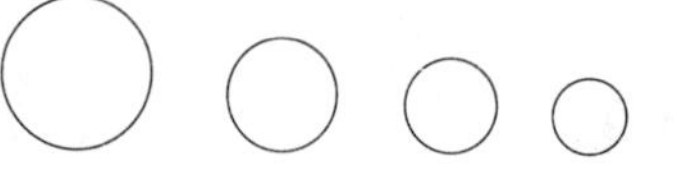

提示 趣味拼凑。

13. 有趣拼图

这里有3个大小不等的圆圈和三条线段，请你细心地把它们组织起来，拼成有趣的图画来。

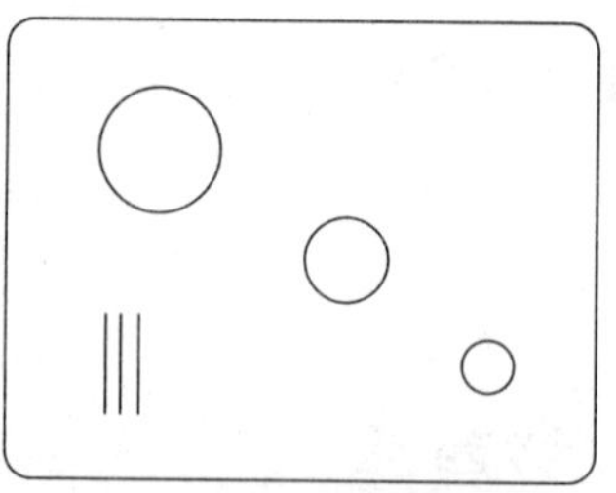

提示 趣味拼图。

趣味馆

一条河的平均深度是1米，一个小孩身高1.4米，他虽然不会游泳，但肯定不会在这条河里淹死，你说对吗？

（答案：不对，因为是平均深度，有的地方也可能超过1.4米）

14. 拼出五角星

请把下图画线分成5等份，再剪成五块，拼成一个五角星。

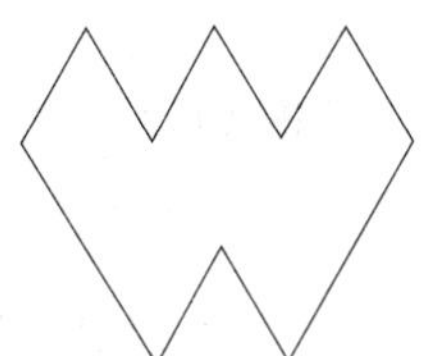

提示 平分再拼凑。

15. 巧分图形

下图中把16个相同的小正方形分成形状相同、大小相等的两块，使每一部分各含有一个△，一个□，一个○，怎么分？

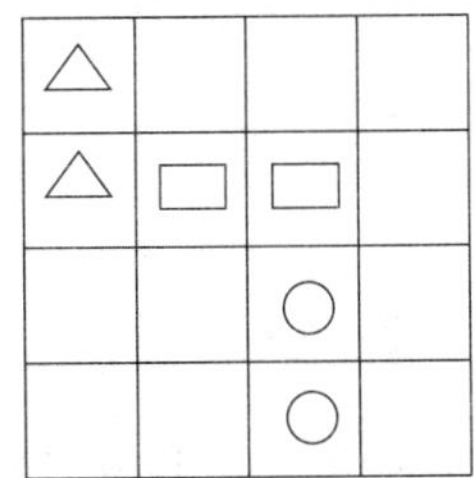

提示 平分图形。

趣味馆

三人共撑一把小伞在街上走，却没有淋湿，为什么？

（答案：没有下雨）

16. 拼剪图形

像下图这样的纸是由16个相同的小正方形组成的，请用剪刀只裁一下，把阴影部分和空白部分分割开。

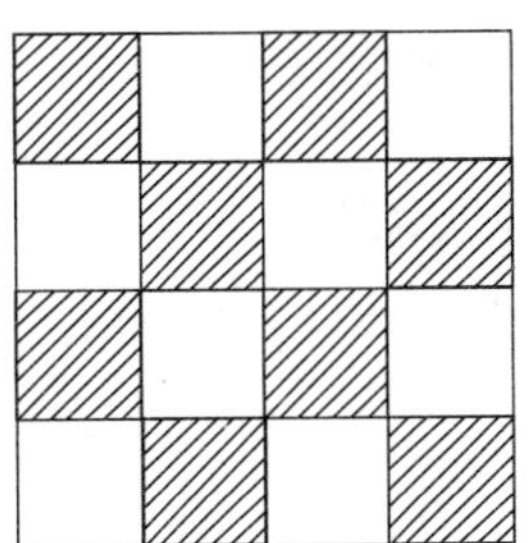

提示 分割阴影和空白部分。

17. 妙分钟面

见下图，把钟面分成三部分，使每部分所有数的和相等，怎么分？

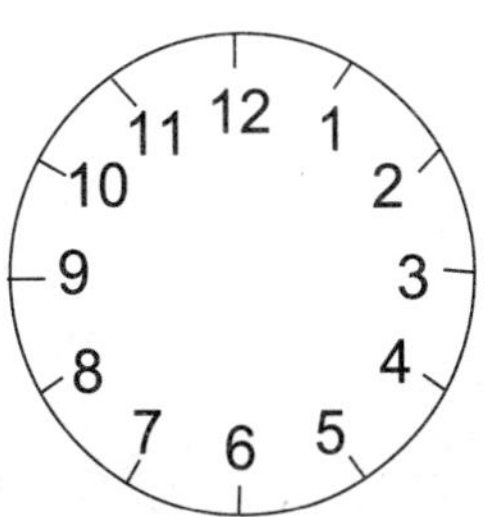

提示 分成三个数字和相等的部分。

趣味馆

Ⅸ—这个罗马数字代表9，如何加上一笔，使其变成偶数？

（答案：前面加S，SIX就是6的意思。）

18. 折纸的妙用

小纸条变五角星。不用圆规和直尺，只用一张长方形小纸条来帮助，你能裁出一个标准的五角星吗？

提示 折纸的帮助。

19. 符号分组

把正方形图划分成形状相同、大小相等的四份，使每份中都有+、-、×、÷运算符号，怎么分？

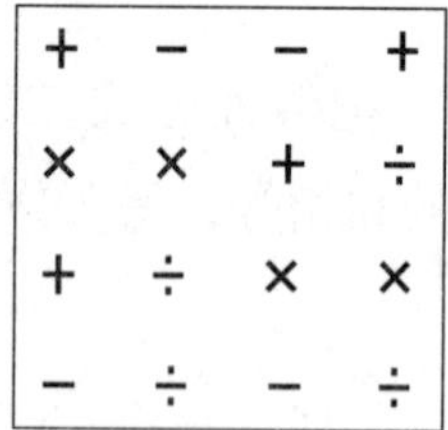

+	-	-	+
×	×	+	÷
+	÷	×	×
-	÷	-	÷

提示 均分图形。

趣味馆

天上有10个太阳，为什么后羿只射下9个？

（答案：他不想摸黑回家）

20. 积木拼图

下图的五块积木可以拼成一个汉字“上”，你知道怎么拼吗？

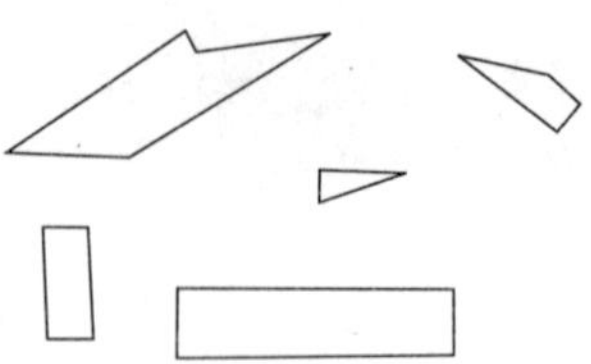

提示 拼凑图形。

21. 寻找丢失的伙伴

下图中的图形如果拼凑得当就可以拼成一个圆形，但现在缺失了一块，请从A、B、C、D中找出来丢失的小伙伴吧？

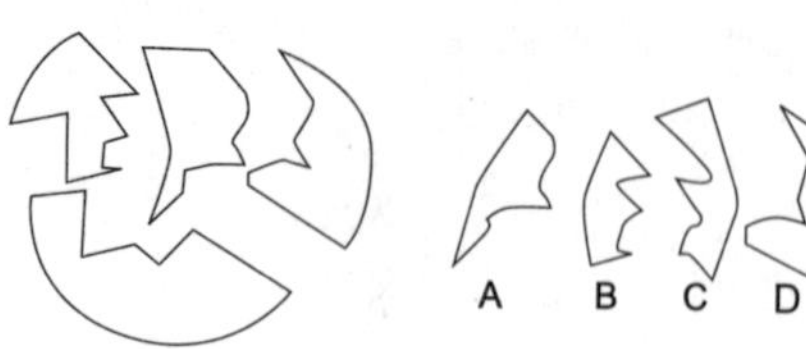

提示 找出相配的图形。

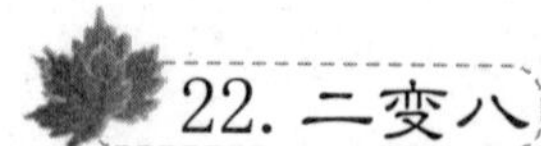
趣味馆

有两人一人向西，一人向东背对背站着，他们要走多远（直走）才能见面？

（答案：每人后退一步）

22. 二变八

不能把火柴折断，只能用两根火柴拼成八个三角形，应该怎么拼？

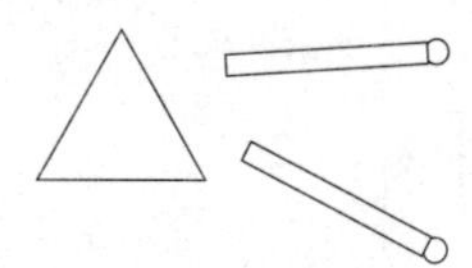

提示 找到火柴棍与几何图形的关系。

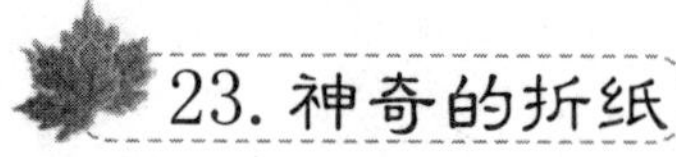

23. 神奇的折纸

把一张长方形的纸片裁开两处折成下图的效果，要求不能使用胶水和胶带，你能做到吗？

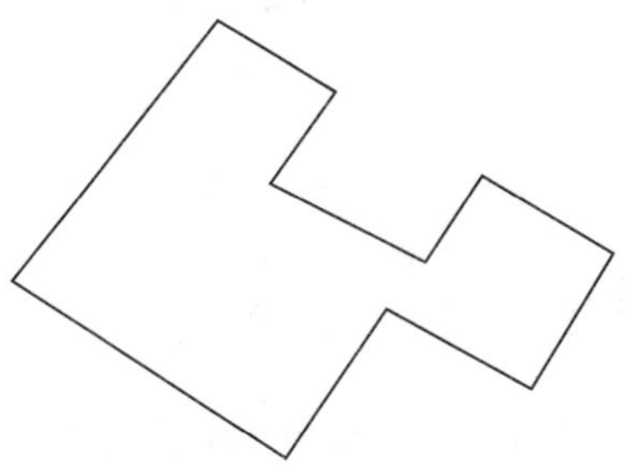

提示 折剪长方形。

趣味馆

一艘在海面上行驶的大船边上挂了一架软梯，离海面15米，海水每两个小时上涨15厘米，请问，几个小时以后海水会淹没软梯？

（答案：水涨船高，永远不会淹没）

24. 智力拼图

给出了3组零散图形，问可拼成下图的哪一图形？

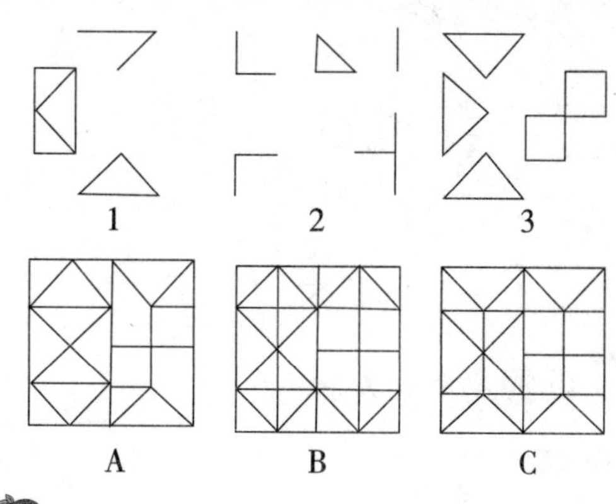

提示 拼凑图形。

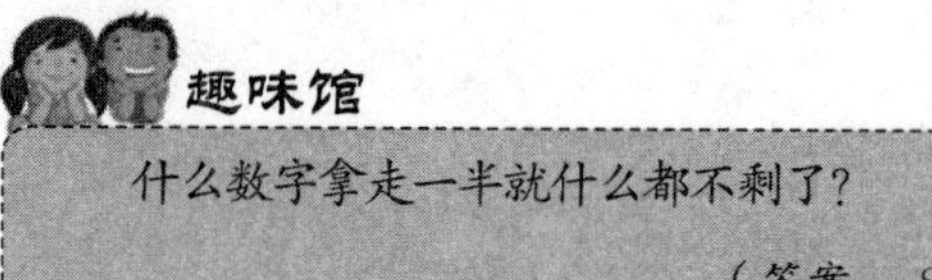

趣味馆

什么数字拿走一半就什么都不剩了？

（答案：8）

25. 有图案的盒子

用下图中有图案的纸板折成一个盒子，折成的盒子应该是什么样的？

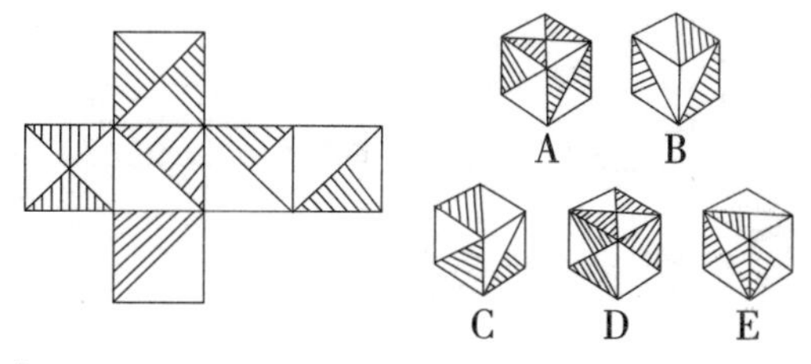

提示 折叠方盒。

26. 六角星大变身

下图是一个六角星，如何把它拼成一个长方形呢？

提示 拼凑长方形。

趣味馆

一条河上有两座桥，一高一低，为什么高的一年被淹两次，低的却只被淹一次？

（答案：高的桥在上游）

要翻面？

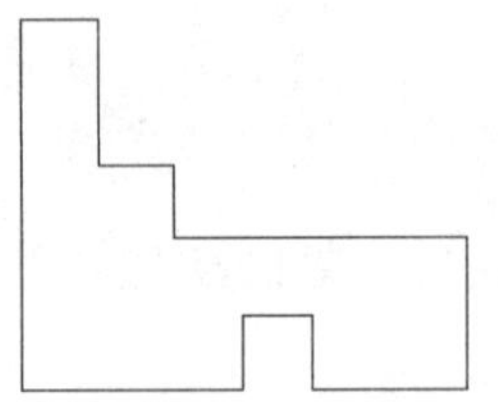

提示 拼凑长方形。

趣味馆

农夫带着刚刚收获的西瓜到市场上卖，他卖掉了一半的西瓜，没多久又卖掉了半个，最后剩下一个西瓜，请问原来一共几个西瓜？

（答案：3个）

27. “日”字变身

图1是一张“日”字的卡片，怎样只裁一刀，就把它变为图2的样子呢？

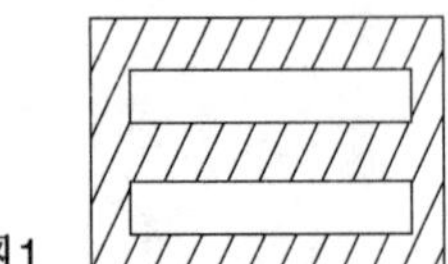
图1

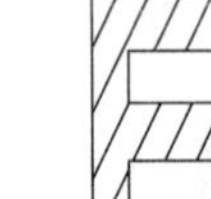
图2

提示 裁卡片拼图形。

28. 拼割长方形

下图是一块不规则的有机玻璃板，请想想怎样才能把玻璃板切成两块，并把它拼成一个3×5的长方形，而且不需

29. 老农分地

老农要给他的4个儿子分田地，又怕儿子们以后闹矛盾，所以他打算分的这4块土地大小和形状都必须相同，该怎样分呢？

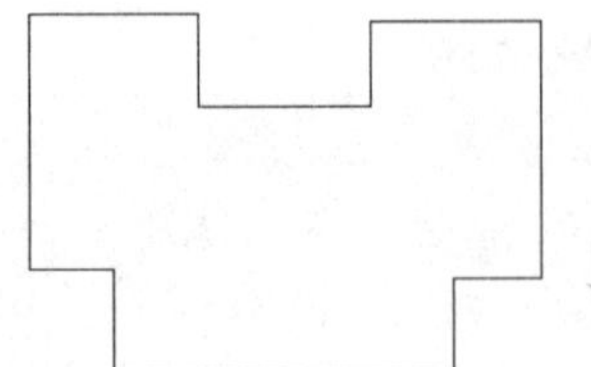

提示 均分图形。

30. 花瓣变圆月

马上要举行中秋节晚会了，同学们在布置教室时发现，虽然是中秋节晚会，可竟没有月亮做装饰，于是同学们就

决定用如下图中的一个花瓣形的剪纸，只裁两刀变一个圆月出来，你知道怎么裁吗？

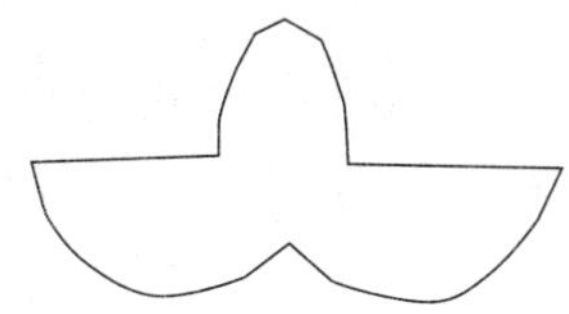

提示 拼凑图形。

趣味馆

有一个人的岁数是另一个人的840倍，而且这两个人现在都还活着，你相信吗？

（答案：相信，一个70岁的老人的年纪就是一个月大的婴儿的840倍）

31. 璀璨的钻石

把下图左边那种缺$\frac{1}{4}$的正方形裁成若干块，就可以拼成下图右边那种钻石形状。

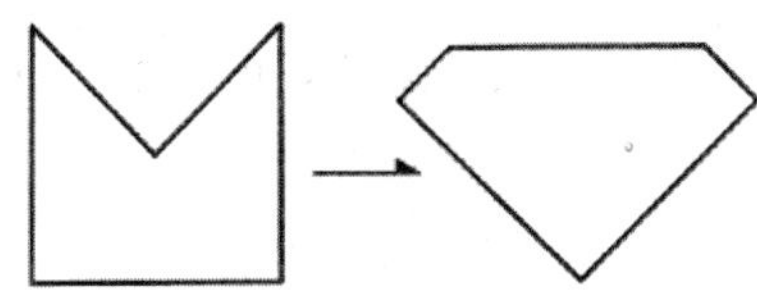

比如，下图就是把它裁成四块后拼成的。请问最少需要裁成多少块？

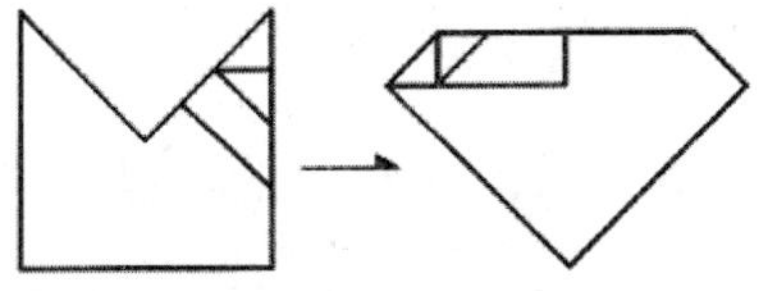

32. 图形四均分（1）

请将下边的图形分成大小和形状相同的四块。

注意：只找到一种分法还不够，要找到四种耶！

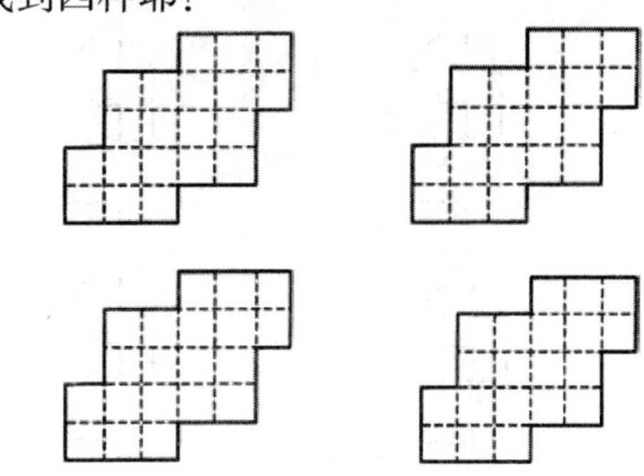

33. 图形四均分（2）

请将下面的图形分成大小和形状相同的四块。

注意：只找到一种分法还不够，要找到四种耶！

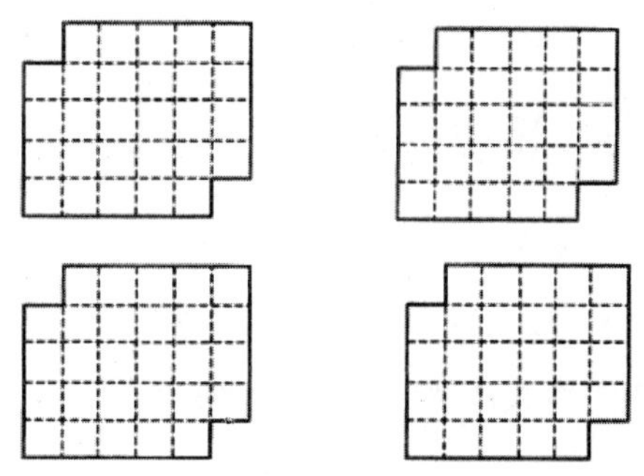

34. 巧分动物

你能把下面这个图形，沿着虚线分成

形状相同、面积相等的4等份，而且在每个等份中都有6种不同的动物吗？

35. 拼正方形（1）

将如下图所示的图形分成两块，然后拼成一个正方形。

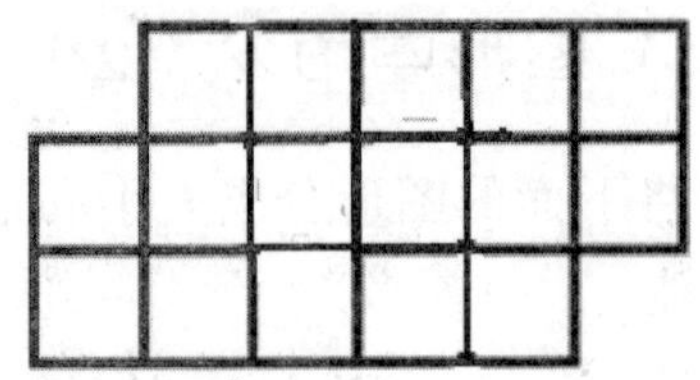

36. 拼正方形（2）

老农要给他的4个儿子分田地，又怕儿子们以后闹矛盾，所以他打算分的这4块土地大小和形状都必须相同，该怎样分呢？

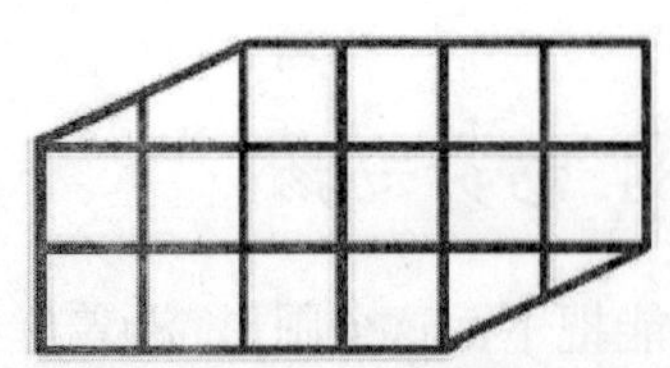

37. 地毯切割

小丽家有一块长6米、宽3米的长方形地毯，由于搬新家，现要把它放到长4.5米、宽4米的房间中，能否将它剪成形状相同，大小相等的两块，使其正好铺满房间？

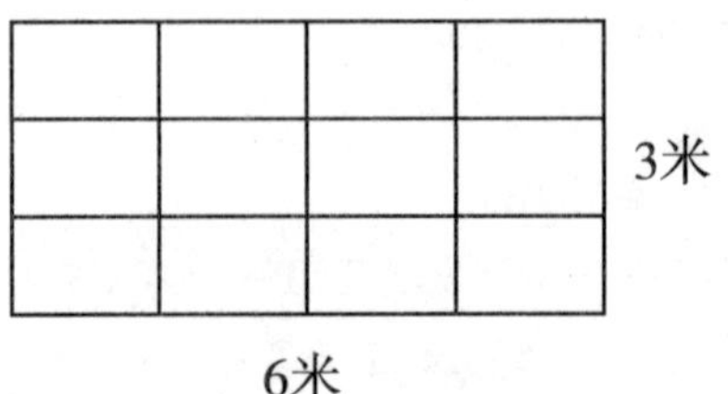

38. 干掉正方形

把20个硬币按图排列。连接各硬币的中心，共可得到21个正方形(图中仅为一个实例)，请取掉一些硬币，使这些正方形全部不存在，当然，要保证取掉的硬币数最少。怎么办才好呢？最少去掉多少个？

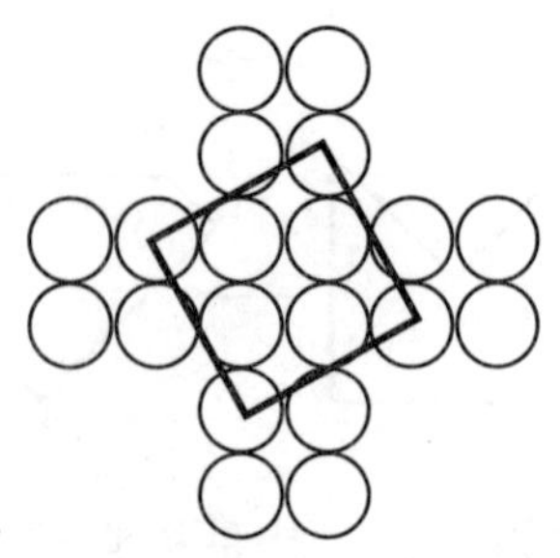

39. 奇妙的偶数列

如图所示，在4×4的棋盘上摆好10

个硬币。于是，图中纵向、横向及45度角斜向上的硬币数为偶数的排列共有8组。通过改变这10个硬币的位置，可以增加和减少偶数排列的数量。请问最少能有多少组，最多能有多少组。

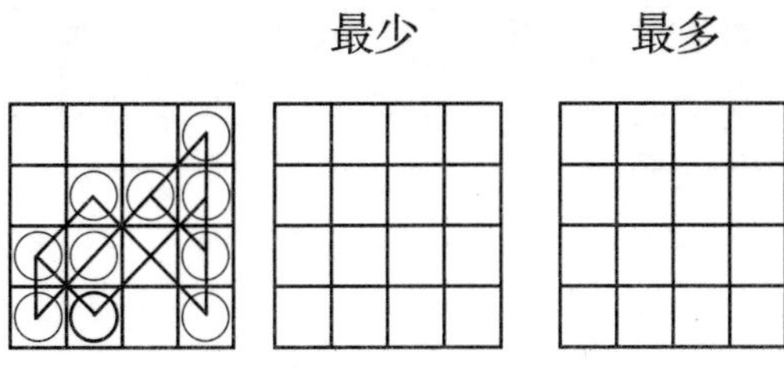

40. 五个正方形的拼图

把五个正方形边缘相接，可以组合出以下12种图形。如果一个图形翻过来与另一个相同，则视为同一个图形。

请从这12个图形中选出2个，拼成右边的图形。当然，拼图时可以把某个图形翻过来用。请问共有（　　）种答案。

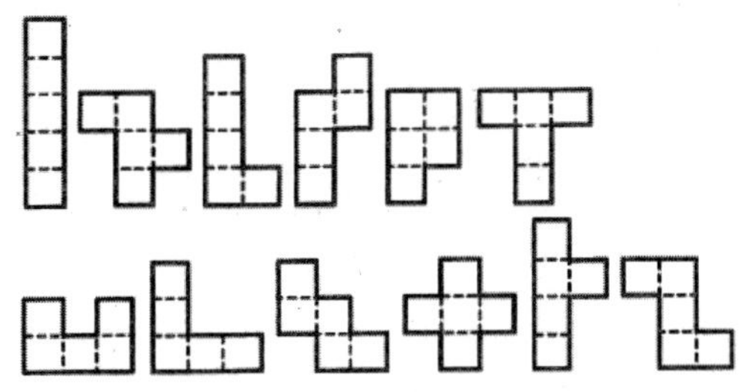

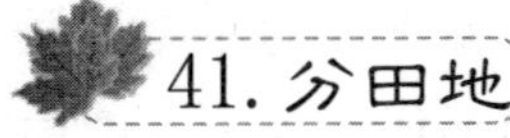

41. 分田地

如下图所示，在一块长方形的地里有一正方形的水池，试画一条直线把除开水池外的这块地平分成两块。

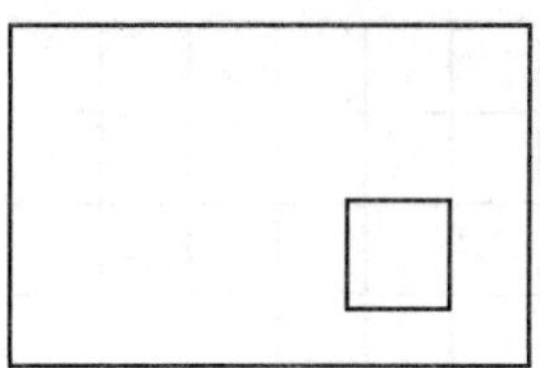

42. 分梯形

下图是由三个正三角形组成的梯形。你能把它分割成4个形状相同、面积相等的梯形吗？

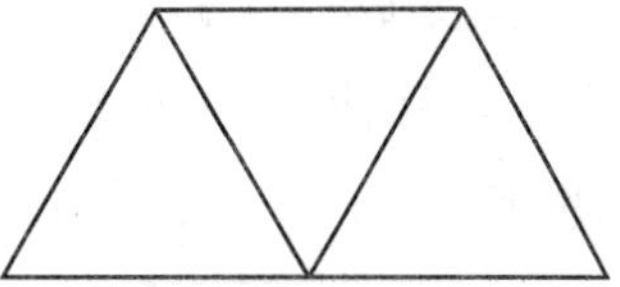

43. 有限分图（1）

将下图分割成大小、形状相同的三块，使每一小块中都含有一个○。

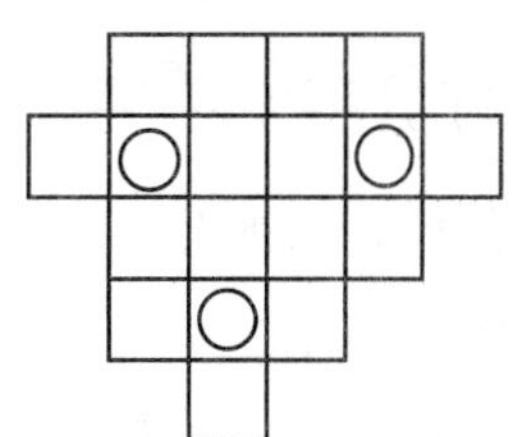

44. 有限分图（2）

请把下面这个长方形沿方格线裁成形状、大小都相同的4块，使每一块内都

含有“奥数读本”这四个字中的一个，该怎么裁？

	奥	数			
			读	本	

45. 学习思考

学习与思考对小学生的发展是很重要的，学习改变命运，思考成就未来，请你将下图分成形状和大小都相同的四个图形，并且使其中每个图形都含有“学习思考”这四个字，应怎样分？

思	学	思	考
考	学	习	习
习	思	考	思
习	学	考	学

46. 神奇的等腰直角三角形

用同样大小的四块等腰直角三角板，能否拼出一个三角形、一个正方形、一个长方形、一个梯形、一个平行四边形五种图形？若能，画出示意图？

47. 拼出正方形

下面哪些图形自身用4次就能拼成一个正方形？

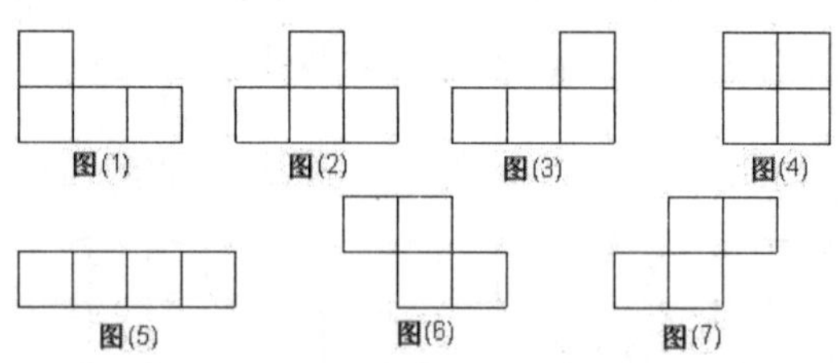

48. 聪明的木匠

肖松家有一块如下图所示的长方形木板，长方形的长、宽分别为1.2米、0.9米，正中央开有小长方形孔，长为0.8米，宽为0.1米，木匠想利用这块木板拼成面积为1平方米的正方形桌面，当然了为了不把木板分的太碎，切割的块数就要尽可能的少，那么你知道木匠是如何切分的呢？

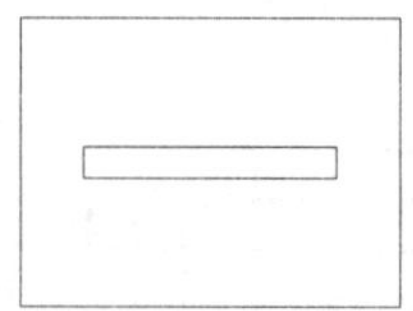

49. 铺地板工人的挑战

铺地板的人往往有这种习惯。比如铺四块半地板时会像下面的左图那样铺，绝不会铺成右图那样。因为右图中有十字交叉接缝。

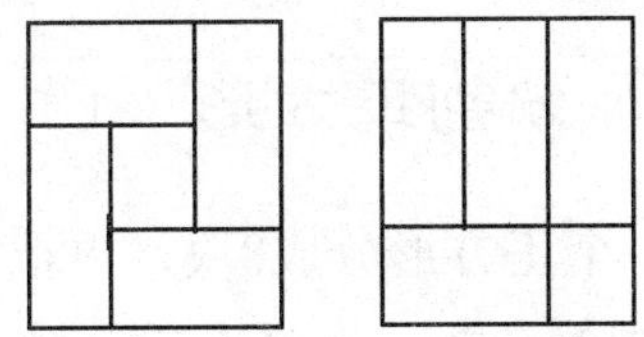

现在有一个0.8×1.2的小储物间，要嵌入32块规格为0.1×0.3的木地板。如何铺?

要求是：接合处不能有十字交叉接缝。

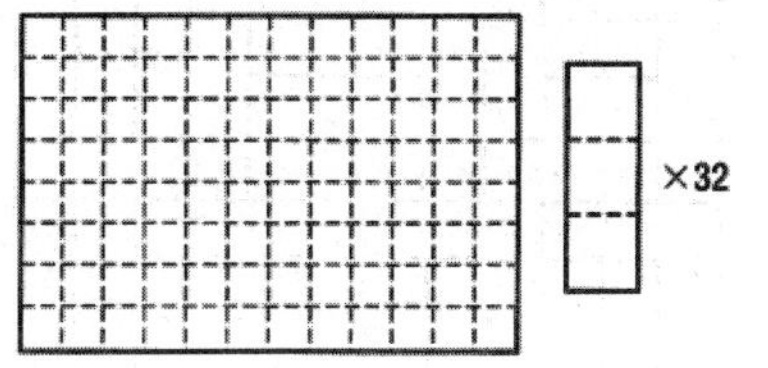

50. 嵌硬币

如下图，把直径为2厘米的硬币嵌进圆圈中，直径为4厘米的圆圈最多可以嵌进2个，直径为6厘米的圆圈最多可以嵌进7个。那么，直径为8厘米的圆圈中最多可以嵌进多少个硬币呢?

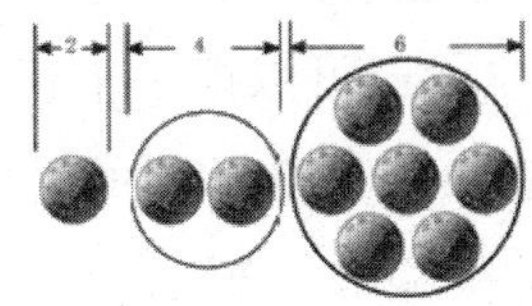

51. 不规则对称图形的均分

请把下面的图形分成全等的两块。

52. 用圆弧分图形

把下图中的图形分成全等的两块，要注意分割线不一定是直线噢!

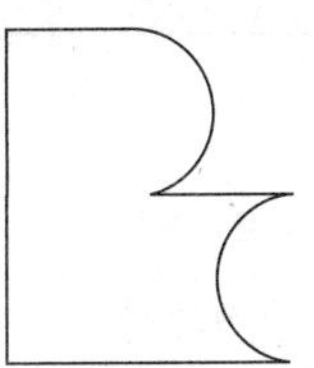

53. 小孩分饼

妈妈做了三张厚薄一样的烙饼，但是大小不一（如下图）。其中最大的一个的面积等于最小和中间的面积的和。现在要把这三个饼分给四个孩子，要求不仅使每人所得的一样多，而且还要使三个孩子拿到的都只是一块，而只有一个孩子拿到两块。想一想，该怎样分?

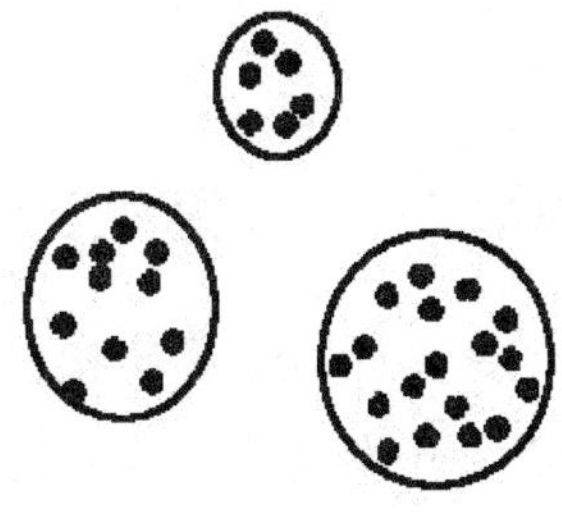

54. 不规则图形8等分

把下图裁成形状、大小相等的8个小图形，怎么裁?作出分出的小图形。

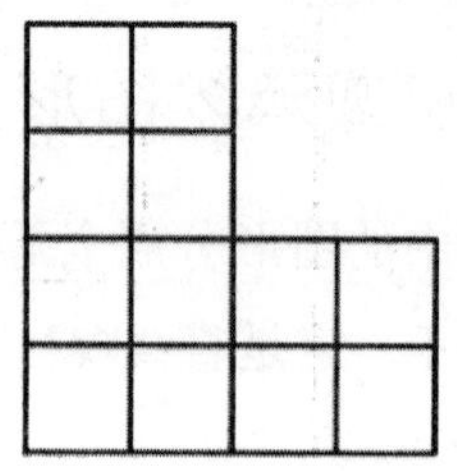

55. 棋盘切割

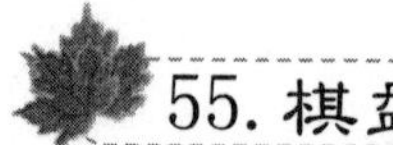

如下图所示的正T方形是由36个小正方格组成的。如图那样放着4颗黑子，4颗白子，现在要把它切割成形状、大小都相同的四T块，并使每一块中都有一颗黑子和一颗白子。试问如何切割？

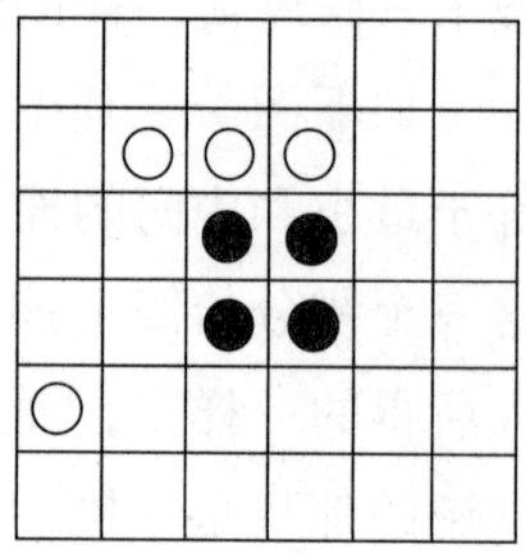

56. 直角三角板的拼图

用四块相同的不等腰的直角三角板，拼成一个外面是正方形，里面有正方形孔的图形（可以重叠）。

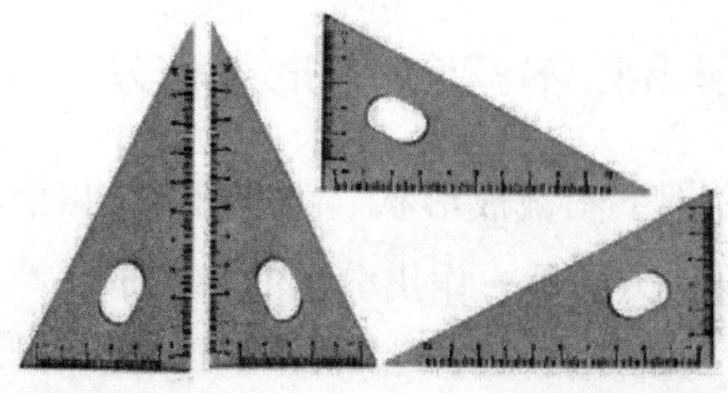

57. 分割正方形（1）

把一个正方形分成8块，再把它们拼成一个正方形和一个长方形，使这个正方形和长方形的面积相等。

58. 分割正方形（2）

在正方形内用4条线段作“井”字形分割，可以把正方形分成大小相等的9块，这种图形我们常称为九宫格。

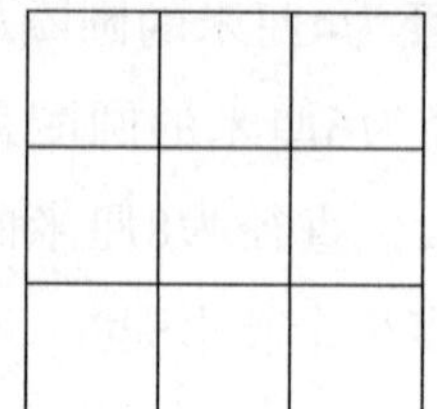

用4条线段还可以把一个正方形分成10块，只是和九宫格不同的是，每块的大小不一定都相等。那么，怎样才能用4条线段把正方形分成10块呢？请你先动脑筋想想，在动脑的同时还要动手画一画，手和脑同时参与活动，才能互相弥补不足，更快地寻找出答案。其实，正方形是不难分割成10块的，下面就是其中两种分割方法。

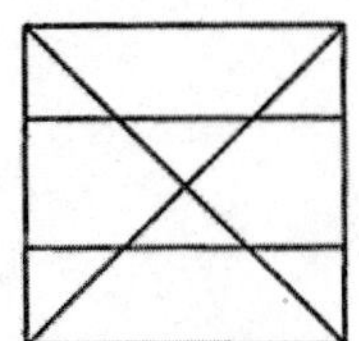

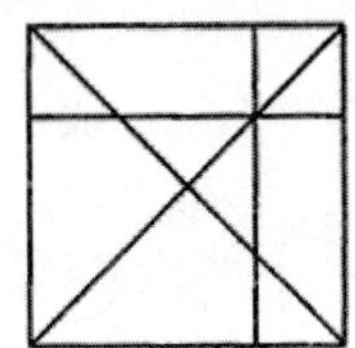

想一想，用 4 条线段能将正方形分成 11 块吗？应该怎样分？请你画一画。

试用图中的8个相等的等腰直角三角形，拼成图中的空心正八边形和空心正八角星。

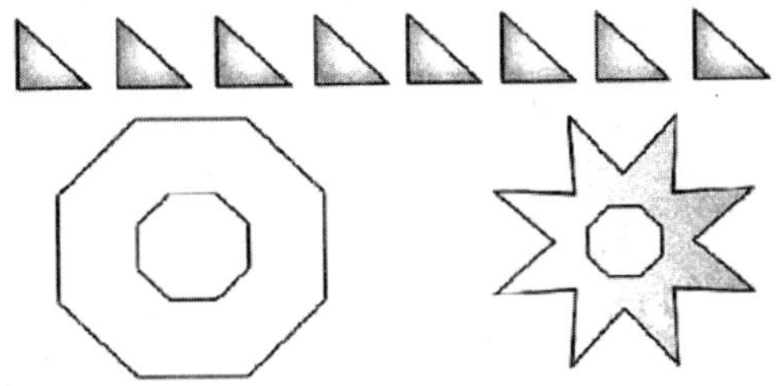

何必累死

传说有一个叫巴霍姆的人想到草原上买一块地。他问："价钱如何？"卖主答："一天1000卢布。"意思是如果你愿出1000卢布，那么你从日出始至日落止，走过的路所围住的土地就归你所有；倘若你在日落之前回不到出发的地方，你的钱就白花了。巴霍姆觉得很划算，于是他就给卖地人1000卢布。第二天，太阳刚刚从地平线露面，他就立即在大草原上狂奔起来。他奔的路线大致如图1所示。为了不使自己的1000卢布白费，他用尽全身力气，总算在太阳全部消失前的一刹那，赶到了出发地点（A点），可是还没站稳，就口吐鲜血，向前一扑，再也站不起来了。

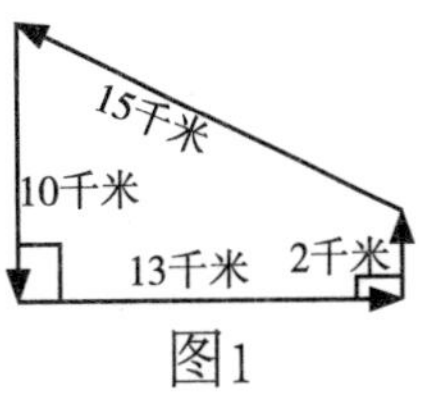

图1

可以看出，巴霍姆共跑了40千米的路，他所围住的是一个梯形。计算其面积为 $\frac{(2+10)\times 13}{2}$ =78（平方千米）。如果他围住的是一个正方形，则面积为$(\frac{40}{4})^2=100(km^2)$。如果他围住的是一个圆，则面积为$(\frac{40}{2\pi})^2=\frac{400}{\pi}(km^2)$。贪婪而又愚蠢的巴霍姆，为了78平方千米的土地而活活累死，倘若他有一点数学头脑，跑前冷静地想一想、算一算的话，又何必累死呢！其实，我们在解答某些数学问题时，如果不仔细观察，认真分析，运用技巧，那么，毫无疑问，你将是巴霍姆第二。

第七章　答案

1. 不规则切割

图形像下面那样切成全等的两半：

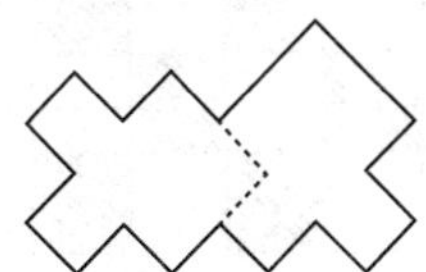

2. 拼割火柴

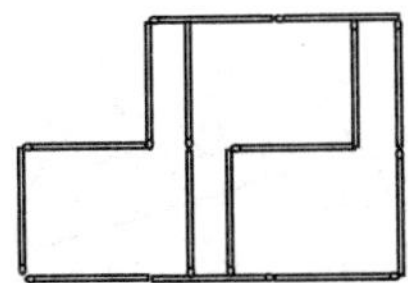

3. 金字塔倒立

本题答案见图2，图中的虚线表示移动的火柴。

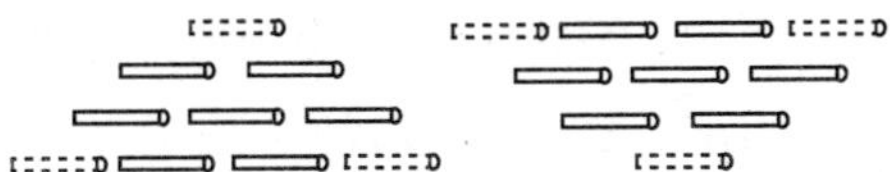

4. 分割月牙

5. 分割三角形

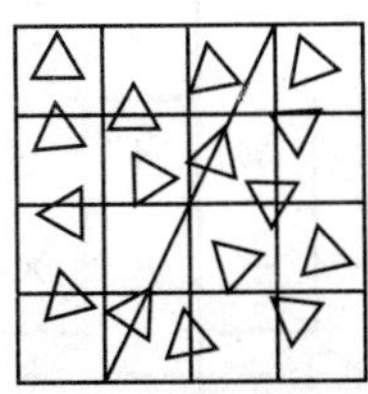

6. 组装船

E是多余的。

7. 切西瓜

只要按照下面图形的三条直线切就行了。

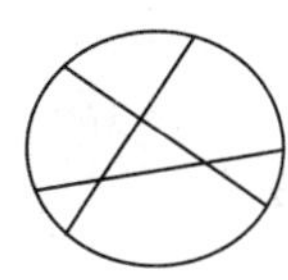

8. 分成全等的图形

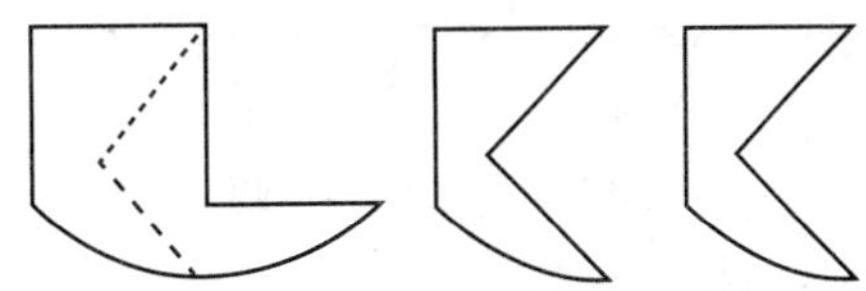

9. 巧分遗产

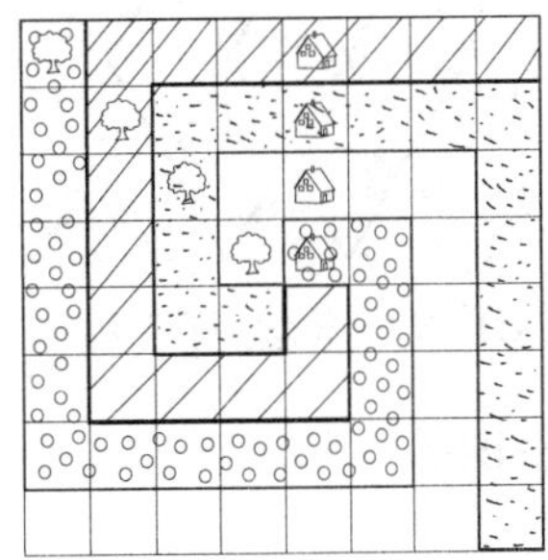

10. 扩建土地

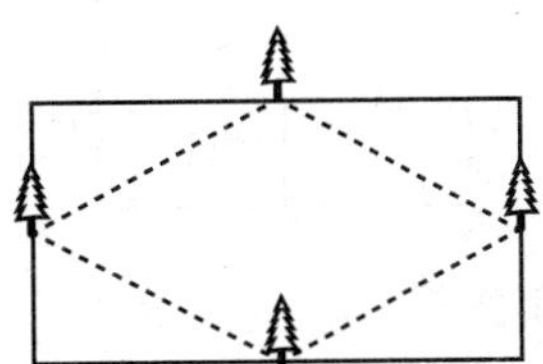

11. 不可思议的正方形

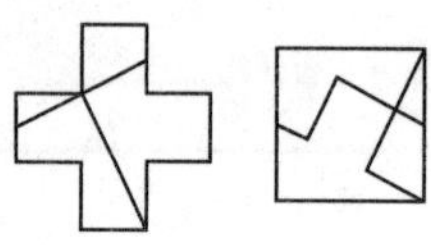

12. 拼肥猪

13. 有趣拼图

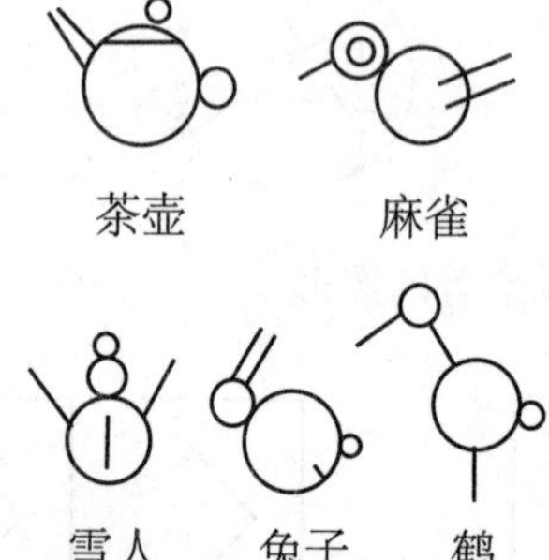

14. 拼出五角星

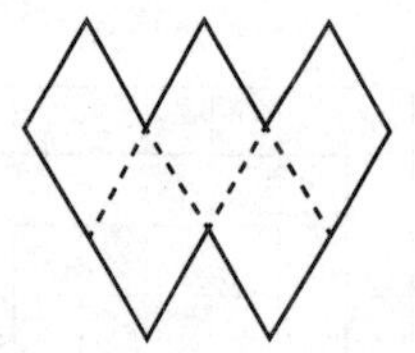

把上面5块重新组合，即可得五角星。

15. 巧分图形

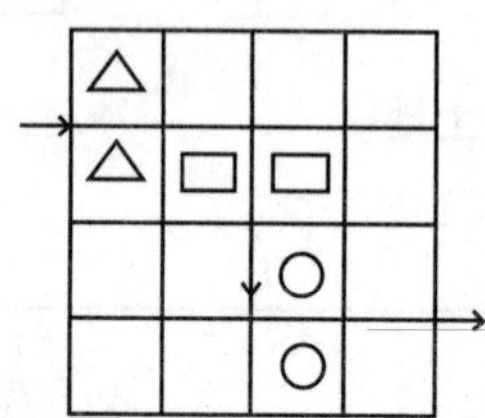

16. 拼剪图形

如图，裁法：(1)沿AB、CD线对折，得长方形；(2)沿A′B′、C′D′线对折，得正方形；(3)沿正方形对角线对折，得等腰直角三角形；(4)沿直角三角形斜边上的高对折，得新等腰直角三角形；(5)沿新直角三角形斜边上的高裁一下，便可完成。

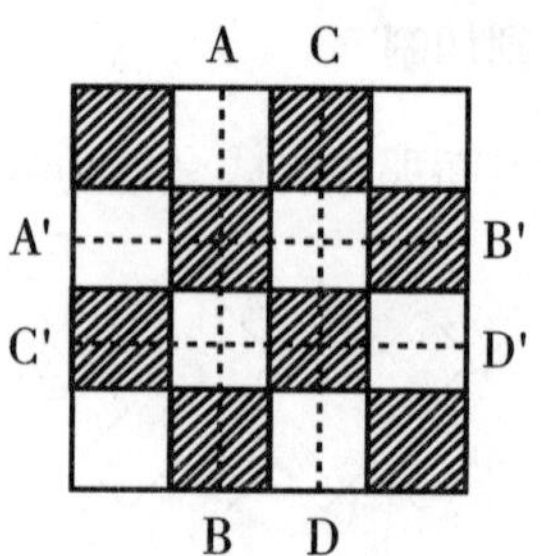

17. 妙分钟面

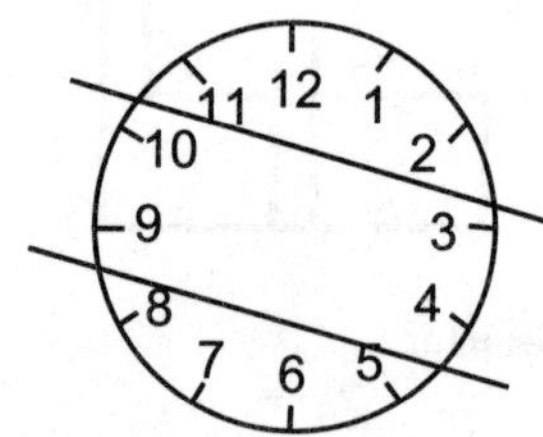

18. 折纸的妙用

裁一条长方形的纸条，宽2厘米，长20厘米。打一结[见图(a)]，轻轻地抽紧压平[见图(b)]。连接四根对角线[见图(c)]，就是一个标准的五角星。

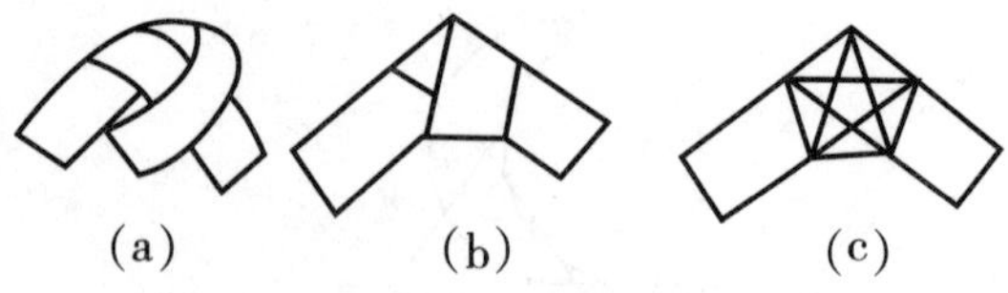

19. 符号分组

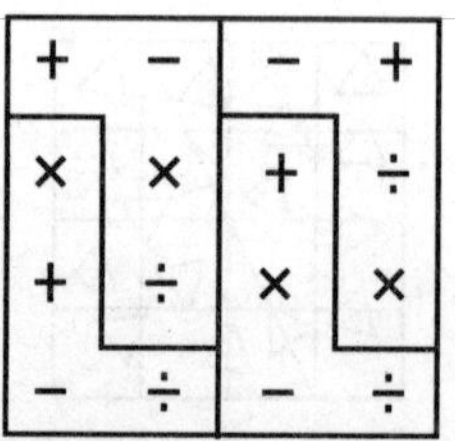

20. 积木拼图

如下图：

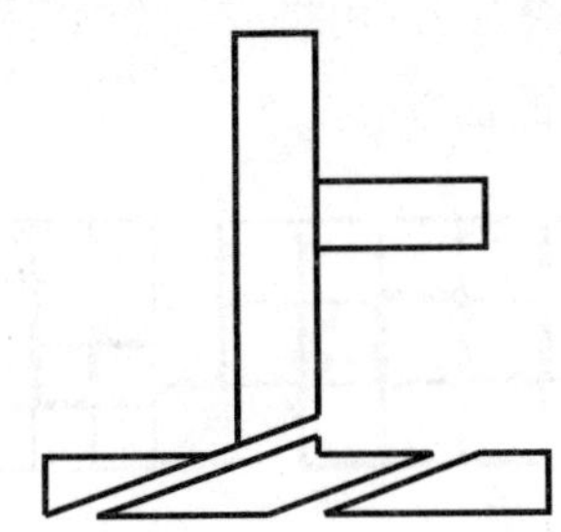

21. 寻找丢失的伙伴

答案是B。

22. 二变八

将两根火柴棒底端的正方形对齐，然后将其中的一根转动45度角即可。

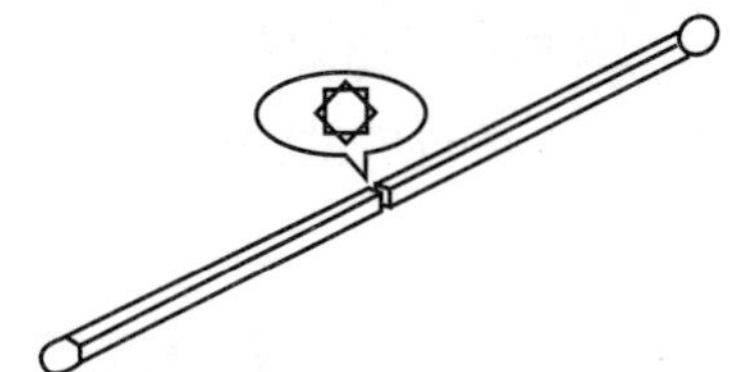

23. 神奇的折纸

你可以从长的一边裁开约$\frac{1}{3}$，向下折，把它折在反面，剩下的就容易了。是不是很简单。

24. 智力拼图

A图。

25. 有图案的盒子

C。

26. 六角星大变身

如图，将六角星的上下两个角裁下来，一分为二，拼到左右两个缺口上。

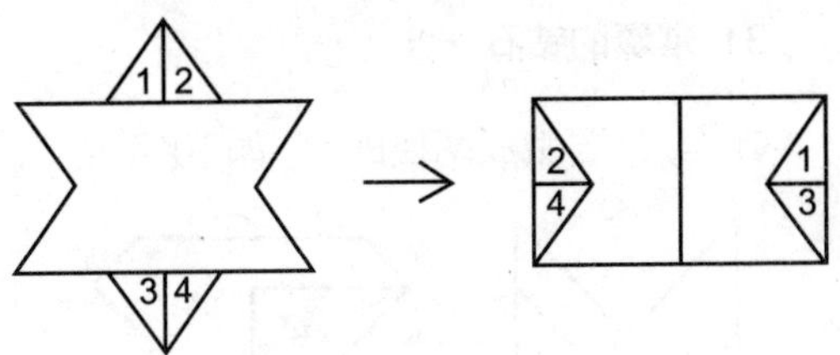

27. “日”字变身

只要将图1沿虚线裁出一个等腰三角形，将等腰三角形的反面翻过来拼上去，就变成了另一张如图2的卡片了。

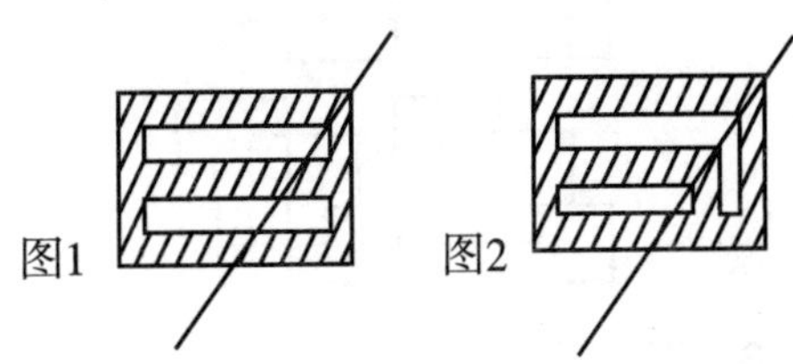

28. 拼割长方形

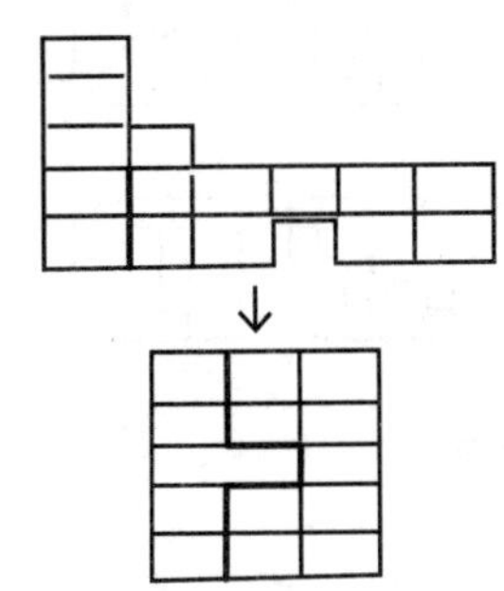

29. 老农分地

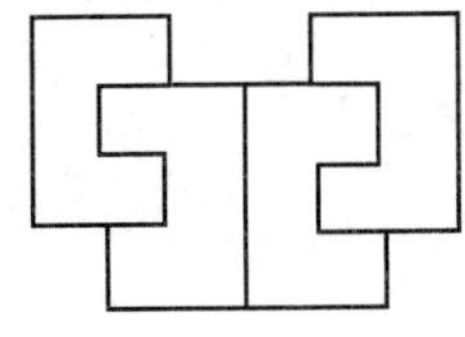

30. 花瓣变圆月

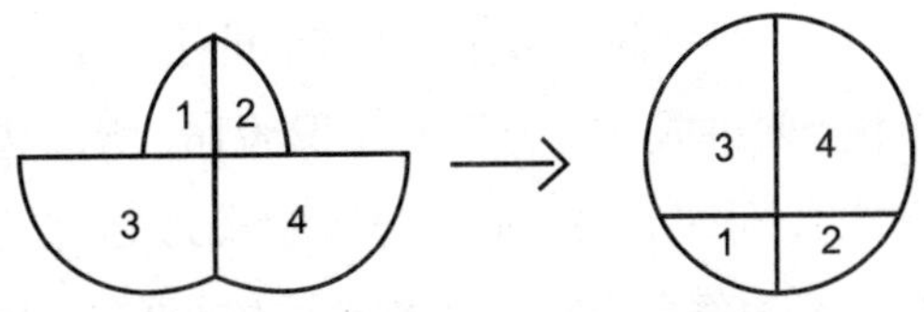

31. 璀璨的钻石

其实，只要裁成两块即可，如下图。

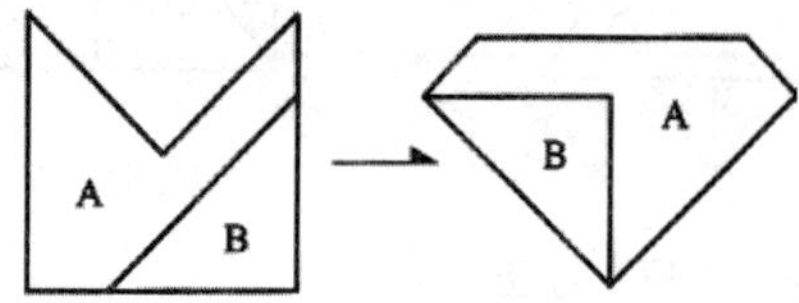

32. 图形四均分（1）

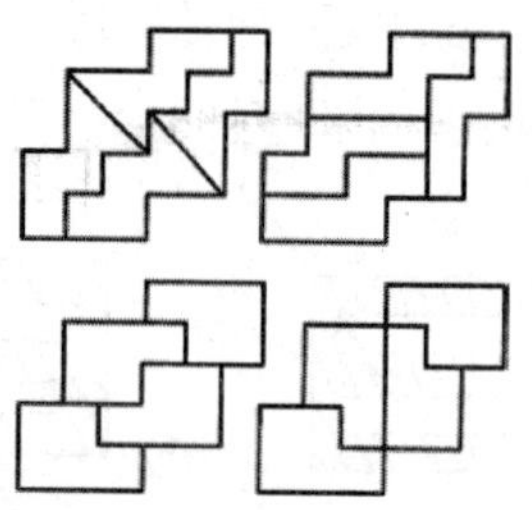

33. 图形四均分（2）

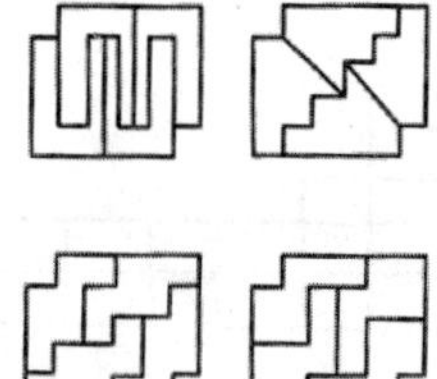

34. 巧分动物

35. 拼正方形（1）

如果我们假设每个小正方形的边长是1个单位，要拼成的正方形的面积为16，所以边长为4，而这个缺角的长方形的长为6，宽为3，切分后将右边向左平移2个单位，再向上平移1个单位，作切分时应注意到缺角的特点。

沿下图左图的粗线将原图分裁开，把右块推至左块之上，可拼成一个如下图右图那样边长为4的正方形。

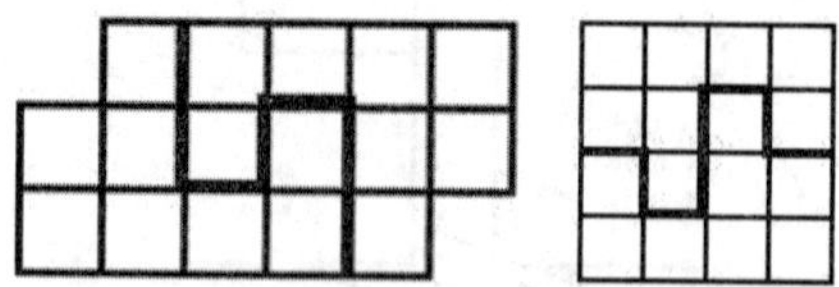

36. 拼正方形（2）

把每一小格看作一个面积单位，这幅图形的面积为：3×6−2=16，也可以通过数格子数出这幅图形的面积为16。16=4×4，所以拼成的正方形的边长为4。

因此图形的左上角要补上缺角再加一行，图形的右边要切去多出的两列，根据图形的这些特点，可以通过尝试得出分割、拼组方法如下图：

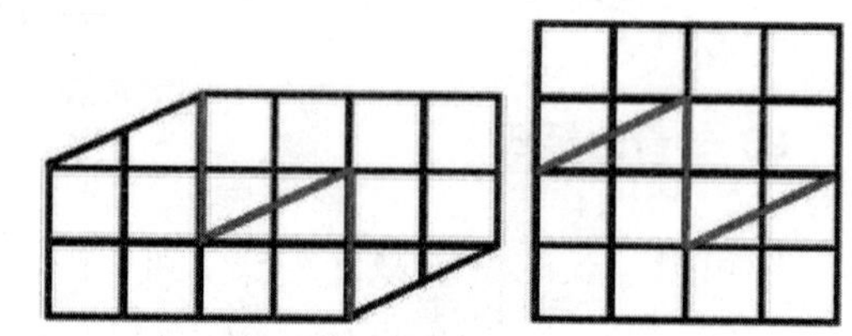

37. 地毯切割

因为原地毯的长比要拼成的长方形的长多1.5米，宽少1米，所以我们将原地毯分成长1.5米、宽1米的小长方形，如图1，这样分成12个小长方形。因为新的长方形的长为4.5米、宽4米，长应减少一个小长方形，宽应增加一个小长方形. 可以沿对角线的方向把它剪成呈阶梯状的两块，并使它们的形状和大小完全相同，如下图左，然后把它们错位对齐，这样拼成了一个新的长方形，如图2。

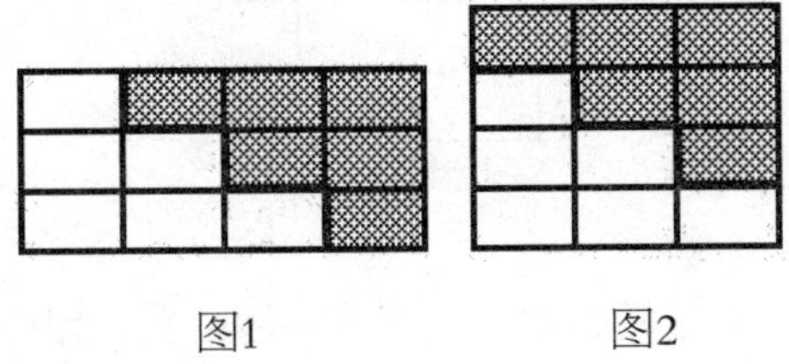

38. 干掉正方形

最少六个，答案如图。

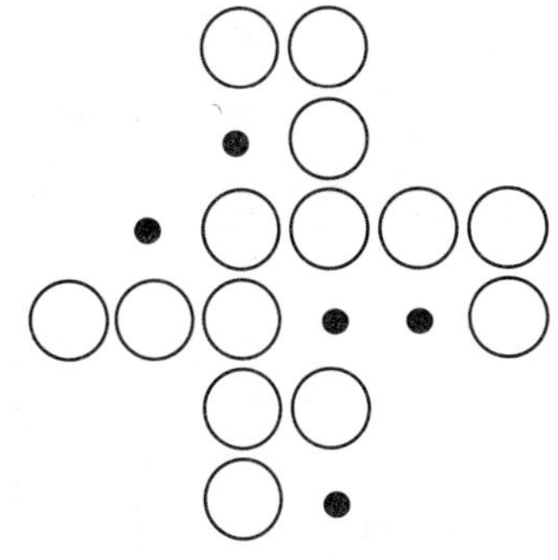

39. 奇妙的偶数列

最少1行

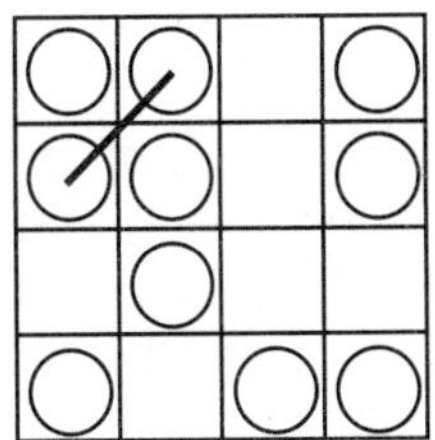

最多16行

40. 五个正方形的拼图

有七种。

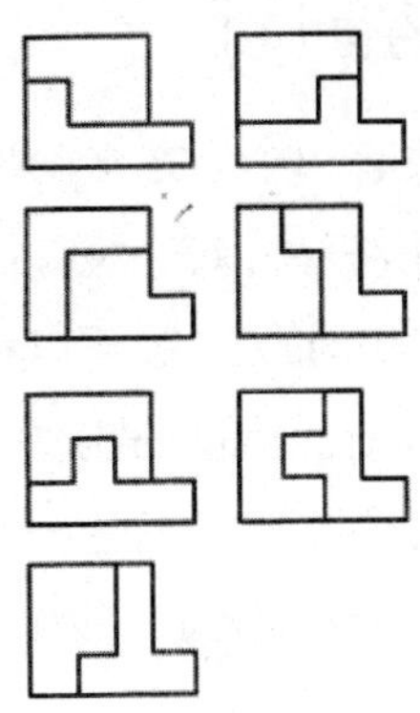

41. 分田地

用连对角线的办法找出这块长方形地的中心O和正方形水池的中心A。过O、A画一条直线，这条直线正好能把除开水池外的这块地平分为两块(如下图)。

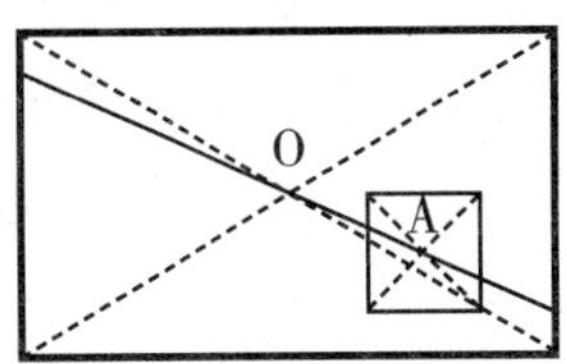

42. 分梯形

要求把原来三个正三角形分成四个大小、形状都相同的四个梯形，先不考虑形状，大小相同也就是面积相等，即把整个梯形的面积分成四份，分割后的每一个梯形占一份，可以考虑把每一个三角形的面积分成四份，再把三个正三角形中的每一个小三角形合成要求的梯形，这种类型的题目可以从中点入手，找到每个正三角形的中点并连接，答案如下图。

43. 有限分图（1）

图中一共有18个小方格，要求分割成大小、形状相同的三块，每一块有6块，而且分割成大小、形状相同的三块，可以看出图形的中心点的位置，而且上面的部分是对称的，但是只有5块，需要对称的再加上一块，再由图形的特点，可以判断应分为下图的三部分。

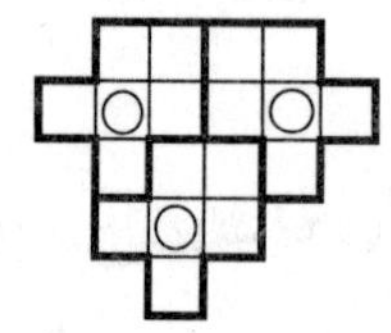

44. 有限分图（2）

图中“奥数”与“读本”中的两个字都是挨着的，所以肯定要在它们中间分割，因此，首先在他们中间划出分割线，因为要将这个长方形分成大小、形状完全相同的4块，因为是长方形，所以分割后的每一块都有6小块组成，可以考虑先把长方形分成相同的两部分，再把每一部分分成相同的两部分，如下图所示。

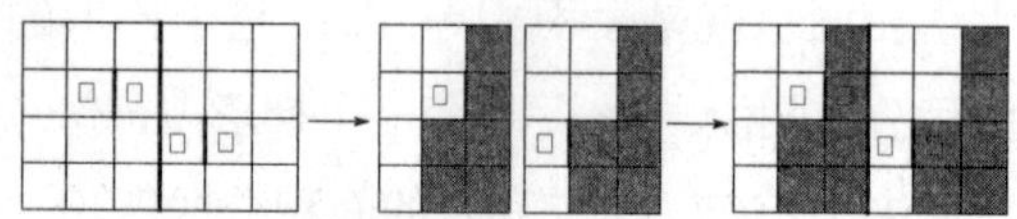

45. 学习思考

看到这道题目，我们想到俄罗斯方块，由题意可知，所分出的每一块图形，必须由4个小正方形组成，它的形状不外乎如下图所示的五种俄罗斯方块，这就控制了搜索的范围。

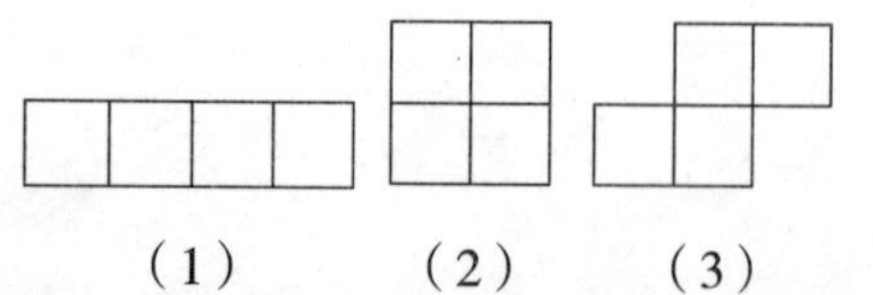

（1）（2）（3）

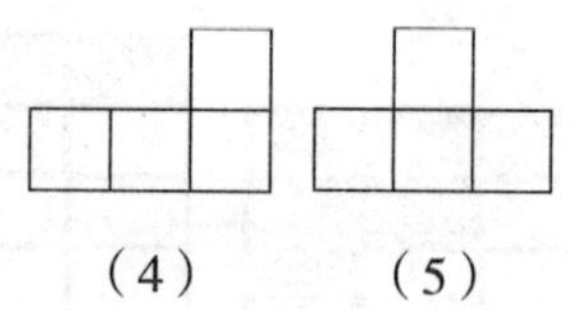

（4）（5）

根据原题中各个字的具体位置，上图中有些图形是必须排除的，例如，如果把图(2)与原题右下角的正方形重叠，其中“考”字出现了两次，不符合题意，因此，图(2)可以先排除掉。现在，再固定某一角上的一个小正方形，按其中的字来考虑。如固定右上角写有“考”的小正方形来分析，只有下列4种可能出现的情况：

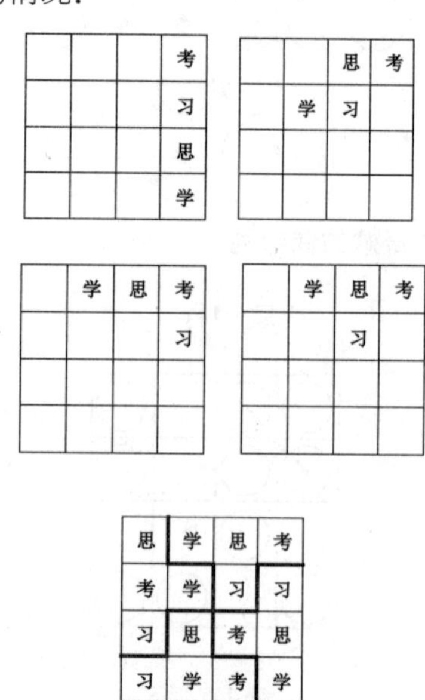

46. 神奇的等腰直角三角形

具体拼法如图所示

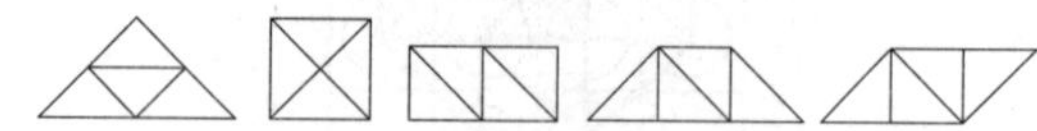

47. 拼出正方形

用4块图(4)和图(5)那样的图形显然能够拼成一个大正方形。其实用图(1)、图(2)、图(3)也能拼成一个大正方形，拼法见下图. 图

(6)和图(7)显然不可以。

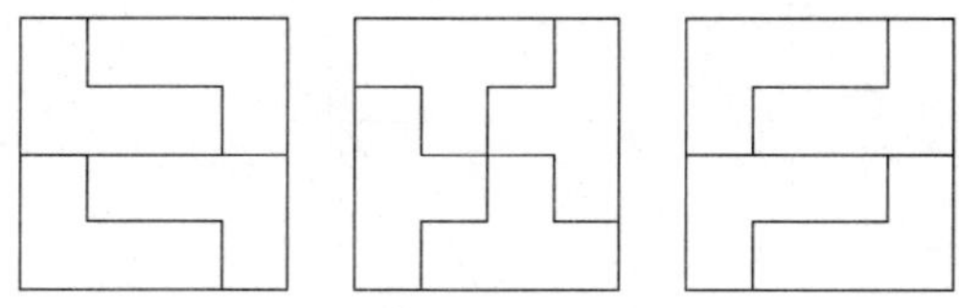

48. 聪明的木匠

切分前的面积应与拼成后的正方形面积相等。拼成后正方形的边长为1米。切分线不可能是直线，一定是折线段。切分后的两块类似阶梯形，然后由两个阶梯互相啮合，组成一个正方形。

49. 铺地板工人的挑战

答案如下。

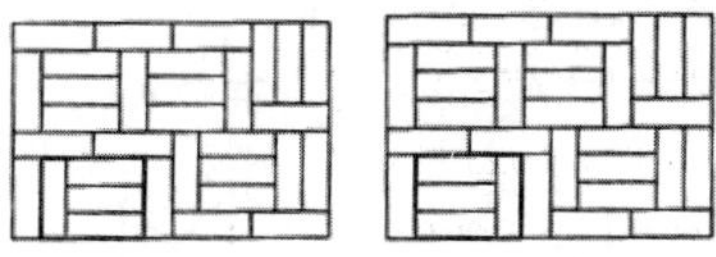

50. 嵌硬币

最多可以嵌进11个，如下图。

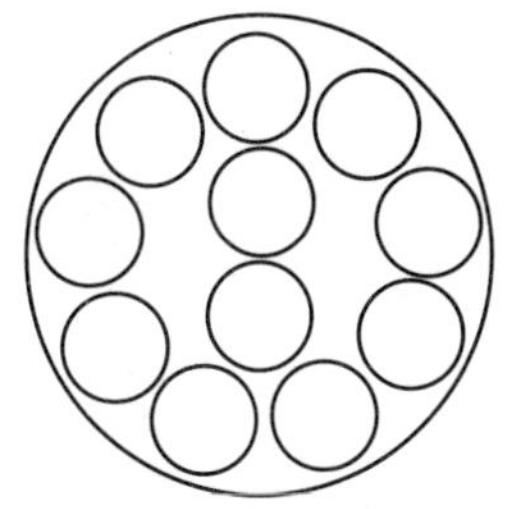

51.不规则对称图形的均分

答案如下图。

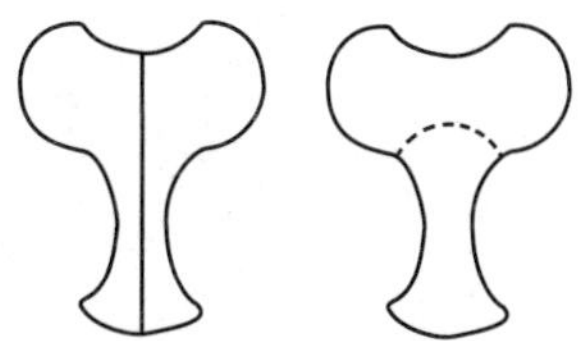

52.用圆弧分图形

答案如下。

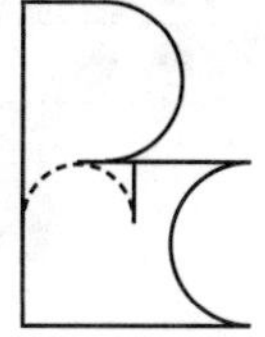

53. 小孩分饼

如下图所示，把大饼平均分给两个孩子，把小饼叠在中饼上，并切下剩余部分的一半(图中的阴影部分)，把这一部分和小饼分给一个孩子，把剩下的中饼分给另一个孩子。

54. 不规则图形8等分

总格数为12，用总格数除以8，得到每个小图形应该是一个半小正方形，根据平均一个小图形的格数作图，如下图。

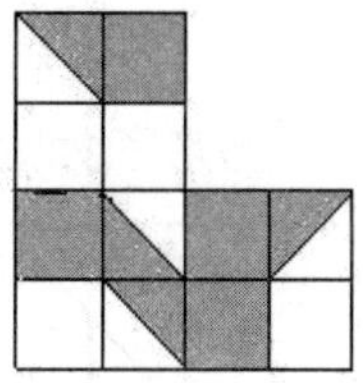

55. 棋盘切割

首先在相同颜色的棋子之间划出切分线，以中心旋转90°、180°、270°之后，得到一些新的切分线，同时考虑到每块包含有一颗黑子和一颗白子的要求，以及每一块面积相等，即含有9个小正方格，先找到符合要求的一块后，让它绕中心旋转90°、180°、270°便得到其他三块，如下图。

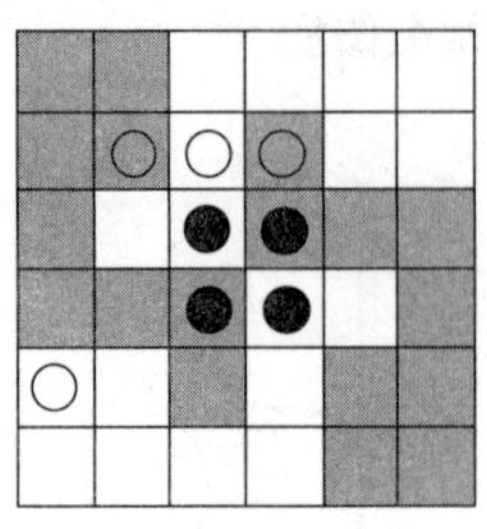

56. 直角三角板的拼图

因为要拼的图形有内外两个正方形，所以有将其直角作为外正方形的角（下左图）和拼内正方形的角（下中图）两种情况。若三角板可以重叠放置，还有右下图所示的拼法。

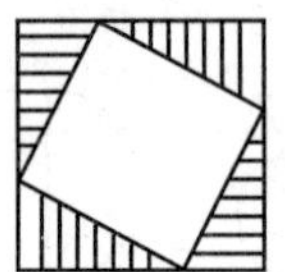  

57. 分割正方形（1）

连接正方形的对角线，把正方形分成了4个相等的等腰直角三角形，再连接各腰中点，又把它们分成4个小等腰直角三角形和4个等腰梯形(如图1所示)，出于分成正方形、长方形面积相等的要求考虑：分别取出两个小等腰直角三角形和两个梯形，就能一一拼出所要求的正方形和长方形了(如图2、图3所示)。

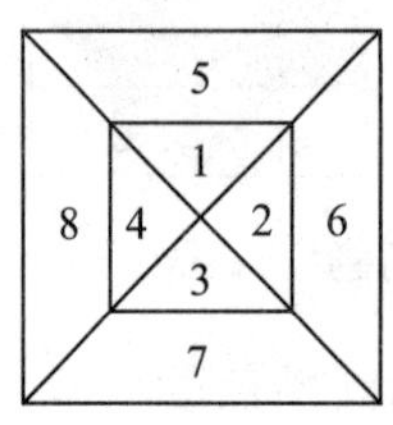

图1

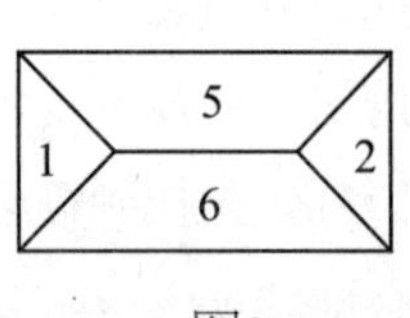

图2

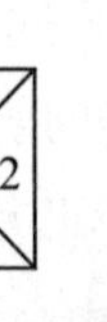

图3

58. 分割正方形(2)

答案如下。

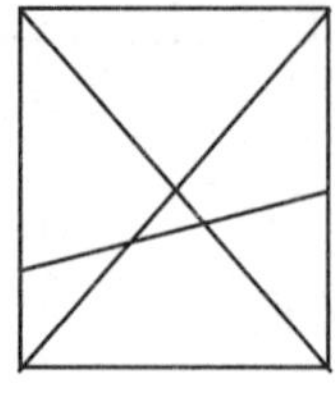

59. 拼图形

把一个直角三角形的斜边与另一个直角三角形的一条直角边重合，同时，斜边上的一个锐角顶点与直角顶点重合，像这样依次摆放下去，便可得空心正八边形。若把一个直角三角形的斜边与另一个直角三角形的直角边的一部分重合，但顶点均不重合，依次摆放下去，便可由这八个相等的直角三角形组成空心正八角星（如图1、图2所示）。

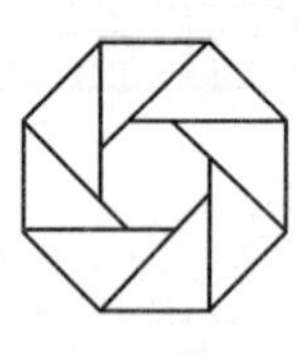

图1

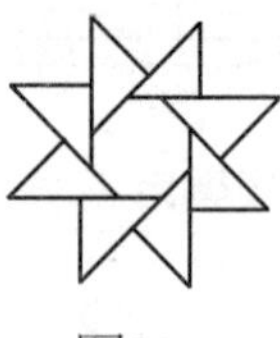

图2

第八章
经典回顾

1. 智破数字阵

大灰狼把小美羊抓走了，小丑羊去救她，大灰狼摆了一个数字阵，说只要小丑羊破了这个阵，就能救出小美羊，小丑羊能做到吗？聪明的你快来帮小丑羊一起想破解之法吧。

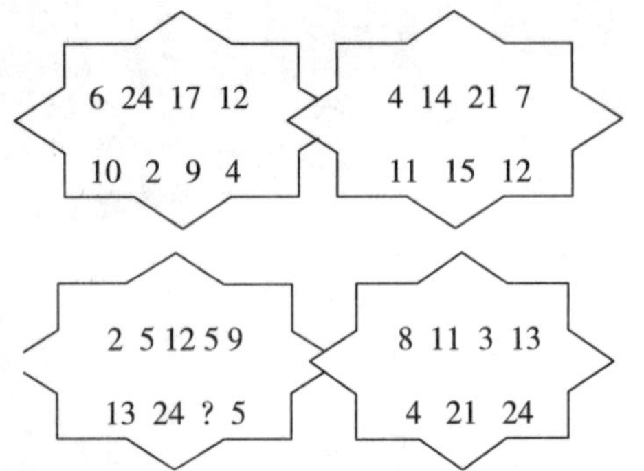

提示 找出每个数学阵中的数字之间的关系。

2. 巧填符号

请你在右面的三道算式里分别填上合适的运算符号，使等式成立。

①2 3 4 5 6 7 1=51

②5 6 7 1 2 3 4=51

③6 7 1 2 3 4 5=51

提示 找出每个数字列式中的数字之间的关系。

趣味馆

动物园里，长颈鹿的脖子最长，脖子第二长的是什么动物？

（答案：小长颈鹿）

3. 数字方块

在每一行，每一列，以及每个数字方块的2条对角线，都包含了1，2，3，4几个数字。在这个数字方块里，已经标示了部分数字。你能根据这一规则把方框填完整吗？

		2	1
		4	
4	3		
	1		

提示 找出每个方块中的数字之间的关系。

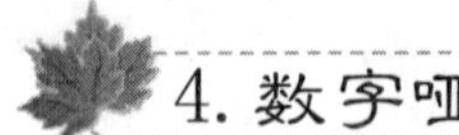

4. 数字哑谜

请在下面打问号的地方填入适当的数，且用数字解释图中的图形分别代表什么数字？

□+◇-■=6　　■-△+□=3

◇×□×■=140　　◇+■+■=?

提示 相同的图形是相同的数字，不受颜色的影响。

趣味馆

一位服装模特儿小姐，即使在平日也穿着未经发表的新款服饰，但她常常看到穿着和她完全相同服饰的人。这是为什么？

（答案：因为她看到的是镜子里的自己）

5. 蜘蛛爬楼

住在公路边的蜘蛛，想要爬上旁边九米高的大厦去看风景，它就从星期五早上六点钟，开始爬，到白天的十八点钟，它爬上去了5米；晚上，它退下来了2米。请问：它什么时候爬到九米高的大厦顶?

提示 蜘蛛的速度是等速的要深入的思考，马上说出来答案可能不对吆。

6. 一百只羊

牧羊人甲赶着一群羊，到青草茂盛的地方去放牧。乙牵着一只肥羊跟在他后面，和他开玩笑说，“你的羊有一百只吗?”甲说：“有一百只，不过先要往我这群羊里添进同样多的一群，还要再添进半群和四分之一群，再把你的这一只也搭进去，才能凑满一百。”这群羊究竟有多少只呢?

提示 求羊群的总数。

趣味馆

你知道辞海有多少个字吗?

（答案：两个）

7. 老人分水

某地区水资源极度匮乏，因此当地人用水都非常节约。一天，一个老人拿出了一只装满8斤水的水瓶，另外还有两个瓶子，一个装满刚好是5斤，一个装满是3斤。老人用这两个水瓶作为量器，把8斤水平分为两个4斤，应该如何分?

提示 不能用测量工具的前提下用两个瓶子均分。

8. 水池注水

有一水池装有甲、乙两根进水管，如果同时打开，8小时可以把空池注满。一天，两管同时打开6小时后，甲管出现故障，由乙管单独注水，又经过3小时才把水池注满。问如果甲乙两管单独工作，注满水池的$\frac{5}{6}$各需要多少时间?

提示 求出注满$\frac{5}{6}$水池的水需要的时间。

趣味馆

桌子上有12根点燃的蜡烛，先被风吹灭了3根，不久又一阵风吹灭了2根，最后桌子上还剩几根蜡烛?

（答案：5根，因为没被吹灭的蜡烛都燃烧完了）

9. 分辨角度

不要用量角器，下图中哪一个角最大？哪一个角最小？你能按顺序排列一下吗?

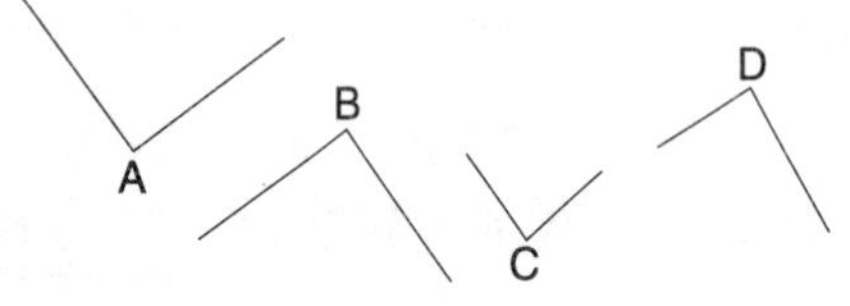

提示 不要受视觉的迷惑。

10. 花拉子米的遗嘱

阿拉伯数学家花拉子米的遗嘱，当时他的妻子正怀着他们的第一胎小孩。“如果我亲爱的妻子帮我生个儿子，我的儿子将继承$\frac{2}{3}$的遗产，我的妻子将得$\frac{1}{3}$；如果是生女的，我的妻子将继承$\frac{2}{3}$的遗产，我的女儿将得$\frac{1}{3}$。”

而不幸的是，在孩子出生前，这位数学家就去世了。之后，发生的事更困扰大家，他的妻子帮他生了一对龙凤胎,而问题就发生了，如何遵照数学家的遗嘱，将遗产分给他的妻子、儿子、女儿呢？

趣味馆

电影院内禁止吸烟，而在剧情达到高潮时，却有一男子开始抽烟，整个银幕笼罩着烟雾。但是，却没有任何一位观众出来抗议，这是为什么？

（答案：因为抽烟的男子是电影中的人物）

11. 发车时间

1路、2路和3路公共汽车都从中心站发车，1路车每10分钟发一辆；2路车每15分钟发一辆；3路车每25分钟发一辆。已知上午8时整，1路、2路、3路车同时发车，问下次同时从中心站发车的时间是几时几分？

提示 求公共汽车第二次同时从中心车站发车的时间。

12. 玻璃球的数目

有小玻璃球101个，放在一只口袋里，其中红的31个，黄的11个，绿的22个，蓝的27个，黑的10个。请你想一想，一次至少取出多少个，才能保证有15个颜色相同的玻璃球？

提示 求一次取出15个颜色相同玻璃球的方法。

趣味馆

你在学校学到的知识越多，什么就会少？

（答案：不知道的东西）

13. 地质队员的行程

一个地质队员要走10天才能走出一

片沙漠地带，但是他只能带6天的粮食和水。而在这一片沙漠地带没有供应粮食和水的地方，他打算请人帮忙，而帮忙的人也只能带6天的粮食和水，同学们，请你帮他算一算，至少要请几个人帮忙，他才能走出沙漠地带？

提示 求地质队员走出沙漠的办法。

14. 小猴拼图

小猴的妈妈交给小猴一个任务：用10根火柴拼成一个含有10个三角形，2个正方形，2个梯形和5个长方形的图形，可小猴怎么也达不到妈妈的要求，快来帮一下它吧，要怎么拼呢？

提示 找到拼出要求图形的方法。

趣味馆

什么歌唱组合有两对双胞胎？

（答案：5566）

15. 按要求排队

如果要24个人站成6排，每排分别有5个人，应该怎么站？

提示 给 24 个人按要求排队。

16. 沙袋计时

有两个粗细不一样的沙袋，在沙袋上各开一个口，让它们往下漏沙子，它们漏完沙子都正好用了1小时的时间，用什么方法能确定一段长45分钟的时间？

提示 用沙袋计时。

趣味馆

一架空调器从楼上掉下来会变成啥器？

（答案：凶器）

17. 卖亏了

一捆葱有10斤重，卖1元一斤。有个买葱人说，我全都买了，不过我要分开称，葱白7角钱一斤，葱叶3角钱一斤，这样葱白加葱叶还是1元，对不对？卖葱的人一想，7角加3角正好是1元，没错，就同意卖了。他把葱切开后，葱白8斤，葱叶2斤，加起来10斤，8斤葱白是5.6元，2斤葱叶6角，共计6.2元。事后，卖葱人越想越不对，原来算好的，10斤葱明明能卖10元，怎么只卖了6.2元呢？到底哪里算错了？

提示 整体和部分的价格关系。

18. 让它们掉头

右图是一头狼和一条鱼，请你移动最少的火柴，让狼往反方向走，鱼往反方向游。

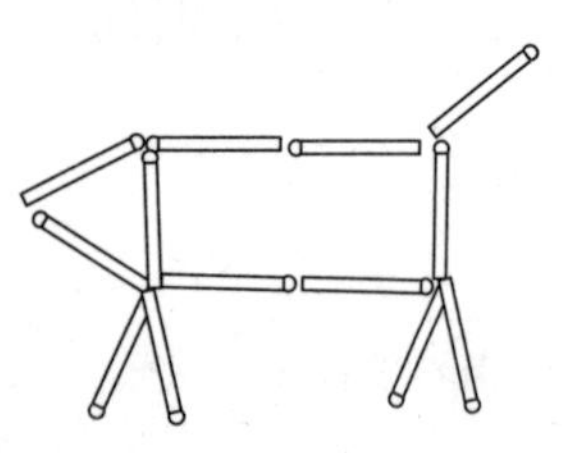

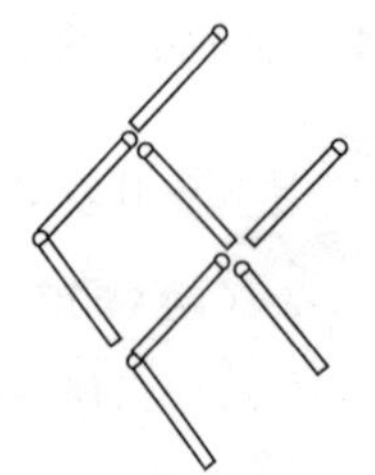

提示 把狼和鱼调头。

趣味馆

一个碟子摔成9块，是什么成语？

（答案：四分五裂）

19. 三户修路

下图是甲、乙、丙3户人家合住在一个院子里，但他们都为了尽量不打扰到彼此的生活决定修三条互不干扰的路，通向不同的大门，甲先选了第一个门，乙是第二个门，丙就是第三个门，但如果这三条路要互不相交，要怎样修呢？

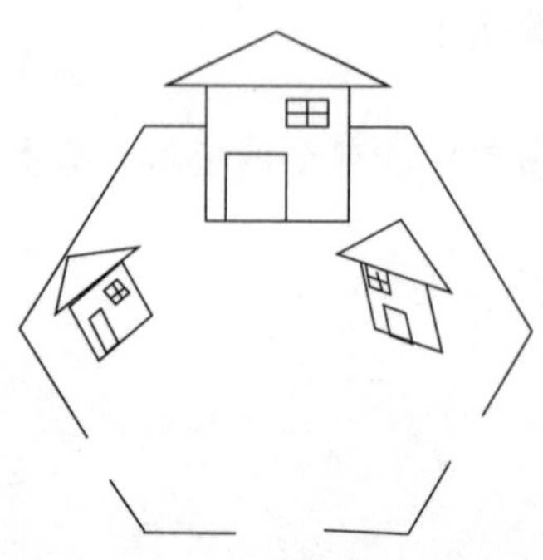

提示 按要求给三户人家修路。

20. 狡猾的工匠师

从前，有一个贵妇人她有一条十字架挂坠，上面镶着25颗钻石，贵妇没事就喜欢把这25颗钻石从上往下数，从左往上数或者从右往上数，得到的都是13颗。但是，无意间贵妇的这个数法让工匠师知道了，贵妇拿着被工匠师修好的挂坠，当面点完回家后，工匠师看着手里从挂坠上取下的钻石偷乐，你知道工匠师在哪动了手脚吗？

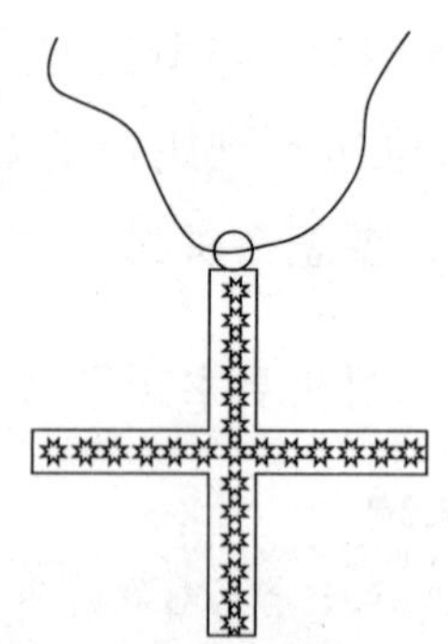

提示 注意钻石的排列规律。

趣味馆

一只乌龟在河边散步，“扑通”一声掉进河里，打一种花。

（答案：玫瑰（没龟））

21. 巧变正三角形

如下图，有4个正三角形，你能否再

添加一个正三角形，使之变成14个正三角形？

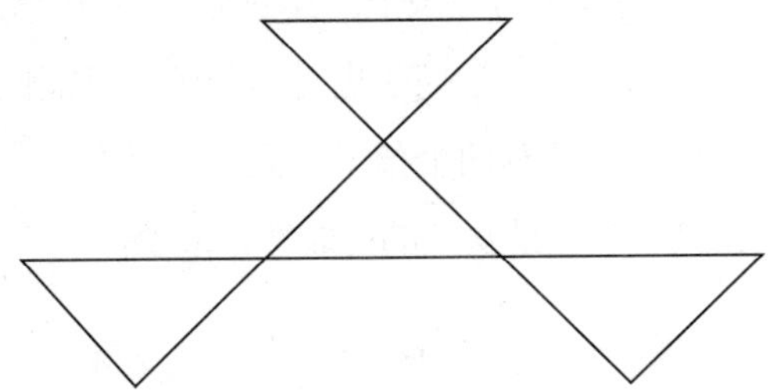

提示 添加正三角形。

22. 三兄弟分牛

从前，有个老农养了十七头牛。他临终时，把三个儿子叫到跟前，留下遗嘱：长子分二分之一，次子分三分之一，幼子分九分之一，但不能把牛杀掉。说完就死了。这可难坏了兄弟三人。正在发愁之际，有个邻居牧牛归来，一听老农遗嘱，便帮他们把牛分好了。兄弟三人皆大欢喜。请你猜猜，这位邻居用的是什么方法？

提示 求三兄弟按遗言分牛的方法。

趣味馆

报纸上登的消息不一定百分之百是真的，但什么消息绝对假不了。

（答案：报纸上的年月日）

23. 所罗门的图案

下图是所罗门王国的一个经典图案，请根据这个图案数一数一共有多少个三角形？

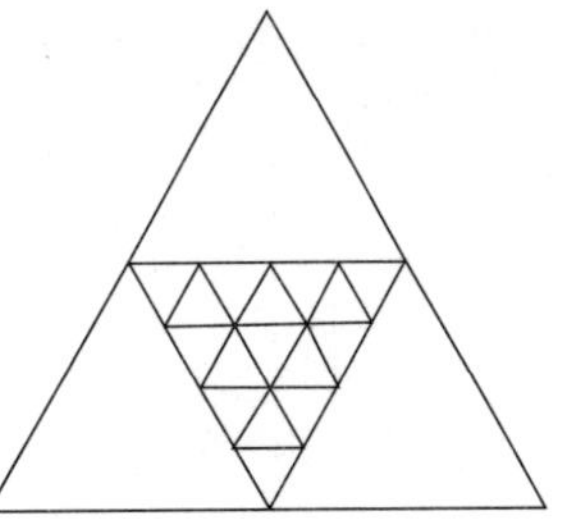

提示 数三角形个数。

24. 复杂的图案

下图是一块地板的图案，请你数一下在下面这个复杂的图案中有多少个正方形？有多少个三角形？

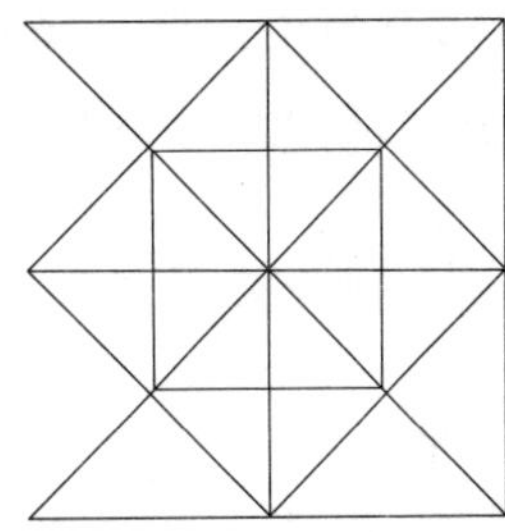

提示 数正方形和三角形的个数。

趣味馆

一瓶牛奶里加什么可以使它重量减轻？

（答案：加个洞）

25. 母鸡下蛋

有一只母鸡想使每行（包括横、竖和斜线）中的鸡蛋不超过两个，它能在蛋格子里下多少蛋？你能在表格中标注出来吗？图中有两个鸡蛋，因而不能再在这条对角线上下蛋了。

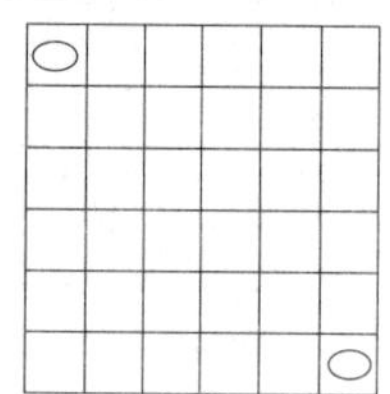

提示 求母鸡下蛋的位置和个数。

26. 吹蜡烛算岁数

一个人从他出生以来，每年生日的时候都会有一个蛋糕，上面插着等于他年龄数的蜡烛，迄今为止，他已经吹灭了231只蜡烛。你知道他现在多少岁了吗？

提示 根据蜡烛个数求岁数。

趣味馆

桌上放着1个足球，不借助任何东西，你能把3个鸡蛋放在足球上吗？

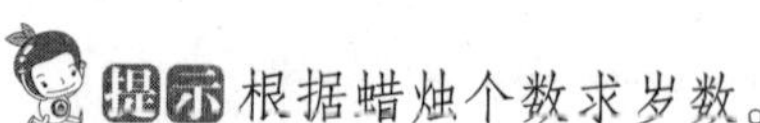

27. 谜语比赛

小强和小明进行猜谜语比赛，答对一题得6分，答错一题扣3分，最后小强得了80分，小明得了77分，可能吗？

提示 分析小强和小明总分数的真假性。

28. 男孩女孩的概率

罗伯特有两个孩子，其中至少有一个是男孩。问：另一个孩子也是男孩子的可能性是多少？卡特有两个孩子，大孩子是女孩。问：另一个也是女孩的可能性是多少？

提示 求解是男孩的概率和是女孩的概率各是多少。

29. 室友的建议

三个室友喜欢用石头剪子布的猜拳游戏来决定谁来打扫卫生。三人一起出拳，负者打扫卫生。可是往往出现平局，分不出胜负。于是，一个室友提议把游戏规则变成两两对决，轮番淘汰，这样就不会总出现平局了。真的是这样吗？

提示 此题是三个人玩猜拳游戏的概率问题。

趣味馆

家有家规，国有国规，那动物园里有啥规？

（答案：乌龟）

30. 赢大奖（1）

游戏者前面有三扇门，假定分别用字母A、B和C代表。其中只有一扇门后面藏着一辆作为奖品的豪华型轿车，其余两扇门后面则各藏着代表没有奖品的一只山羊。主持人知道各扇门后面藏着什么；游戏者当然不知道哪一扇门后面是轿车，他要凭猜测选对门扇才能够得到轿车。

游戏者选择了门A。然后，主持人打开其余两扇门中的门B，让游戏者看到里面是山羊。主持人这时给游戏者一次反悔的机会，他说："你刚才选择的是门A，现在,你要不要改变主意，改选门C？"那么，此时游戏者是改为选择C好呢，还是坚持选择A好呢？

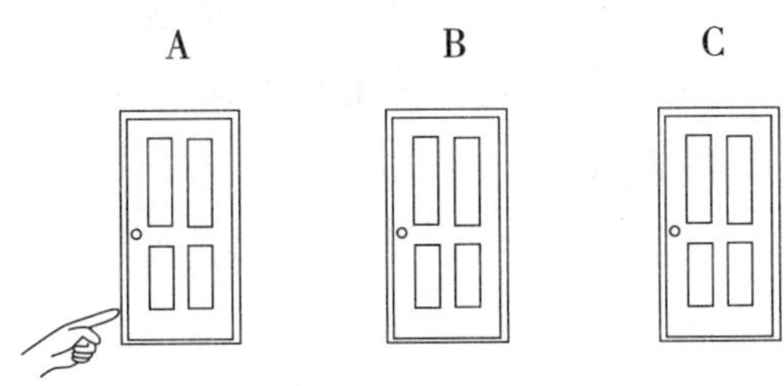

提示 此题是对概率问题的应用。

31. 赢大奖（2）

有人就在此30题基础上提出了一个新的问题。如果游戏者甲选择了A，游戏者乙选择了C，这时主持人打开B门，恰好是只山羊，那么A和C是换合适，还是不换合适？

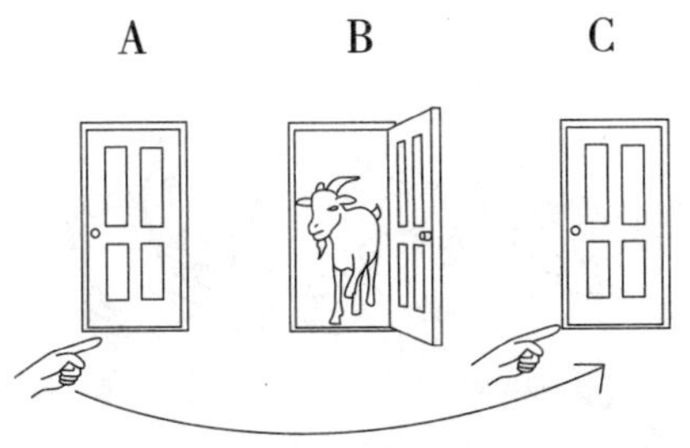

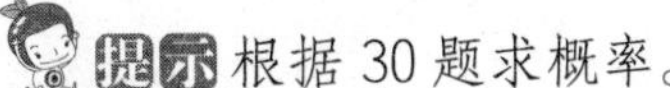
提示 根据30题求概率。

趣味馆

有两只狗赛跑，甲跑得快，乙跑得慢，跑到终点时哪只狗出汗多？

（答案：狗不会出汗）

32. 铁丝长方体

用12米长的铁丝，做一个长方体（可以把铁丝截断），问如何安排长方体的长、宽、高，才能使长方体的体积最大？

提示 求长方体最大体积时的长、宽、高。

33. 老李称农药

老李用一只能盛5公斤农药的圆柱体玻璃瓶买来农药3公斤。他走到一片有虫害的农田里，需取出半公斤农药进行泼浇杀虫。虽然他身边没有秤和量具，可是，他却把半公斤农药精确地"称"出来了。老李是怎样巧"称"农药的？

提示 不用称量工具称出半公斤农药。

34. 旋转图形

下页图两个图形，如果绕着旋转轴旋转一周，分别会得到什么样的立体？

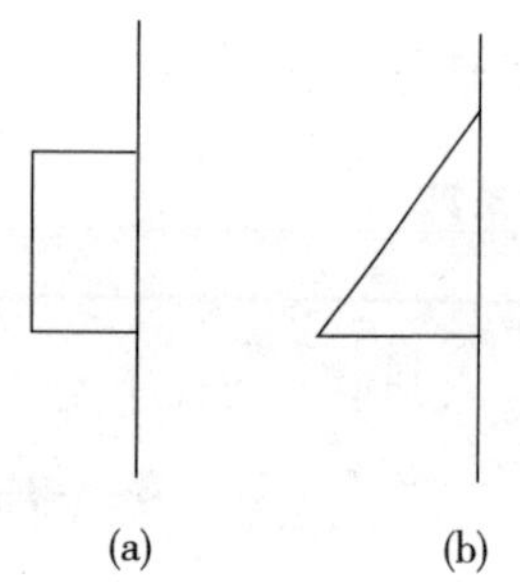

提示 扩散空间思维。

趣味馆

古时候没有钟，有人养了一群鸡，可是天亮时，没有一只鸡给他报晓。这是为什么？

（答案：他养了一群母鸡）

35. 两鼠穿垣

今有垣厚五尺，两鼠对穿。大鼠日一尺，小鼠亦一尺。大鼠日自倍，小鼠日自半。问：何日相逢？各穿几何？

题意是：有垛厚五尺（旧制长度单位，1尺=10寸）的墙壁，大小两只老鼠同时从墙的两面，沿一直线相对打洞。大鼠第一天打进1尺，以后每天的进度为前一天的2倍；小鼠第一天也打进1尺，以后每天的进度是前一天的一半。它们几天可以相遇？相遇时各打进了多少？

36. 韩信点兵

传说汉朝大将韩信用一种特殊方法清点士兵的人数。他的方法是：让士兵先列成三列纵队（每行三人），再列成五列纵队（每行五人），最后列成七列纵队（每行七人）。他只要知道这队士兵大约的人数，就可以根据这三次列队排在最后一行的士兵是几个人，而推算出这队士兵的准确人数。如果韩信当时看到的三次列队，最后一行的士兵人数分别是2人、2人、4人，并知道这队士兵在三四百人之间，你能很快推算出这队士兵的人数吗？

37. 和尚分馒头

一百馒头一百僧，
大僧三个更无争，
小僧三人分一个，
大小和尚各几丁？

题意是：有100个和尚分100只馒头，正好分完。如果大和尚一人分3只，小和尚3人分一只，试问大、小和尚各有几人？

38. 以碗知客

有一位妇女在河边洗碗，过路人问她为什么洗这么多碗？她回答说：家中来了很多客人，他们每人用一只饭碗，两人合用一只酱菜碗，每三人合用一只汤碗，每四人合用一只菜碗，共用了碗50只。你能从她家的用碗情况，算出她家来了多少客人吗？

39. 百钱买百鸡

今有鸡翁一，值钱五；鸡母一，值钱三；鸡雏三，值钱一。凡百钱买鸡百只。问鸡翁母雏各几何？（钱：古代货币单位）

题意是：现在每只公鸡售价五文钱，每只母鸡售价三文钱，每三只小鸡售价一文钱，用一百文钱可以买到一百只鸡，那么之中公鸡、母鸡和小鸡各有多少呢？

40. 买梨果

九百九十九文钱，及时梨果买一千，
一十一文梨九个，七枚果子四文钱。
问：梨果多少价几何？

41. 浮屠增级

远看巍巍塔七层，红光点点倍加倍，
共灯三百八十一，请问尖头几盏灯？

题意：有七层宝塔一个，每层悬挂的红灯数是上一层的2倍，共有381盏灯。问这个塔顶有几盏灯。

42. 娃娃分果

一群娃娃团团坐，
围着桌子分果果，
每人6个剩6个，
每人7个少7个，

聪明的朋友算一算，
几个娃娃多少果？

43. 牧童分杏

牧童分杏各竞争，
不知人数不知杏。
三人五个多十枚，
四人八枚两个剩。
聪明的你算一算，
几个牧童几个杏？

44. 散钱成串

今有散钱不知其数，作七十七陌穿之，欠五十凑穿；作七十八陌穿之，不多不少。问钱数几何？

题意：有一些零散的钱币，假如每77枚穿成一串，那么还会剩50枚没穿；假如78枚穿成一串，正好穿完。这些钱币共有多少枚？

45. 合作买物

今有人共买物，人出八，盈三；人出七，缺四，问人数，物价各几何？

题意：有一群人凑钱买一件物品。假如每人出8文钱，就比物价多出3文。假如每人出7文钱，就比物价少4文。求人数和物价各是多少？

46. 两地运米

一个人用车装米，从甲地运往乙地，装米的车日行50千米，不装米的空车日行70千米，5日往返三次，问两地相距多少千米?

47. 以谷换米

设有谷换米，每谷一石（dàn）四斗，换米八斗四升。今有谷三十二石二斗，问换米几何?（石、斗：中国市制容量单位。十升为一斗，十斗为一石。一百二十市斤为一石，也就是说，一斗等于十二市斤。）

48. 蒲莞等长

今有蒲生一日，长三尺；莞生一日，长一尺。蒲生日自半，莞生日自倍。问几何日而长等?（蒲和莞都是一种草）

题意是：蒲和莞从第1天刚开始从0尺开始生长。第1天蒲增长了3尺长，莞增长1尺长。蒲每天长度增加前一天增长数的一半，而莞每天增加前一天增长数的二倍。求第几天长度相等。

49. 井有多深

有井不知深，先将绳三折入井，井外绳长四尺，后将绳四折入井，井外绳长一尺。问：井深绳长各几何?

50. 竹高几何

一根竹子有一丈长，从中间折断使末端着地，此时末端距离竹子根部有三尺，请问竹子还有多高?

51. 戏放风筝

三月清明节气，蒙童戏放风筝。托量九十五尺绳，被风刮起空中。量得上下相应，七十六尺无零。纵横甚法问先生，算了多少为平？

题意：风筝绳长是直角三角形的斜边c=95尺，风筝高度b=76尺，求风筝在地面上的投影到蒙童之间的距离a是多少尺？

52. 毕达哥拉斯的弟子

“尊敬的毕达哥拉斯，请你告诉我，你的弟子有多少？”

“我有一半的弟子，在探索着数的微妙；还有$\frac{1}{4}$，在追求着自然界的哲学；$\frac{1}{7}$的弟子，终日沉默寡言深入沉思；除此之外，还有三个弟子是女孩子，这就是我全部弟子。”

你能算出毕达哥拉斯一共有多少弟子吗？

53. 湖上红莲

平平湖水清可鉴，面上半尺生红莲；
出泥不染亭亭立，忽被强风吹一边。
渔人观看忙向前，花离原位两尺远；
能算诸君请解题，湖水如何知深浅。

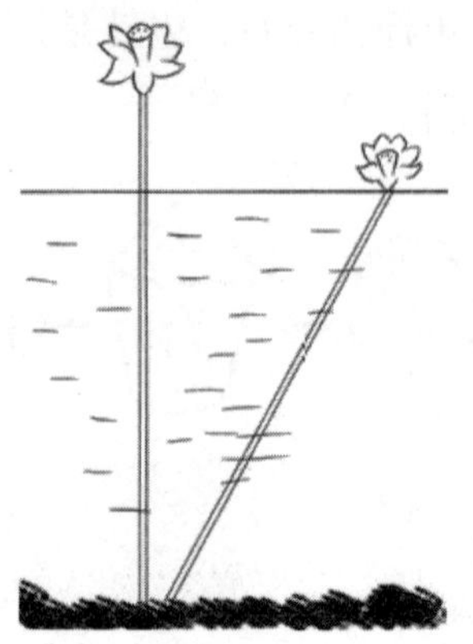

54. 莲花新题

如图，平平湖水清可鉴，某处湖底生红莲，湖水深知有四尺，红莲离水有一

尺；此莲出泥而不染，忽被强风吹一边；渔人观看忙向前，花离原位三尺远，是否亭亭立湖间？

55. 将军饮马

古代一位将军要从A地出发到河边去饮马，然后再回到驻地B。问怎样选择饮马地点，才能使路程最短？

56. 牛羊价值

今有牛五、羊二，值金十两；牛二、羊五，值金八两。牛羊各值金几何？

57. 王子的宝箱

传说从前有一位王子，有一天，他把几位妹妹召集起来，出了一道数学题考她们。题目是：我有金、银两个首饰箱，箱内分别装自若干件首饰，如果把金箱中25%的首饰送给第一个算对这个题目的人，把银箱中20%的首饰送给第二个算对这个题目的人。然后我再从金箱中拿出5件送给第三个算对这个题目的人，再从银箱中拿出4件送给第四个算对这个题目的人，最后我金箱中剩下的比分掉的多10件首饰，银箱中剩下的与分掉的比是2∶1，请问谁能算出我的金箱、银箱中原来各有多少件首饰？

58. 短衣的价钱

有一个雇主约定每年给工人12元钱和一件短衣，工人做工到7个月想要离去，只给了他5元钱和一件短衣。这件短衣值多少钱？

59. 周瑜的年龄

大江东去浪淘尽，千古风流数人物。而立之年督东吴，早逝英年两位数。

十比个位正小三，个位六倍与寿符。哪位学子算得快，多少年华属周瑜？

60. 牛顿问题

英国著名的物理学家牛顿曾编过这样一道数学题：牧场上有一片青草，每天都生长得一样快。这片青草供给10头牛吃，可以吃22天，或者供给16头牛吃，可以吃10天。如果供给25头牛吃，可以吃几天？

61. 托尔斯泰的算术题

俄国伟大的作家托尔斯泰，曾出过这样一个题：一组割草人要把两块草地的草割完。大的一块比小的一块大一倍，上午全部人都在大的一块草地割草。下午一半人仍留在大草地上，到傍晚时把草割完。另一半人去割小草地的草，到傍晚还剩下一块，这一块由一个割草人再用一天时间刚好割完。问这组割草人共有多少人？（设每个割草人的割草速度都相同）

一个小数点与一场大悲剧

1967年8月23日，前苏联著名宇航员费拉迪米尔·科马洛夫一个人驾驶着“联盟一号”宇宙飞船的返航实况。当飞船返回大气层后，科观洛夫无论怎么操作也无法使降落伞打开以减慢飞船的速度。地面指挥中心采取了一切可能的措施帮助排除故障，但都无济于事。经请示中央，决定将实况向全国人民公布。电视台的播音员以沉重的语调宣布：“‘联盟一号’飞船由于无法排除故障，不能减速，两小时后将在着陆基地附近坠毁 。我们将目睹宇航英雄科马洛夫遇难。”

科马洛夫的亲人被请到指挥台，指挥中心的首长通知科马洛夫与亲人通话。科马洛夫控制着自己的激动：“首长，属于我的时间不多了我先把这次飞行的情况向您汇报……”。生命在一分一秒中消逝，科马洛夫目光泰然，态度从容，他整整汇报了几分钟。汇报完毕， 国家领导人接过话筒宣布：“我代表最高苏维埃向你致以崇高的敬礼，你是苏联的英雄，人民的好儿子……”当问及科马洛夫有什么要求时，科马洛夫眼含热泪：“谢谢，谢谢最高苏维埃授予我这个光荣称号，我是一名宇航员，为祖国的宇航事业献身我无怨无悔！”

领导人把话筒递给科马洛夫的老母亲，母亲老泪纵横，心如刀绞，泣不成声。她把话筒递给科马洛夫的妻子。科马洛夫给妻子送来一个调皮而又深情的飞吻。妻子拿着话筒只说了一句话：“亲爱的，我好想你！”就泪如雨下，再也说不出话来了。科马洛夫12岁的女儿接过话筒，泣不成声。科马洛夫微笑着说：“女儿，你要坚强，不要哭。”“我不哭，爸爸，你是苏联的英雄，我是你的女儿，我一定会坚强地生活。”刚毅的科马洛夫不禁落泪了，他叮嘱孩子“要记住这个日子，以后每年的这个日子要到坟前献一朵花，向爸爸汇报学习情况。”

永别的时刻到了——飞船坠地，电视图像消失。整个苏联一片肃静，人们纷纷走向街头，向着飞船坠毁的地方默默地哀悼。

同学们，读到这里，你是否被这悲壮的场面所感染了！“联盟一号”当时发生的一切，就是因为地面检查时，忽略了一个小数点。让我们记住这一个小数点所酿成的大悲剧吧！让我们以更加严谨的态度对待学习和科学，以更加认真的态度对待工作和生活吧。

哥尼斯堡七桥问题

哥尼斯堡城是位于普累格河上的一座城市，今天属于俄罗斯加里宁格勒，以前是东普鲁士的土地。它包含两个岛屿及连接它们的七座桥。普累格河流经城区的这两个岛，岛与河岸之间架有六座桥，另一座桥则连接着两个岛。如下图所示：

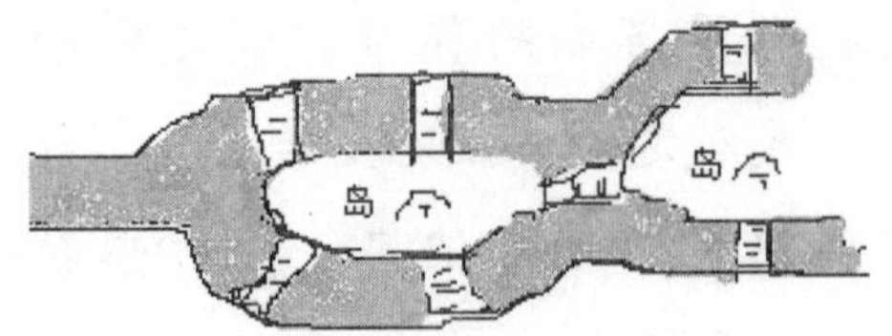

岛上有古老的哥尼斯堡大学，有教堂，还有哲学家康德的墓地和塑像，因此城中的居民，尤其是大学生们经常沿河过桥散步。有一天，一个好奇的人提出了一个问题：一个散步者能否一次走遍7座桥，而且每座桥只许通过一次，最后仍回到起始地点。这就是七桥问题，一个著名的图论问题。这个问题提出来后，很多人都去尝试，可没有人能够一次不重复地通过七座桥。这是为什么呢？

这个问题看似简单，然而许多人作过尝试始终没有能找到答案。因此，一群大学生就写信给当时年仅20岁的大数学家欧拉，请他分析一下。欧拉从千百人次的失败中，以深邃的洞察力猜想，也许根本不可能不重复地一次走遍这七座桥。为了证明这种猜想是正确的，欧拉用简单的几何图形来表示陆地和桥。他是这样解决问题的：既然陆地是桥梁的连接地点，不妨把图中被河隔开的陆地看成A、B、C、D 4个点，7座桥表示成7条连接这4个点的线，如图“七桥连线”所示。

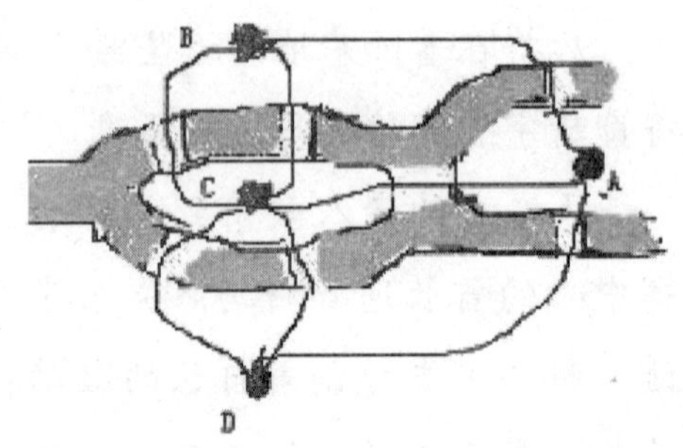

在说欧拉的推论前，我们先说说偶点和奇点的定义。

什么是偶点呢？一个点如果有偶数条边，它就是偶点。如下面“奇偶数点图”的A、B、E、F点。反之，如果一个点有奇条边数，它就是奇点。如图中的C、D这两点。

偶点和奇点与能不能一次通过这座桥有关系吗？别急，我们慢慢来说。

欧拉认为，如果一个图能一笔画成，那么一定有一个起点开始画，也有一个终点。图上其他的点是“过路点”——画的时候要经过它。

“过路点”有什么特点呢？它应该是“有进有出”的点，有一条边进这点，那么就要有一条边出这点，不可能是有进无出或有出无进。如果只进无出，它就是终点；如果有出无进，它就是起点。因此，在“过路点”进出的边总数应该是偶数，即“过路点”是偶点。

如果起点和终点是同一点，那么它也是属于“有进有出”的点，因此必须是偶点，这样图上全体点都是偶点。

如果起点和终点不是同一点，那么它们必须是奇点，因此这个图最多只能有两个奇点。

把上面所说的归纳起来，说简单点就是：能一笔画的图形只有两类：一类是所有的点都是偶点。另一类是只有二个奇点的图形。

现在对照七桥问题的图，我们回过头来看看图3（七桥连线简化图），A、B、C、D四点都连着三条边，是奇数边，并且共有四个，所以这个图肯定不能一笔画成。

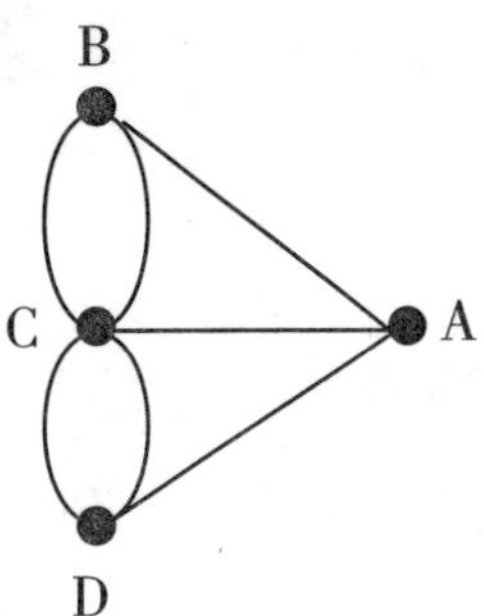

欧拉对“七桥问题”的研究是图论研究的开始，同时也为拓扑学的研究提供了一个初等的例子。

事实上，中国民间很早就流传着这种一笔画的游戏，从长期实践的经验，人们知道如果图的点全部是偶点，可以任意选择一个点做起点，一笔画成。如果是有二个奇点的图形，那么就选一个奇点做起点以顺利的一笔画完。只是很可惜，长期以来，人们只把它作为一类有趣的游戏，没有对它引起重视，也没有数学家对它进行经验总结和研究，这不能不说是一种遗憾。

第八章　答案

1. 智破数字阵

问号处应为9，每个数字阵中的数字相加都是84。

2. 巧填符号

① 2+3×4+5×6+7×1=51

② 5+6×7+1+2−3+4=51

③ 6×7+1+2−3+4+5=51

3. 数字方块

3	4	2	1
1	2	4	3
4	3	1	2
2	1	3	4

4. 数字哑谜

问号处应为17。

□=4，◇=7，△=6，■=5。

5. 蜘蛛爬楼

应该是在星期天的13点12分爬到9米高。

6. 一百只羊

如果不加进乙的一只肥羊，那么总数只有99只，并且这时的总数等于羊群原来只数的一倍、加上添进去的一倍、再加二分之一倍和四分之一倍，所以这群羊的只数是：

$99\div(1+1+\frac{1}{2}+\frac{1}{4})=36$

即：这群羊共有36只。

7. 老人分水

先从水瓶中倒出3斤水装满小瓶，然后把小瓶里的3斤水再倒入大瓶；再次从水瓶中倒3斤水装满小瓶；再把小瓶里的水倒满大瓶。由于大瓶只能装5斤水，所以这时小瓶中剩下1斤水。把大瓶里的5斤水倒还到水瓶里，这时水瓶里一共有7斤水；把小瓶里的1斤水倒入大瓶；第三次从水瓶中倒3斤水装满小瓶，这时水瓶里就剩下4斤水了；把小瓶里的3斤水倒入大瓶，加上大瓶中原有的1斤水，刚好也是4斤水。经过这些步骤，8斤水就平分了。

8. 水池注水

两管同时打开8小时可以把空地注满，这就是说，每小时两管可注入全池水的$\frac{1}{8}$。两管同时工作了6小时，注入全池水的$\frac{1}{8}\times6=\frac{3}{4}$，剩下的$\frac{1}{4}$，是由甲管单独用3小时注满的，所以每小时甲管可注入$\frac{1}{4}\div3=\frac{1}{12}$。甲的工作效率是$\frac{1}{12}$，那么乙的工作效率为$\frac{1}{8}-\frac{1}{12}=\frac{1}{24}$。题中要求甲乙两管单独工作，注满水池的$\frac{5}{6}$各需要多长时间，只要用工作量$\frac{5}{6}$，除以甲的工作效率，就是甲的工作时间。除以乙的工作效率就是乙的工作时间。甲：$\frac{5}{6}\div\frac{1}{12}=10$（小

时）

乙：$\frac{5}{6}\div\frac{1}{24}$=20（小时）。

9. 分辨角度

所有的角都是90度直角，不信的话你可以用量角器测量一下。而在我们的感觉中，红角看上去要大一些，绿角看上去则要小一些。

10. 花拉子米的遗嘱

设他的遗产为1，女儿得到x，那么母亲得到2x，儿子得到4x，从而x+2x+4x=1，所以x=$\frac{1}{7}$，所以女儿得到$\frac{1}{7}$，母亲得到$\frac{2}{7}$，儿子得到$\frac{4}{7}$。

11. 发车时间

这3路公共汽车从第一次从中心站同时发车到第二次同时发车所经历的时间一定是10、15、25的最小公倍数。所以，两次同时发车之间所经历的时间是150分钟，也就是2小时30分。因此下次同时从中心站发车的时间是10时30分。

12. 玻璃球的数目

口袋里有101个玻璃球，其中红的31个，黄的11个，绿的22个，蓝的27个，黑的10个。取出的个数越多，有15个颜色相同的可能性越大。可是即使取出63个，还可能是14个红的，11个黄的，14个绿的，14个蓝的，10个黑的。因此要取出64个，才能保证在红的、绿的、蓝的三种中，有一种是15个。

13. 地质队员的行程

据题意，一个人只能带6天的粮食和水，因此带的粮食和水一定是6的倍数。显然，至少要请四个人帮忙，请四人帮忙，加上地质队员本人，可带6×5=30天的粮食和水。这5个人走一天后，还剩下30－5=25天的粮食和水，在帮忙的四人中间回去1人，从而剩下25－1=24天的粮食和水，这时四个人有24天的粮食和水，而24是6的倍数。第二天，还剩下24－4=20天的粮食和水，在帮忙的3人中再回去一个，因为回去要2天，所以回去的这个人要带2天的粮食，这时3个人共有20－2=18天的粮食和水，而18也是6的倍数。第三天，还剩下18－3=15天的粮食和水，在帮忙的两人中再回去一个，他要带3天的粮食和水在返回途中食用，于是2个人还剩下15－3=12天的粮食和水。第四天，还剩下12－2=10天的粮食和水，帮忙的最后一个人要返回去得带4天的粮食和水，在返回途中食用，于是还剩下10－4=6天的粮食和水。最后，地质队员带着6天的粮食和水用6天的时间走出沙漠地带。

14. 小猴拼图

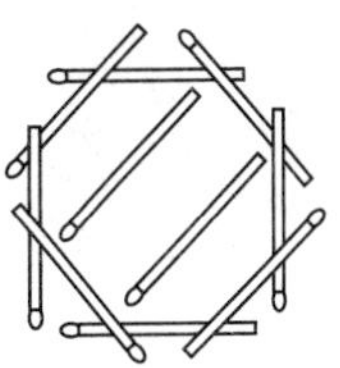

15. 按要求排队

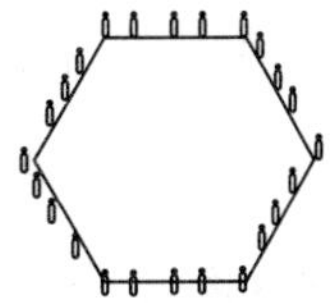

16. 沙袋计时

让两个沙袋同时往下漏沙子，其中的一

个沙袋可以开两个口，这样开两个口的沙袋漏完沙子后，时间正好过去半小时。只开一个口的沙袋也正好漏了一半的沙子，剩下的一半还需要半小时，把这个沙袋也开两个口子，漏完剩下的沙子所用的时间是15分钟，这样两个沙袋全部漏完沙子所用的时间就是45分钟。

17. 卖亏了

要知道，葱原本是1元钱一斤，也就是说，不管是葱白还是葱叶都是1元钱一斤。而分开后，葱白却只卖7角，葱叶只卖3角，这当然会赔钱了。

18. 让它们掉头

狼：2根，鱼：3根。

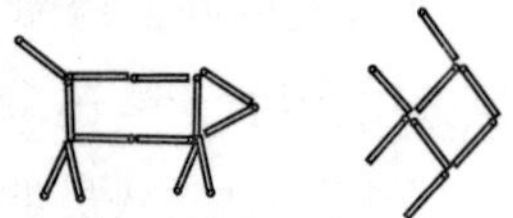

19. 三户修路

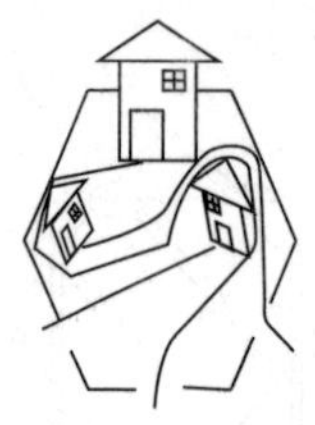

20. 狡猾的工匠师

工匠师只要在水平一排的两端各偷走一颗钻石，再把最底下的一颗钻石移到顶上，就可以蒙骗住贵妇人了。

21. 巧变正三角形

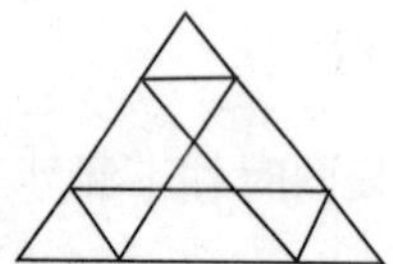

22. 三兄弟分牛

邻居牵出自己的一头牛，这样一共有十八头牛。二分之一，得九头；三分之一，得六头；九分之一，得两头。正好分去十七头，最后仍剩下这位邻居自己的那头牛。

23. 所罗门的图案

一共有31个不同的等边三角形。

24. 复杂的图案

15个正方形，72个三角形。

25. 母鸡下蛋

母鸡能在格子里下12个蛋。

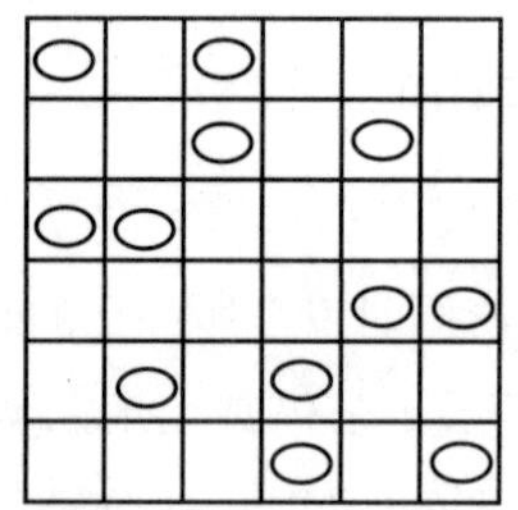

26. 吹蜡烛算岁数

答案是21岁，将从1开始以后的连续自然数相加，加到21时，总数是231。

27. 谜语比赛

不可能，6与3都是3的倍数，最后的得分也应是3的倍数，而80与77都不是3的倍数。

28. 男孩女孩的概率

对罗伯特有3种可能情况，机会均等：男、男；男、女；女、男。只有一种是两个孩子都是男孩，因此另一个孩子男孩的可能性是$\frac{1}{3}$。卡特的情况不同，只有两种机会均等的情况：女、女；女、男。所以卡特的另一个孩子也是

女孩的可能性是$\frac{1}{2}$。

29. 室友的建议

并非如此。两人猜拳的排列组合有9种（3×3），所以有三分之一的机会是平局。三人猜拳要复杂一些，其排列组合有27种（3×3×3），平局的情况如下：(1) 石头、石头、石头 (2) 石头、石头、布 (3) 石头、石头、剪子 (4) 剪子、剪子、剪子 (5) 剪子、剪子、布 (6) 剪子、剪子、石头 (7) 布、布、布 (8) 布、布、石头 (9) 布、布、剪子。由此可见，9种情况下出现平局，同样占三分之一，和两人猜拳平局的概率一样，但所需要的时间明显要长得多。

30. 赢大奖（1）

大多数人的想法是：既然打开的门B后面是山羊，那么，现在就是要从没有打开的门A和门C两扇门中二选一，因而A后面是轿车的概率为$\frac{1}{2}$，C后面是轿车的概率也是$\frac{1}{2}$，改变或者不改变都是一样。

然而，正确的回答是“应该改而选择C”。在这个游戏的特定条件下，门A后面藏着轿车的概率是$\frac{1}{3}$，而门C后面藏着轿车的概率是$\frac{2}{3}$。

理解的正确结论可以用实验来验。关于这个问题，大多是以如下方式来说明的。

主持人打开门B以前，门A后面藏有轿车的概率是$\frac{1}{3}$，而藏有山羊的概率是$\frac{2}{3}$。也就是说，B门和C门后面藏有轿车的概率是$\frac{2}{3}$。但是，主持人打开B门了，游戏者已经看到后面是一只山羊，因此，门C后面是轿车的概率应该是$\frac{2}{3}$。

31. 赢大奖（2）

这和前面的问题是不同的，在前面的问题中主持人可以在B和C两扇门进行选择，如轿车在B门里，可以把C门变成B门，B门变成C门，如果轿车在A门或C门里，则不用变。正是这种主导权才造成C门里面有轿车的可能性是$\frac{2}{3}$。在这个问题里面，主持人没有这种主动性。

A、B、C门有轿车的可能性都是$\frac{1}{3}$。换与不换都一样。

32. 铁丝长方体

长、宽、高均为1米时体积最大。

33. 老李称农药

老李先倒出一些农药(不到半公斤)，然后用泥土在瓶外做上瓶内农药液面处的标志。把瓶子倒过来，再用泥土按上述方法做上标志。这样有两个标志，如果两标志重合，倒出的刚好半公斤；如不重合，再倒少许农药，然后按上述办法做标志，这样重复数次，直到两标志重合。这时，瓶里还有二公斤半农药，倒出的则是3−2.5=0.5(公斤)。

34. 旋转图形

圆柱体和圆锥体。

35. 两鼠穿垣

两天后，两鼠打进1+2+1+0.5=4.5尺，第三天大老鼠的进度是4尺，4+4.5=8.5>5，所以两鼠第三天相遇。第三天大老鼠的速度是小老鼠速度的8倍，那么第三天大老鼠打进的距离是$\frac{1}{2}\times\frac{8}{9}=\frac{4}{9}$，小老鼠打进的距离是$\frac{1}{2}\times\frac{1}{9}=\frac{1}{18}$。所以两鼠相遇时大老鼠打进的距离是$1+2+\frac{4}{9}=\frac{31}{9}$，小老鼠打进的距离是$1+\frac{1}{2}+\frac{1}{18}=\frac{14}{9}$。

36. 韩信点兵

由于兵先列成三列纵队（每行三人）余2个人，列成五列纵队（每行五人）余2个人，所以人数减2之后可以整除3并且能整除5，并且除以7的余数为2，所以人数减2应该为300，315，330，345，360……并且由人数减2除以7的余数为2，可知人数应为347人。

37. 和尚分馒头

设大和尚x人，则小和尚有100−x人，从而有3x+（100−x）÷3=100，可得x=25，所以有大和尚25人，小和尚75人。

38. 以碗知客

设来了客人x个，那么有$x+\frac{x}{2}+\frac{x}{3}+\frac{x}{4}=50$，可得x=24。

39. 百钱买百鸡

设买公鸡、母鸡、小鸡各x,y,z只

则有

5x+3y+z/3=100

x+y+z=100

将上面的方程消去z得7x＋4y=100

由于4y和100都是4的倍数，而x,y,z都是整数，所以x也一定是4的倍数，这样枚举4的倍数(注意要从0开始)，就可以得到答案。

公鸡0只，母鸡25只，小鸡75只；或公鸡4只，母鸡18只，小鸡78只；或公鸡8只，母鸡11只，小鸡81只；或公鸡12只，母鸡4只，小鸡84只。

40. 买梨果

设买梨x个，果y个，则有x＋y=1000，11x÷9+4y÷7=999，解得：x=657，y=343。所以买了梨657个，花去803文钱，买了果子343个，花了196文钱。

41. 浮屠增级

设塔尖有灯x盏，则从上到下每层灯的数量依次为2x，4x，8x，16x，32x，64x盏，从而有，x+2x+4x+8x+16x+32x+64x=381，得x=3。

42. 娃娃分果

设有x个娃娃，那么有6x+6=7x−7，可得x=13，水果有6×13＋6=84（个）。

43. 牧童分杏

设共有x个牧童。根据杏子的总数不变，列方程：

（5÷3）x +10=（8÷4）x +2

x =24

杏子的个数：（8÷4）×24+2=50（个）。

44. 散钱成串

每一串多一个，正好穿完，说明一共有50串，所以一共有78×50＝3900枚。

45. 合作买物

设人数为x，则有8x−3=7x+4，可得x=7，

物价为7×7+4=53（人）。

46. 两地运米

设往返三次重车走了x天，则空车走了5−x天，则有50x=70×（5−x），得$x=\frac{35}{12}$，所以两地之间的路程是:$50\times\frac{35}{12}\div3=\frac{1750}{36}$（千米）。

47. 以谷换米

一石四斗等于一百四十升，八斗四升等于八十四升，三十二石二斗等于三千二百二十升，从而得可以换米3220×84÷140=1932（升），也就是十九石三斗二升。

48. 蒲莞等长

蒲每天增长速度为（从第n天初到第n天末的速度）3，1.5，0.75，0.325……尺/天；莞每天增长数为1，2，4，8……尺/天。这里在一天之内增长速度不变。

到第2天末，蒲长为3 + 1.5 = 4.5，莞长为1 + 2 = 3，4.5 > 3，不足4.5 − 3 = 1.5尺。

到第3天末，蒲长为4.5 + 0.75 = 5.25，莞长为3 + 4 = 7，5.25 < 7，有余7 − 5.25 = 1.75尺。

于是知道是在第三天初到第三天末之间生长到同一长度的，这期间它们生长速度分别为0.75尺/天，4尺/天。

于是用它们长度的差除以速度的差得到追齐的时间：$1.5\div(4-0.75)=\frac{6}{13}$（天）。

或$1.75\div(4-0.75)=\frac{7}{13}$（天），于是所用总时间为$2+\frac{6}{13}$天，或者$3-\frac{7}{13}$（天）。

49. 井有多深

设井深x米，那么有3（x+4）= 4（x+1），得x=8，那么绳子长3×（8+4）=36（米），所以井深8米，绳子长36米。

50. 竹高几何

设竹子还高x尺，则有$x^2+9=(9-x)^2$，可得x=4，所以竹子还有4尺高。

51. 戏放风筝

由勾股定理可知$a=\sqrt{c^2-b^2}$，即$a=\sqrt{95^2-76^2}=57$（尺）。

52. 毕达哥拉斯的弟子

总共有28个，$3\div[1-(\frac{1}{2}+\frac{1}{4}+\frac{1}{7})]=28$（人）。

53. 湖上红莲

如图，设湖水深x尺，则荷花高度为(x+0.5)尺，依题意可列式：$x^2+4=(x+\frac{1}{2})^2$，得x=3.75。

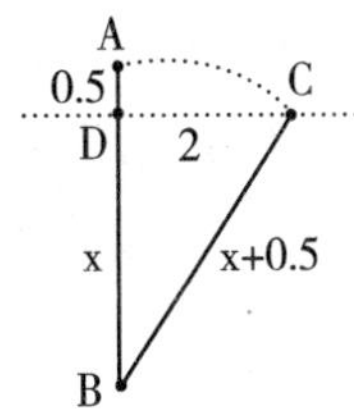

54. 莲花新题

水深4尺，莲花长5尺，且$3^2+4^2=5^2$，由勾股定理可得∠BDC=90°，所以红莲亭亭立湖间。

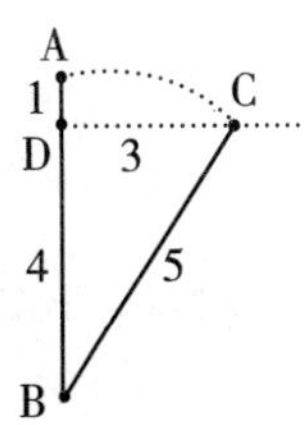

55. 将军饮马

作示意图如下：那么就是求从A点引直线到MN，设交于点C，连接BC，求当AC+BC最小时，点C的位置。

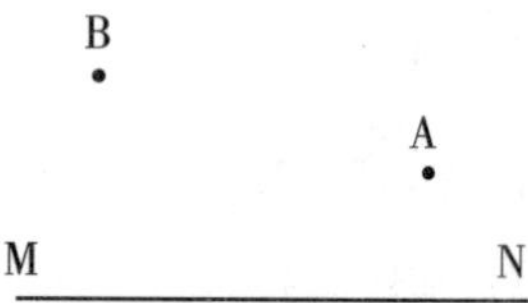

做点B（或A）关于MN的对称点B1（A1），连接AB1（A1B），交MN于点C，就是所求。

56. 牛羊价值

设牛值金x两，羊值金y两，则有5x+2y=10；2x+5y=8，可得$y=\frac{20}{21}$，$x=\frac{34}{21}$，所以羊值金$\frac{20}{21}$两，牛值金$\frac{34}{21}$两。

57. 王子的宝箱

设原来金箱中有首饰x件，银箱中有首饰y件，那么金箱中首饰数目的变化如下：x，0.75x，0.75x−5；银箱中首饰数目的变化如下：y，0.8y，0.8y−4；金箱分掉的首饰数目为0.25x+5；银箱中分掉的首饰为0.2y+4。从而有0.75x−5−10=0.25x+5，得x=40；0.8y−4=2（0.2y+4），可得y=30，所以原来金箱中有首饰40件，银箱中有首饰30件。

58. 短衣的价钱

每年12元钱和一件短衣，可知每月1元钱和1/12短衣，7个月应得7元和7/12短衣，而实际得5元与一件短衣，说明7−5＝2元，即T2元与$1-\frac{7}{12}=\frac{5}{12}$短衣等价，所以，一件短衣值$2\div\frac{5}{12}=4.8$（元）。

59. 周瑜的年龄

设十位上数字为x，那么x≥3，那么个位上的数字为x+3，所以有6（x+3）=10x+x+3，可得x=3，所以周瑜死亡时的年龄为36岁。

60. 牛顿问题

设一头牛1天吃的草为一份。那么10头牛22天吃草为1×10×22=220(份)，16头牛10天吃草为1×16×10=160(份)，（220−160）÷（22−10）=5(份)，说明牧场上一天长出新草5份。220−5×22=110（份），说明原有老草110份，即110÷（25−5）=5.5(天)，供给25头牛吃，可以吃5.5天。

61. 托尔斯泰的算术题

设大的草地面积为1，那么小草地的面积为$\frac{1}{2}$，

所以一半的人半天割了$\frac{1}{3}$，那么一天就割了$\frac{2}{3}$，

所以全体人员一天就割了$\frac{4}{3}$，

所以剩下就一小块面积就应该是$\frac{1}{2}-\frac{1}{3}=\frac{1}{6}$，就是一个人一天的工作量是$\frac{1}{6}$，

所以总人数就是$\frac{4}{3}\div\frac{1}{6}=8$（人）。

第九章 综合提高

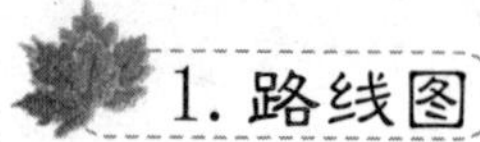

1. 路线图

如图1，公园里有一群名贵的古树，树间有小路相连。一位游客从其中的大树A出发，沿着小路，走遍每一棵树，而且每棵树只走一次，最后到达了大树B。这时他已忘记了自己行走的路线。你能找出他所走的路线吗？

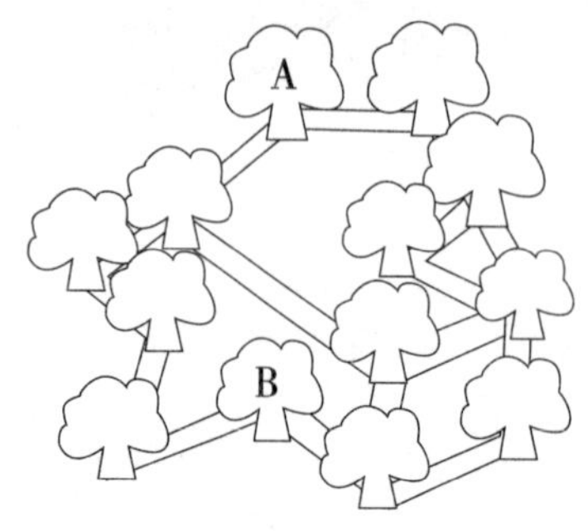

提示 找路线问题。

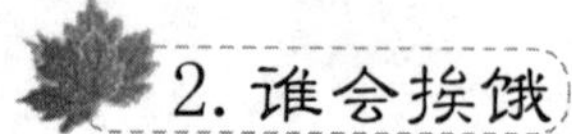

2. 谁会挨饿

动物园里有两只狮子，雄狮每顿要吃30斤肉，雌狮每顿要吃20斤肉，幼狮每顿吃10斤肉，但每天饲养员只买回来20斤肉，那就意味着会有狮子会挨饿吗？

提示 逻辑思维与数学的结合问题。

趣味馆

两个人住在一个胡同里，只隔几步路，他们同在一个工厂上班，但每天出门上班，却总一个向左，一个向右，为什么？

（答案：他们住对门）

3. 巧分垃圾桶

公园的管理员看到公园里到处都是游客扔的垃圾，非常气愤，他决定增设20个垃圾桶，分别放在5条相互交叉的路上，每条路上放4个，但由于粗心少带了10个垃圾桶。那该怎么放才能符合原来的要求呢？

提示 给垃圾桶安排位置。

4. 劳动分工

甲、乙、丙三家约定9天之内各打扫3天楼梯，由于丙家有事，没能打扫，楼梯就由甲、乙两家打扫，这样甲家打扫了5天，乙家打扫了4天，丙回来后就以9斤苹果表示感谢。请问：丙该怎样按照甲、乙两家的劳动成果分配这9斤苹果呢？

提示 公平劳动的问题。

5. 作家的生卒年

19世纪有一位著名的作家出生在英国，同样他又死于19世纪。他诞生的年份和逝世的年份都是由4个相同的数字组成，但排列的位置不同，他诞生的那一年，4个数字之和是14；他逝世的那一年的数字的十位数是个位数的4倍，请问：该作家生于何年，死于何年？

提示 根据题中给出的条件求作家的生卒年份。

趣味馆

制造日期与有效日期是同一天的产品是什么？

（答案：报纸）

6. 剧院的观众

有个剧院在上演精彩节目，刚好120个座位全坐满了观众，而全部入场费刚好为120元。剧院的入场费收取办法是：男子每人5元，女子是每人2元，小孩子则每人为1角。那么，你可以据此算出男、女、小孩各有多少人吗？

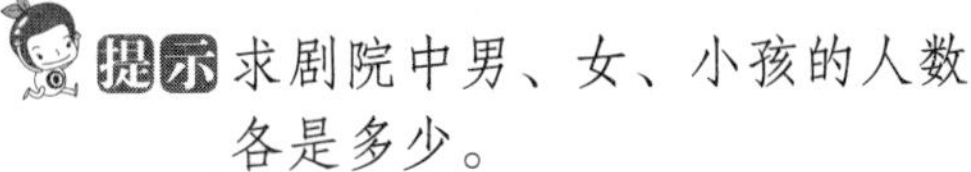
提示 求剧院中男、女、小孩的人数各是多少。

7. 鸡兔同笼各有几只

若干只鸡兔被关在同一个笼子里，笼里有鸡头，兔头共36只，有鸡脚，兔腿共100只，问鸡兔各有几只？

提示 鸡兔同笼的问题。

8. 上楼时间

已知每一层楼楼高相同，假如从一楼走到四楼需要花4分钟，那么以同样的速度，需要多少时间才能从一楼走到八楼？

提示 求上楼的时间问题。

趣味馆

汽车在右转弯时，哪一条轮胎不转？

（答案：备用轮胎）

9. 小杰的“计谋”

小杰希望每星期能得到1美元的零用钱，他爸爸拒绝了。父子俩争论了一会儿后，小杰出了一个主意，他说：“爸爸，要不这样，5月1日你给我1美分，2日给我2美分，3日给我4美分。总之，每天的钱是前一天的2倍。”“给多长时间？”爸爸立即问道。“就这一个月。”“好。”爸爸答应了。下列数目中，你能说出哪一个最接近爸爸在一个月里将要给小杰的零用钱总额吗？

1　10　100　1000　10000

100000　1000000　10000000

提示 数的递增问题。

10. 珠子和项链

现在你手上有3种颜色的珠子——灰、白、蓝。将这些珠子串成项链，每条项链由5颗珠子组成，这5颗珠子中有2颗是同一种颜色，2颗是另一种颜色，剩下1颗是第3种颜色。问按照这一规则一共可以串出多少种符合条件的项链？

提示 注意不同的组合方式。

11. 按量分钱

有三家人租住在一个院子里，院内的卫生由住进去的3家女主人共同负责。于是，A夫人清理了5天，B夫人清理了4天，就全部清理干净了。因C夫人正处于怀孕阶段，就只好出了9块钱顶了她的劳动。请问，如果这笔钱按劳动量由A、B两个夫人来分，怎样分才算公平？

提示 注意各人的工作量。

趣味馆

什么鸡没有翅膀？

（答案：田鸡）

12. 少掉的土地

有人拍卖一块土地，说是土地形状为正方形，东西100米，南北也是100米。有人买下这块土地后，用尺一量，发现这块土地的面积却只有5000平方米，为什么会这个样子呢？土地的面积怎么会突然少了一半呢？

提示 考虑土地的形状的特性。

13. 三兄弟分马

有一个农场主，临死前留下遗言：要把48匹马的$\frac{1}{2}$传给长子，$\frac{1}{3}$传给次子，$\frac{1}{8}$给幼子。但是父亲死的这一天有两匹马也死掉了，这46匹马长子还好分，但次子和小儿子的马该怎么办呢？这下可急坏了三兄弟，你知道该怎样解决吗？

提示 不能拘泥于遗产全部瓜分的思维方式。

趣味馆

100根火柴如何在最短的时间内平均分成七份？

（答案：先烧成灰再分）

14. 乌龟和青蛙赛跑

乌龟和兔子比赛赢了后就沾沾自喜，这天又来和青蛙进行100米比赛，结果，是青蛙以3米之差取胜，也就是说，青蛙到达终点时，乌龟才跑了97米，乌龟有点不服气，心想：“我连飞毛腿的兔子都赢了，还能输给你。”于是要求再比一次。这一次青蛙从起点线后退3米开始起跑，假设第二次比赛两人的速度保持不变，谁赢了第二次比赛？

比速度的问题。

15. 图片的分割

这里有6张大小不一、形状又不规则的图片，现在要把它们各分成形状、大小都不一样的两块，要怎么分？

提示 分割图片的问题。

趣味馆

在一次监察严密的考试中，有两个学生交了一模一样的试卷，主考官发现后，却并没有认为他们作弊，这是什么原因？

（答案：两张考卷交的都是白卷）

16. 巧摆木棒

有4根10厘米长的木棒和4根5厘米长的木棒，你能用它们摆成3个面积相等的正方形吗？

提示 根据要求拼正方形。

17. 巧分汽油

一个不规则的透明玻璃瓶，上面只刻着5升、10升两个刻度，而里面装了8升汽油，现在需要从中倒出5升汽油，别的瓶子上都没有刻度，也没有任何称量工具，请你帮助想想，用什么办法就一次能准确地倒出需要的量？

提示 不用测量工具分汽油的问题。

18. 猜年龄游戏

如果把你自己的年龄乘以67，然后把乘积的末尾二位数字告诉我，我就能马上说出你的年龄来。你相信吗，那么你知道我是怎么做到的吗？

提示 可以用假设法解题。

趣味馆

一位高僧与屠夫同时去世，为什么屠夫比高僧先升天？

（答案：放下屠刀立即成佛）

19. 赶乘火车

王先生赶乘火车，与朋友约好时间在火车站见面一起上车。上午8时，王先生不慌不忙，走出家门，以每分钟80米的速度，往火车站走去，打算准时到达，但走了一半路程，忽然想起车票放在桌上，忘记带了。于是立刻转身跑步回家，进门拿起车票，一秒钟也不耽搁，又转身跑步赶到火车站。这时朋友已经在那里等急了，指指手表，说："等你10分钟了。"王先生喘着气，道歉说："真对不起，让你久等。我一路坚持跑步，速度已经是步行的1.5倍了。"

王先生和他的朋友预先约好是什么时间在火车站见面的呢？

提示 根据王先生的速度求见面的时间。

20. 狐狸分果子

狐狸、老牛、小山羊分果子。狐狸说："我拿这堆果子的40%；老牛大哥辛苦，给他拿余下的50%；山羊小，他再拿剩下的80%，我拿得最少，最后剩下的6个就给我吧！"狐狸说完，小山羊表示同意。老牛却说："哼！狐狸，你比谁分的都多。"狐狸花言巧语欺骗了小山羊，请你算一算，一共有多少个果子，到底谁分的多？

提示 求狐狸、老牛、小山羊各分了多少果子。

趣味馆

打什么东西，不必花力气？

（答案：打瞌睡）

21. 蜜蜂采蜜

一只蜜蜂外出采花粉，发现一处蜜源，它立刻回巢招来10个同伴，可还是弄不完，于是每只蜜蜂回去各找来10只蜜蜂，大家再采，还是剩下很多。于是蜜蜂们又回去叫同伴，每只蜜蜂又叫来10个同伴，但仍然采不完，蜜蜂们再回去，每只蜜蜂又叫来10个同伴，这一次，终于把这一片蜜源采完了。你知道采这块蜜源的蜜蜂一共有多少只吗？

提示 求蜜蜂的只数。

22. 巧分葡萄酒

有一个盛有900毫升葡萄酒的酒壶和两个空杯子，一个杯子能盛500毫升，另一个杯子能盛300毫升，请问：应该怎样倒葡萄酒，才能使得每个杯子都恰好有100毫升葡萄酒？

提示 不允许使用别的容器，也不允许在杯子上做记号。

趣味馆

有一个字，人人见了都会念错。这是什么字？

（答案：错）

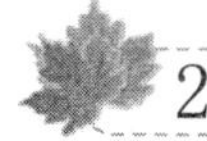

23. 玩球

12个小朋友站成一个圈，依次每个人把球传给旁边的人，玩一会儿，一位小朋友说：这样玩太没意思了，我们隔一个人一传吧！这样传结果有一半人玩不到球。后来改隔两个人一传，这样传球，只有四个人能玩到球。请你想一想，应该隔几个人传，12位小朋友都可以玩到球？

提示 可用假设方法解题。

24. 过河

有100只鸡，要从河的东岸运到西岸去，用一条船来装运。但有一个条件：要分三次运，每次运数要相等。你看该如何装运？小朋友们仔细想想可以有多种解法呀！

提示 运100只鸡过河的问题。

25. 宠物知多少

小叶的所有宠物中，除了两只不是狗以外其余都是狗，除了两只不是猫以外其余都是猫，除了两只不是兔子以外其余都是兔子，请问小叶到底有几只宠物？

提示 求宠物的总只数。

趣味馆

老大和老幺之间隔着三兄弟，虽是同年同月同日生，却一点也不像，为什么？

（答案：他们是手指头）

26. 喝水加糖

桌子上有一杯凉开水，里面放了5克糖。一个孩子跑来，把糖水倒出一半喝掉，添上了3克糖，加满水，和匀，走了。第二个孩子跑来，也把糖水倒出一半喝掉，添上3克糖，加满水，和匀，走了……这样来过1989个孩子之后，杯子里的糖能增加到10克吗？

提示 根据需求简化算式。

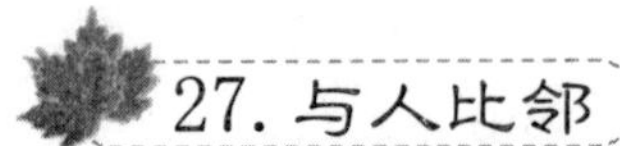

27. 与人比邻

小辉到海南旅游，他游完泳之后，想休息一下，他所在的沙滩上一共有18个遮阳伞，当他到的时候，部分遮阳伞下已有人就座了，小辉来后一看，他无论坐在哪个座位，都将与已经就座的人相邻。问：在小辉之前已就座的最少有几人？

28. 花生各多少

甲、乙、丙3个小朋友的手里各有一些花生豆。

甲说：“我有12粒。我比乙少2粒。比丙多1粒。”

乙说：“我手里的豆粒在3个人中不是最少。丙和我相差3粒。丙有15粒。”

丙说：“我的豆粒比甲的少。甲有13粒。乙比甲少2粒。”

甲、乙、丙3个小朋友每人说的3句话中，只有两句是真话。你能猜出他们各有多少粒花生豆吗？

提示 求甲、乙、丙各自的花生豆粒数。

趣味馆

只字加一笔变成什么字？

（答案：先把只立起来，冲）

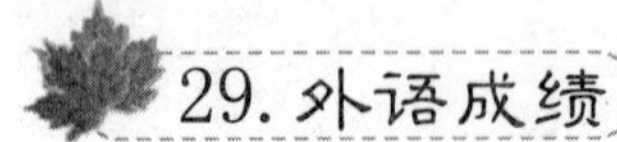

29. 外语成绩

四年级升级考试共考了5门功课，在“自然”和“外语”的成绩没有公布时，小娟的平均分数是96分；公布了“自然”成绩后，她的平均分数少了4分；而公布了“外语”成绩后，她的平均分数又比公布“自然”分数后的平均分数增加了1分。小娟的“外语”究竟考了多少分呢？

提示 根据平均分求解。

30. 油菜地和麦地

有一块油菜地和一块麦地。油菜地的一半和麦地的1/3放在一起是13亩。麦地的一半和油菜地的1/3放在一起是12

亩。那么，油菜地是几亩？

提示 依据油菜地和麦地的关系求解。

趣味馆

王先生在打太极拳时金鸡独立，站多久看上去都那么轻松，为什么？

（答案：因为他在照片里）

31. 猴子分桃

这里有一大堆桃子，是5个猴子的公共财产。它们要平均分配。第一个猴子来了，它左等右等，别的猴子都不来，便动手把桃子均分成5堆，还剩了1个。它觉得自己辛苦了，当之无愧地把这1个无法分配的桃子吃掉，又拿走了5堆的1堆。第二个猴子来了，它不知道刚才发生的情况，又把桃子分成5堆，还是多了1个。它吃了这1个，拿1堆走了。以后，每个猴子来了，都是如此办理。请问：原来至少有多少桃子？最后至少剩多少桃子？

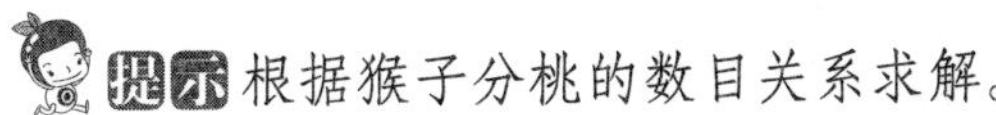

提示 根据猴子分桃的数目关系求解。

32. 7人溜冰

在一个半径是10米的旱冰场上，有7位学生在溜冰，请你证明，一定有两个学生之间的距离不大于10米。

提示 根据圆形和扇形的关系求解。

趣味馆

有一位刻字先生，他挂出来的价格表是这样写的：刻“隶书”4角；刻“仿宋体”6角；刻“你的名章”8角；刻“你爱人的名章”1.2元。那么他刻字的单价是多少？

（答案：每个字两角）

33. 数火柴

弟弟和妹妹拿了一盒火柴开始数，他俩速度不同，弟弟数6根时，妹妹才数4根。照这样速度数下去，妹妹数到44根时，忽然忘了；接着妹妹又从第一个数起，数到116根时，两人同时停住，还剩5根。问火柴盒里一共有多少根火柴？

提示 弟弟数过的火柴妹妹不再数。

34. 小狗跑路

父亲和儿子带着家里的小狗外出散步。儿子和小狗先离开家门，10秒钟之后，父亲离开家门。就在父亲刚出家门时，小狗掉头朝父亲跑来，跑到父亲跟前后，又马上折到儿子跟前。就这样，小狗欢跳着不断跑来跑去。小狗每秒钟跑5米，父亲每秒钟走2米，儿子每秒钟走1米，问父亲追上儿子时，小狗总共跑了多少米？

 提示 求出小狗跑的时间。

 趣味馆

苹果树上有二十个熟透的苹果，被风吹落了一半，后又被果农摘了一半，那么树上还有几个苹果？

（答案：5个）

35. 撑船过河

49名同学要过河去野游，现在只有一只船，这只船小，只能坐7个人过河，算一算，这些同学至少要分几组才能全部过河？

 提示 船不会自己游，只有一名同学会划船。

36. 天平称球

芳芳的爷爷是一位教授，他经常提出一些很有意思的问题让芳芳回答。这一天，爷爷又提出了一个问题，可这次芳芳却没有回答出来。问题是这样的：有6个形状和颜色完全相同的小球，其中3个小球稍重一些，3个小球稍轻一些，而3个稍重的小球的重量相同，3个稍轻的小球的重量也相同。怎样利用一架没有砝码的天平，称量3次，将轻球和重球区分开来？

 提示 利用天平区分轻球和重球。

 趣味馆

什么人是人们说时很崇拜，但却不想见到的？

（答案：上帝）

37. 分巧克力糖

放暑假了，少先队组织同学去慰问张老师。张老师高兴地拿出巧克力糖来招待同学们，一看盒子里的巧克力糖，如果平均分给每个同学，少3块；如果每人只给3块，还剩下3块。试问有几个同学去慰问张老师，盒子里有几块巧克力糖？

 提示 求巧克力糖的块数。

38. 老李追老张

环形公路有30公里长，老张沿着公路练长跑，他的速度是每小时12公里。出发40分钟以后，老李骑着自行车有事通知他，自行车的速度是每小时18公里。那么，最快要多长时间才能与他相会？

提示 两人相遇的问题。

趣味馆

小王说他会在太阳和月亮永远在一起的时候去旅行，你说可能吗？

（答案：可能，他说的是明天）

39. 亮着的灯

一间屋子里有100盏灯排成一行，按从左到右的顺序编上号1、2、3、4、5…99、100，每盏灯都有一个开关，开始全都关着，把100个学生排在后面，第1个学生把1的倍数的灯全都拉一下，第2个同学把2的倍数的灯全都拉一下……第100个学生把100的倍数的灯都拉一下，这时有多少盏灯是开着的？

40. 货物清运

天马公司有若干箱货物总重19.5吨，每箱重量不超过353千克，今有载重量为1.5吨的汽车，至少需要多少辆，才能确保这批货物一次全部运走？

41. 答题正确人数

36名学生参加数学比赛，答对第1题的有25名学生，答对第2题的有23名学生，两题都答对的有15名学生，两题都没有答对的有多少名？

42. 奶糖的数量

用18元1千克的巧克力，12元1千克的奶糖，9元1千克的水果糖混合成为13元1千克的什锦糖，如果巧克力1千克，水果糖1千克，应放奶糖多少千克？

43. 租车的费用

一个旅游园租车出游，平均每位游客付车费40元，后又增加8位游客，这样每人应付车费35元，租车费是多少元？

44. 做作业的时间

小明做作业的时间不足1小时，他发现结束时，手表上时针、分针的位置正好与开始时的时针和分针的位置交换了一下，小明做作业用了多长时间？

45. 如何分组

暑假里，班里要做社会调查，要分成15个小组，班里有赵、钱、孙、李、周各5位同学，要使每个小组的姓都不同，该如何分呢？

46. 卡片问题

星期天，林林到森森家串门玩，见森森正在桌上摆弄5张卡片，这5张卡片上分别写着4、5、6、+、=。

林林问："你在摆什么呢？"

森森说："我想把这5张卡片摆成一个等式。"

林林说："这还不容易吗？"

他说着就摆了起来，可是摆了半天怎么也摆不成，4+5，4+6，5+6都超过了最大的数6，而6-5，6-4，又都不够最小的数4。

"这不可能，这个等式永远也摆不成。"林林说。

"能摆成。"森森说着在桌子上摆了一个算式，果然是个等式。

小朋友，你知道森森是怎样摆的吗？

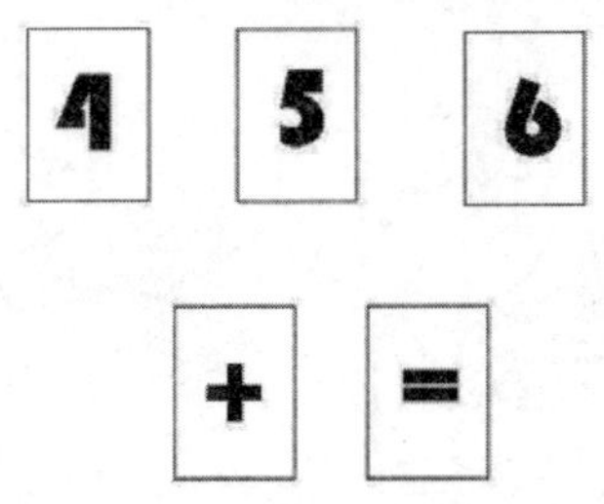

47. 巧称体重

赵先生、钱先生、孙先生三人的体重大约都在60公斤左右，但都不知道具体数，现在只有一个100公斤的秤砣和地磅，那么有没有办法称出他们各自的体重呢？

48. 巧测金字塔高度

金字塔是埃及的著名建筑，尤其胡夫金字塔最为著名，整个金字塔共用了230万块石头，10万奴隶花了30年的时间才建成这个建筑。金字塔建成后，国王又提出一个问题，金字塔到底有多高，对这个问题谁也回答不上来。国王大怒，把回答不上来的学者们都扔进了尼罗河。当国王又要杀害一个学者崐的时候，著名学者塔利斯出现了，他喝令刽子手们住手。国王说："难道你能知道金字塔的高度吗？"塔利斯说："是的，陛下。"国王说："那么它高多少？"塔利斯沉着地回答说："147米。"国王问："你不要信口胡说，你是怎么测出来的？"塔利斯说："我可以明天表演给你看。"

第二天，天气晴朗，塔利斯只带了一根棍子来到金字塔下，国王冷笑着说："你就想用这根破棍子骗我吗？你今天要是测不出来，那么你也将要被扔进尼罗河！"塔利斯不慌不忙地回答："如果我测不出来，陛下再把我扔进尼罗河也为时不晚。"

接着，塔利斯便开始测量起来，最后，国王也不得不服他的测量是有道理的。

小朋友，你知道塔利斯是如何进行测量的吗？

49. 球的数量

圣诞节到了，圣诞老人的礼物袋子里有若干个球，当他送礼物时每次拿出其中的一半，再放回一个，一共做了5次，袋中还有3个球，请问原来袋中有几个球？

50. 昆虫个数

蜘蛛有8只脚，蝴蝶有6只脚和2对翅膀，苍蝇有6只脚和1对翅膀。现有3种昆虫共18只，共有118只脚和20对翅膀，问：每种虫各几只？

51. 答题数量

甲、乙两人参加知识竞赛，每答对一题得20分，答错一题扣12分，两人各答了10题，共得208分，其中甲比乙多得64分。甲、乙各做对了几道题？

52. 工人的配合

某工厂车间共有77个工人，已知每天每个工人平均可加工甲种部件5个，或者乙种部件4个，或丙种部件3个。但加工3个甲种部件，1个乙种部件和9个丙种部件才恰好配成一套。问应安排甲、乙、丙种部件的生产工人各多少人时，才能使生产出来的甲、乙、丙三种部件恰好都配套？

53. 探险天数

詹姆斯和布鲁克两人向大洋前进，每人备有12天的食物，他们最多探险多少天？（返回的速度是去的两倍）

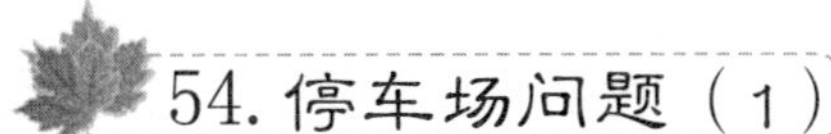

54. 停车场问题（1）

停车场上，有24辆车，汽车4轮，摩托车3轮，共86个轮。那么共有三轮摩托车______辆。

55. 停车场问题（2）

某停车场中共有三轮摩托车，四轮小轿车和六轮小卡车30辆，各种轮子共116个。已知四轮小轿车比六轮大卡车的5倍多2辆，那么这个停车场中共有多少辆小轿车。

56. 拍照

明珠市实验小学与第二小学三年级的学生乘车到京都大学参观，每车可乘36人，两所学校的学生坐满若干台车后，来自实验中学余下的11位学生与来自第二中学余下的若干位学生坐满了一辆车。在京都大学来自实验中学和来自第二中学的同学两两合影留念，若每个胶卷只能拍36张相片，那么全部拍完后相机中残余胶卷还能拍多少张照片？

57. 狼和兔子

一只狼以每秒15米的速度追捕在它前面100米处的兔子。兔子每秒行4.5米，6秒钟后猎人向狼开了一枪。狼立即转身以每秒16.5米的速度背向兔子逃去。问：开枪多少秒后兔子与狼又相距100米？

58. 绕水池

兄、妹二人在周长为30米的圆形小池边玩。从同一地点同时背向绕水池而行。兄每秒走1.3米，妹每秒走1.2米。他们第10次相遇时，妹妹还要走多少米才能回到出发点？

59. 不平的道路

从甲地到乙地的路程分为上坡、平路、下坡三段，各段路程之比是1∶2∶3，小强走这三段路所用的时间比是4∶5∶6。已知他上坡的速度为每小时2.5千米，路程全长为20千米。小强从甲地走到乙地需多长时间？

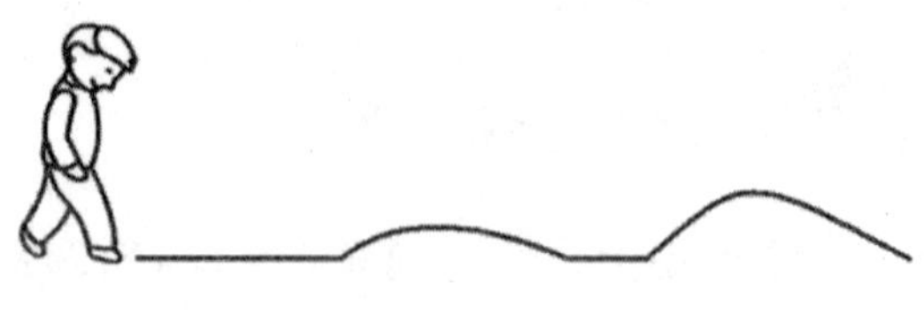

60. 登山

小明去登山，上午6点出发，走了一段平坦路，爬上了一座山。在山顶停了1小时后按原路返回，中午11点回到家。已知他走平路速度为每小时4千米，上坡速度为每小时3千米，下坡速度为每小时6千米，问：小明一共走了多少路？

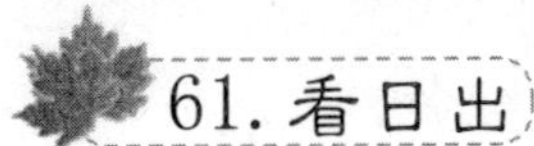

61. 看日出

红星小学有80名学生租了一辆40座的车去海边看日出。未上车的学生步行，和汽车同时出发，由汽车往返接送。学校离海边48千米，汽车的速度是步行的9倍。汽车应在距海边多少千米处返回接第二批学生，才能使学生同时到达海边？

62. 上涨的池水

有大、中、小三个正方体水池，它们的内边长分别为6米、3米、2米。把两堆碎石都沉在中、小水池里，两个水池水面分别升高了6厘米和4厘米。如果将这两堆碎石都沉在大水池里，大水池的水面升高多少厘米？

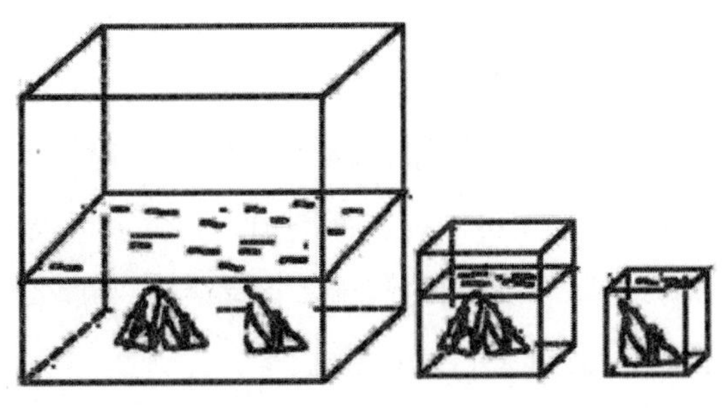

63. 设计包装盒（1）

一个精美小礼品盒的形状是长9厘米，宽6厘米，高4厘米的长方体。请你帮厂家设计一个能装10个小礼品盒的大纸箱，你觉得怎样设计比较合理？为什么？

64. 设计包装盒（2）

一种枣片的包装形状是长方体，它的长是9厘米，宽是5厘米，高是2厘米。把10包枣片包装在一起形成一个大长方体，称为一提。可以怎样包装？你认为哪一种包装比较合理？算一算需要多少包装纸。（包装纸的重叠部分忽略不计）

65. 圆圈上的孔

在一个圆圈上有几十个孔（如图），小明像玩跳棋那样从A孔出发沿逆时针方向每隔几个孔跳一步，希望一圈以后能跑回A孔，他先试着每隔2孔跳一步，结果只能跳到B孔。他又试着每隔4孔跳一步，也只能跳到B孔。最后他每隔6孔跳一步，正好跳回A孔。问：这个圆圈上共有多少个孔？

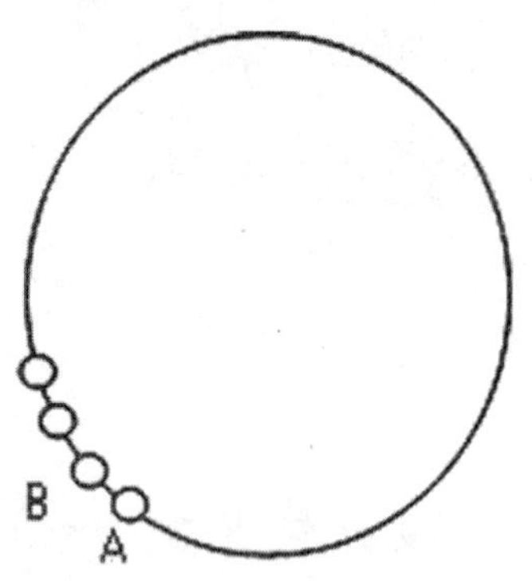

66. 扶梯的级数

自动扶梯以均匀速度由下往上行驶着，两位性急的孩子要从扶梯上楼。已知男孩每分钟走20级台阶，女孩每分钟走15级台阶，结果男孩用5分钟到达楼上，女孩用了6分钟到达楼上。问：该扶梯共有多少级台阶？

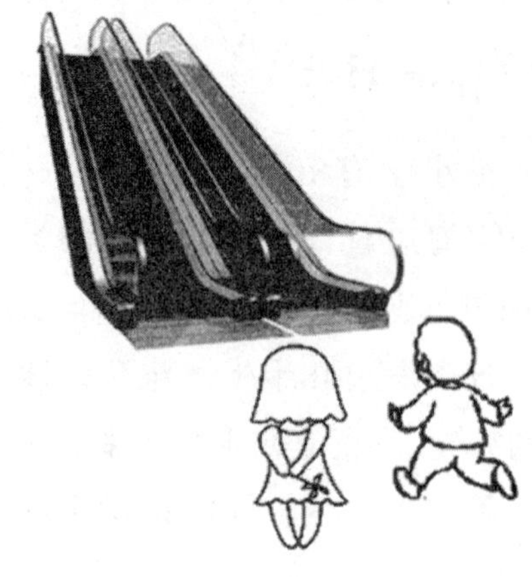

67. 检票

某车站在检票前若干分钟就开始排队，每分钟来的旅客人数一样多。从开始检票到等候检票的队伍消失，同时开4个检票口需30分钟，同时开5个检票口需20分钟。如果同时打开7个检票口，那么需多少分钟？

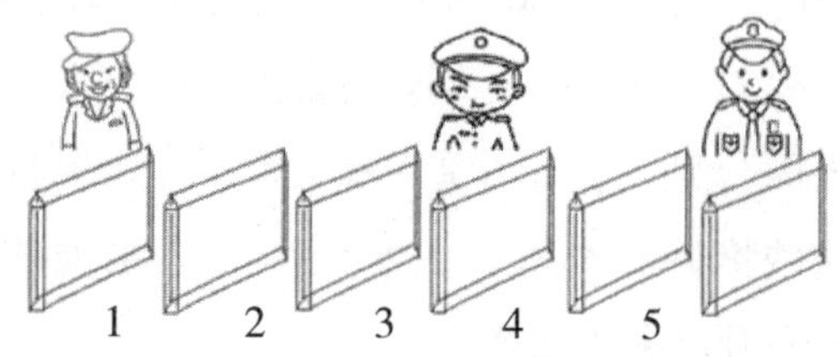

某车站在检票前若干分钟就开始排队，每分钟来的旅客人数一样多。从开始检票到等候检票的队伍消失，同时开4个检票口需30分钟，同时开5个检票口需20分钟。如果同时打开7个检票口，那么需多少分钟？

68. 追赶自行车

快、中、慢三车同时从A地出发，追赶一辆正在行驶的自行车，三车的速度分别是每小时24千米、20千米、19千米。快车追上自行车用了3小时，中车追上自行车用了5小时，慢车追上自行车用多少小时？

69. 怕热的蜗牛

两只蜗牛由于耐不住阳光的照射，从井边逃向井底。白天往下爬，两只蜗牛白天爬行的速度是不同的。一只每天白天爬20分米，另一只爬15分米。黑夜里往下滑，两只蜗牛滑行的速度却是相同的。结果一只蜗牛恰好用5个昼夜到达井底，另一只蜗牛恰好用6个昼夜到达井底。那么，井深多少米？

70. 奖品的数量

某次数学竞赛准备了22支铅笔作为奖品发给获得一、二、三等奖的学生。原计划一等奖每人发6支，二等奖每人发3支，三等奖每人发2支。后来又改为一等奖每人发9支，二等奖每人发4支，三等奖每人发1支。问：一、二、三等奖的学生各有几人？

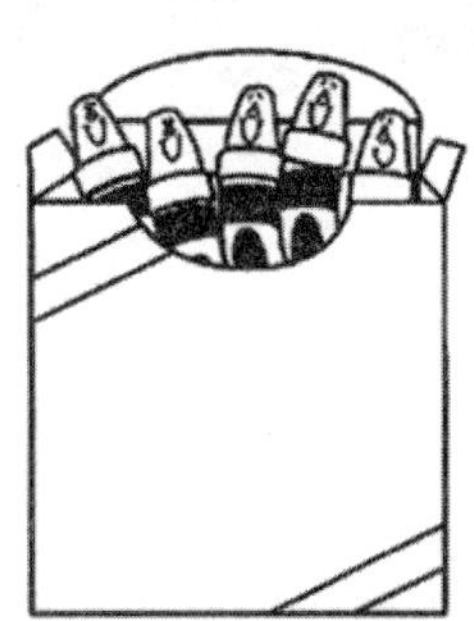

71. 配合做机器

加工某种机器零件要三道工序，专做第一、二、三道工序的工人每小时分别能做48个、32个、28个，要使每天三道工序完成的个数相同，至少要安排多少工人？

72. 生日同月份的人

15个小朋友中，至少有几个小朋友在同一个月出生？

73. 同一天生日的推断

东海师大附小四年级有370名2004年出生的学生，其中至少有两个学生的生日是同一天，为什么？

74. 买书

某班学生去买语文书、数学书、外语书。买书的情况是：有买一本的、两本的、三本的，问至少要去几位学生才能保证一定有两位同学买到相同的书（每种书最多买一本）？

75. 两双袜子

一个布袋里有红、黄、蓝色的袜子各8只。每次从布袋中拿出一只袜子，最少要拿出多少只才能保证其中至少有2双颜色相同的袜子？

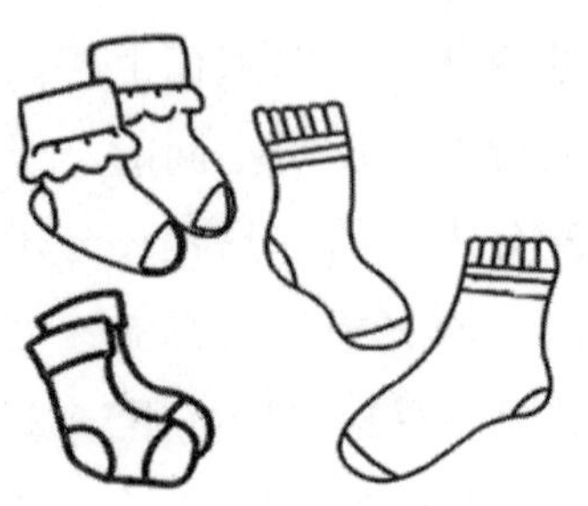

76. 三副手套

一只布袋中装有大小相同但颜色不同的手套，颜色有黑、红、蓝、黄四种，问最少要摸出多少只手套才能保证有3副同色的？

77. 方格涂色

在3×9的方格图中（如下图所示），将每一个小方格涂上红色或者蓝色，不论如何涂色，其中至少有两列的涂色方式相同。这是为什么？

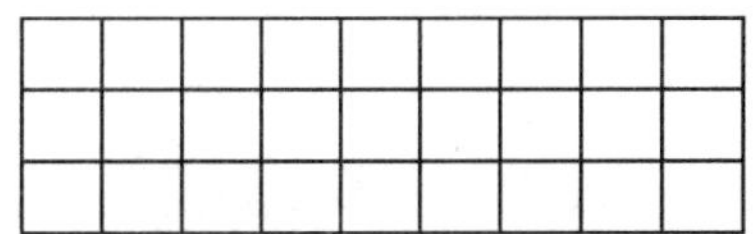

78. 摸球

布袋里有4种不同颜色的球，每种都有10个。最少取出多少个球，才能保证其中一定有3个球的颜色一样？

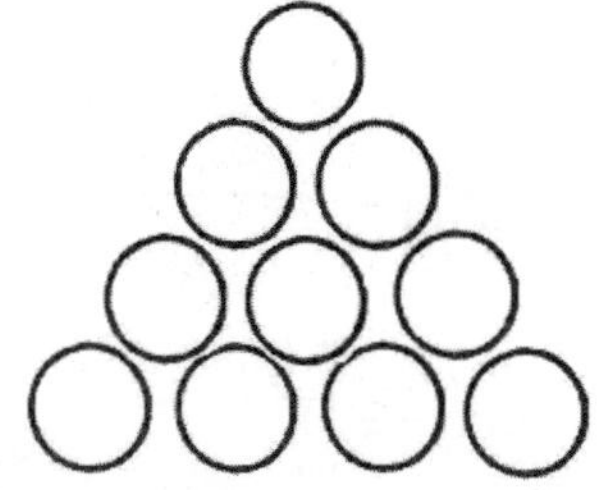

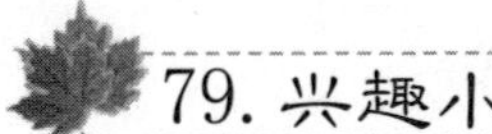

79. 兴趣小组

某班共有46名学生，他们都参加了课外兴趣小组。活动内容有数学、美术、书法和英语，每人可参加1个、2个、3个或4个兴趣小组。问班级中至少有几名学生参加的项目完全相同？

80. 搬运球

库房里有一批篮球、排球、足球和实心球，每人任意搬运两个，问：在31个搬运者中至少有几人搬运完全相同？（搬运一趟的情况）

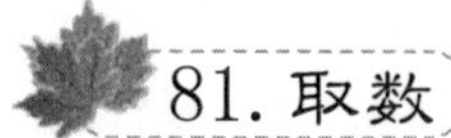

81. 取数

从1至36中，最多可以取出几个数，使得这些数中没有两数的差是5的倍数？

82. 小猴分桃

把280个桃分给若干只猴子，每只猴子不超过10个。证明无论怎样分，至少有6只猴子得到的桃一样多。

83. 分卡片

将400张字母卡片分给若干名同学，每人都能分到，但都不超过11张，请问至少有几名同学得到的卡片的张数相同？

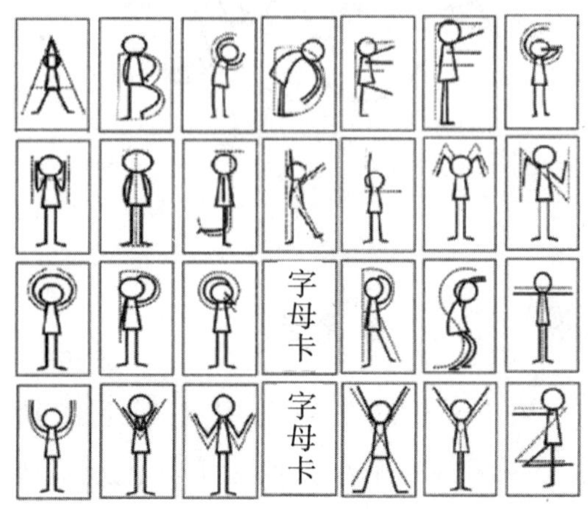

84. 汽车行驶路程

汽车8小时行了310米，已知汽车第一小时行了25千米，最后一小时行了45千米。证明：一定存在连续的两小时，在这两小时内汽车至少行了80千米。

85. 判断颜色

将红、黄、蓝、白、黑、绿六种颜色分别涂在正方体各面上（每一面只涂一种颜色）。现有涂色方式完全一样的相同的四块小正方体，把它们拼成长方体（如图所示），每个小正方体红色面的对面涂的是什么颜色？黄色对面呢？黑色对面呢？

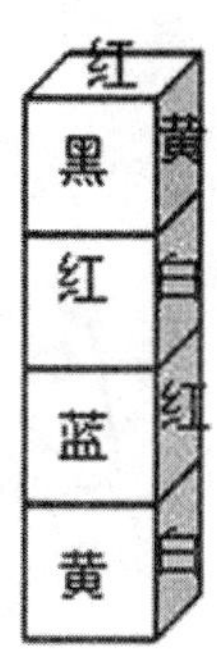

86. 选举班长

某班44人，从肖依，张成，马玲，赵涵，侯毅五位候选人中选举班长。赵涵得选票23张，肖依得选票占第二位，张成和马玲得票相同，侯毅的选票最少，只得了4票。那么肖依得选票多少张？

87. 取火柴

晓霞和小娟做一个移火柴的游戏，比赛的规则是：两人从一堆火柴中可轮流移走1至7根火柴，直到移尽为止。挨到谁移走最后一根就算谁输。如果开始时有1000根火柴，首先移火柴的人在第一次移走多少根才能保证在游戏中获胜。

88. 写数字

小东与小贝两个人喜欢数学，有一天两人约定，两人轮流在黑板上写上不超过14的自然数，书写规则是：不允许在黑板上写已写过的数的约数，轮到书写人无法再写时就是输者。现在小东先写，小贝后写，谁能获胜？应采取什么对策？

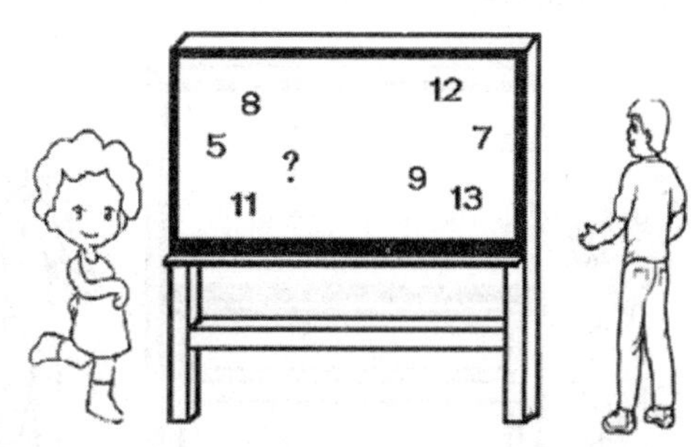

89. 擦数字

输了的小贝不服气，决定换一个游戏玩。他在黑板上写下99个数：2，3，4…100。他和小东两人轮流擦去黑板上的一个数（小贝先擦，小东后擦），如果最后剩下的两个数互质，则小贝胜，否则小东胜。问谁能必胜？必胜的策略是什么？

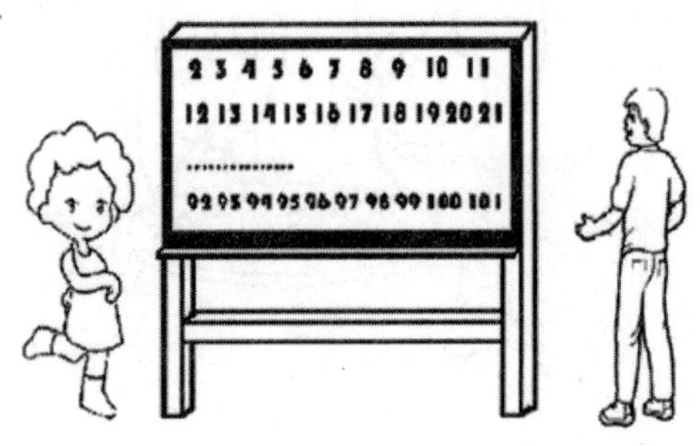

90. 方格棋

小贝和小东打成了平手,他们又设计了一种游戏,两人轮流在3×3的方格画“√”“×”，规定每人每次至少画一格，至多画三格，所有的格画满后，谁画的符号总数为偶数，谁就获胜。那么谁有必胜的策略呢?

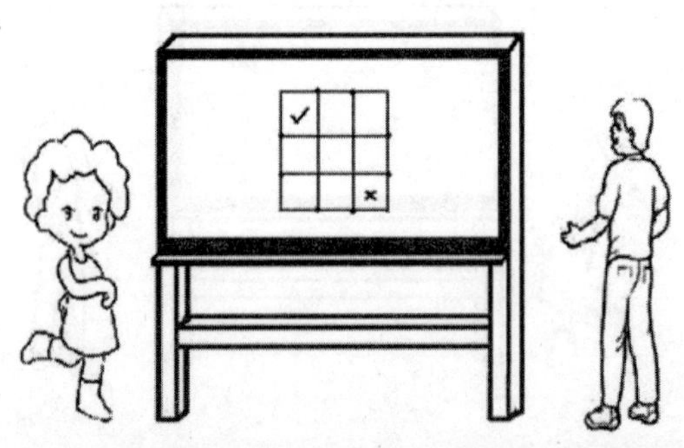

91. 考试的及格率

一次考试共有五道试题，做对1，2，3，4，5题的分别占参加考试人数的59%，84%，88%，72%，80%，如果做对三道或三道以上的为及格，那么这次考试的及格率至少是（   ）。

92. 交换座位

某电影院有31排座位，每排29个座位。某天放映两场电影，每个座位上都坐了一个观众。如果要求每两个观众在看第二场电影时必须跟他（前、后、左、右）相邻的某一个观众交换座位，这样能办到吗？为什么？

93. 运输方案

吉祥公司要把一种机床从仓库A、B运往甲、乙两家客户的所在地，A库有17台，B 库有12台，甲家要16台，乙家要13台。请你根据下表给出的数据设计运输方案，使总运费最少。

	运到甲每台费用（元）	运到乙每台费用（元）
A库	500	700
B库	300	600

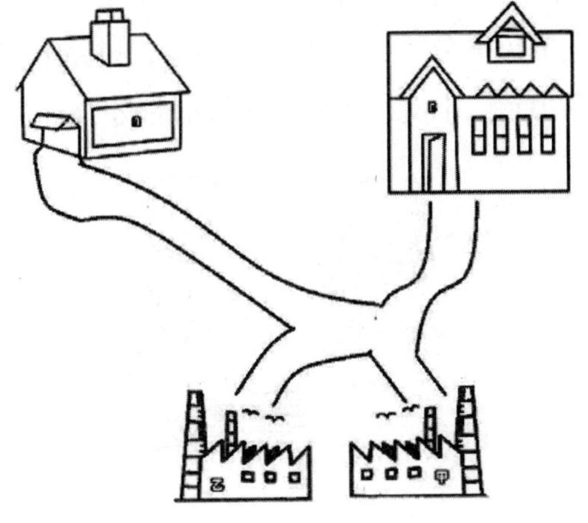

94. 面向教练的人数

参加团体操表演的200个学生站成若干排，全部面向教练，然后按照1、2、3…199、200的顺序报数。教练要求学生按照如下的步骤进行操作：

报的数是2的倍数的同学向后转；

报的数是3的倍数的同学向后转；

报的数是5的倍数的同学向后转。

经过这3个步骤以后，面向教练的学生还有多少个？

95. 含微量元素的食物

有100种蔬菜，其中含钙的有86种，含铁的有43种，含锌的有15种，那么，其中既含钙又含铁的食品最少有______种，同时含钙、铁、锌的食品最多有______种。

96. 读书小组

一个读书小组共有六位同学，分别姓赵、钱、孙、李、周、吴。其中有六本书，书名分别是A、B、C、D、E、F，他们每人至少读过其中的一本书。已知赵、钱、孙、李、周分别读过其中的2、2、4、3、5本书，而书A、B、C、D、F分别被小组中的1、4、2、2、2位同学读过。那么吴同学读过几本书?书E被小组中的几位同学读过?

97. 小猫钓鱼

一天，三只小猫在湖边钓了一堆鱼，实在太累了，就坐在河边的柳树下休息，一会儿都睡着了。第一只小猫醒了，看到其他两只小猫睡得正香，没有吵醒他们，就把鱼平均分成三份，自己拿一份走了，不一会儿，第二只小猫也醒了，他也把鱼平均分成三份，自己拿一份走了。太阳快落山了，第三只小猫才醒来，他想，我的两个同伴去哪了？这么晚了，我得回家，于是，他又把鱼平均分成三份，自己拿一份，最后剩下8条鱼，他们这一天共钓了几条鱼？

98. 吃鱼分钱

小文和小武两人在河边钓鱼，小文钓了三条，小武钓了两条，正准备吃，有一个过路人请求跟他们一起吃，于是三人将五条鱼平分了，为了表示感谢，过路人留下20元，小文、小武怎么样分钱才合理?

99. 运输车辆

某物流公司有甲乙两种型号的托运车，已知甲型车和乙型车的拖运量的比是6∶5，拖运的速度比是3∶4，该公司曾用6辆甲型车和8辆乙型车将一批货物运到距离40千米的目的地，8天刚好运完. 根据经验，现在要将同样多的货物运到距离85千米的目的地，要求8.5天运完，该公司已安排了16辆乙型车，问还要安排多少辆甲型车?

100. 取棋子

如图，小刚在圆周上放了1枚黑子和2014枚白子，从黑子开始，按顺时针方向，每隔1枚，取走1枚，即留下奇数号棋子，取走偶数号棋子，若黑子初始位置是第2011号，则最后剩下的棋子最初是第几号？

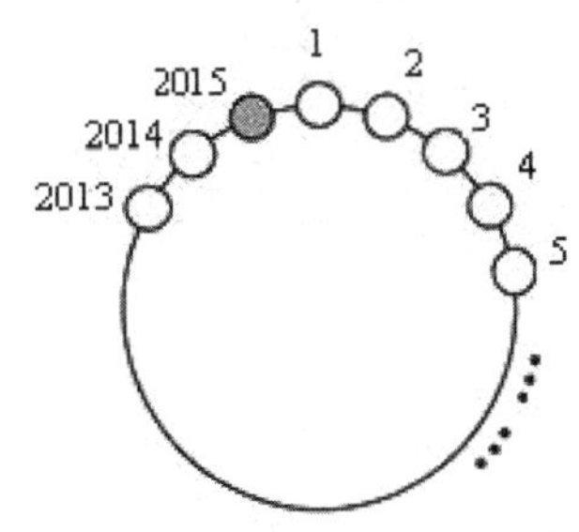

101. 超载吗

一只小船仅能载客6人。一天来了2对夫妇，每对夫妇都带了2个孩子，但船家竟未阻挡，全让他们上了船。船家不怕超载吗？

102. 独木桥

一根独木桥，一次只能过一个人。一天来了两个人，一个是南来的，一个是北往的，他们都想过河。他们能过去吗？

103. 速过小桥

一个兴趣学习小组在30分钟内赶回，途中必需跨过一座桥，过桥的时间只有17分钟，四个人从桥的同一端出发，天色很暗，而他们只有一只手电筒。一次同时最多可以有两人一起过桥，而过桥的时候必须持有手电筒，所以就得有人把手电筒带来带去，来回桥两端。手电筒是不能用丢的方式来传递的。四个人的步行速度各不同，若两人同行则以较慢者的速度为准。强强需花1分钟过桥，壮壮需花2分钟过桥，梅梅需花5分钟过桥，花花由于腿受伤，所以需花10分钟过桥。你能帮他们在17分钟内过桥吗？

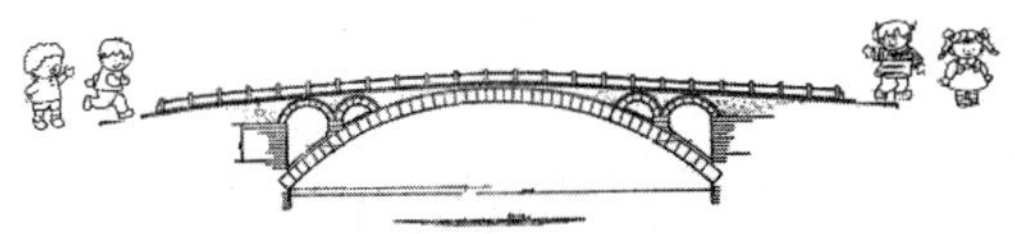

104. 巧分硬币

有23枚硬币放在桌上，10枚正面朝上。假设别人蒙住你的眼睛，而你的手又摸不出硬币的反正面。让你用最好的方法把这些硬币分成两堆，使每堆正面朝上的硬币个数相同。

105. 神奇的魔术师

盒子里放有三只乒乓球，一位魔术师第一次从盒子里拿出一只球，将它变成3只球后放回盒子里；第二次又从盒子里拿出二只球，将每只球各变成3只球后放回盒子里……第十次从盒子里拿出十只球，将每只球各变成3只球后放回到盒子里。这时盒子里共有多少只乒乓球？

106. 圣诞彩灯

圣诞节到了，夜景真漂亮，街上有一株特别大的圣诞树，树上缠绕的彩灯按照5盏红灯、再接4盏蓝灯、再接3盏黄灯，然后又是5盏红灯、4盏蓝灯、3盏黄灯……这样排下去。问：

（1）第100盏灯是什么颜色？

（2）前150盏彩灯中有多少盏蓝灯？

107. 找盒子

A，B，C，D四个盒子中依次放有8，6，3，1个球。第1个小朋友找到放球最少的盒子，然后从其他盒子中各取1个球放入这个盒子；第2个小朋友也找到放球最少的盒子，然后也从其他盒子中各取1个球放入这个盒子……当100位小朋友放完后，A，B，C，D四个盒子中各放有几个球？

108. 运送花瓶

鸿运百货商店委托搬运站运送500只花瓶，双方商定每只运费2.4元，但如果发生损坏，那么每打破一只不仅不给运费，而且还要赔偿12.6元，结果搬运站共得运费1155元。问：搬运过程中共打破了几只花瓶？

109. 不能迟到

小雪家去学校上学，每分钟走50米，走了2分钟后，发觉按这样的速度走下去，到学校就会迟到8分钟。于是小雪开始加快慢跑，每分钟比原来多走10米，结果到达学校时离上课还有5分钟。问：小雪家离学校有多远？

110. 争抢树苗

学校运来一批树苗，36棵分给了欢欢与莹莹，两人争着去栽，欢欢先拿了若干树苗，莹莹看到欢欢拿得太多，就抢了10棵，欢欢不肯，又从莹莹那里抢回来6棵，这时欢欢拿的棵数是莹莹的2倍。问：最初欢欢拿了多少棵树苗？

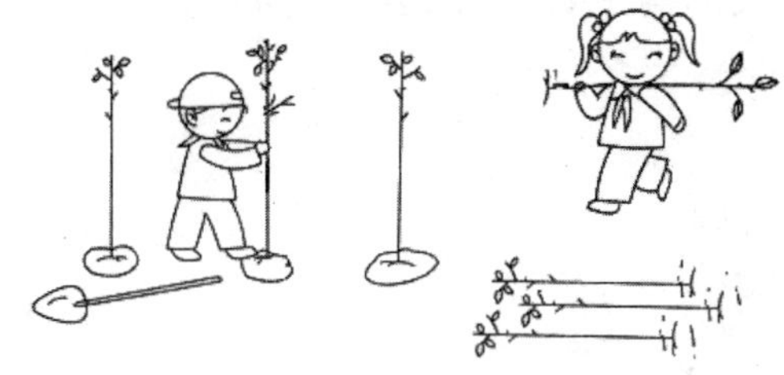

111. 盛油几何

有甲、乙、丙三个油桶，各盛油若干升。先将甲桶油倒入乙、丙两桶，使它们各增加原有油的一倍；再将乙桶油倒入丙、甲两桶，使它们的油各增加一倍；最后按同样的规律将丙桶油倒入甲、乙两桶。这时，各桶油都是16升。问：各桶原有油多少升？

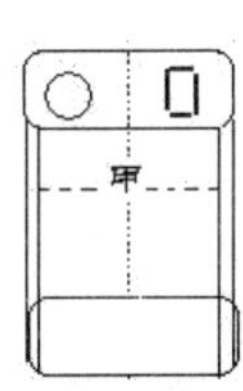

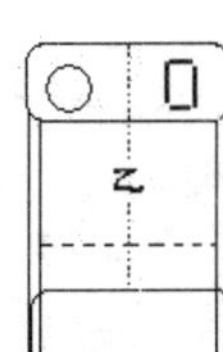

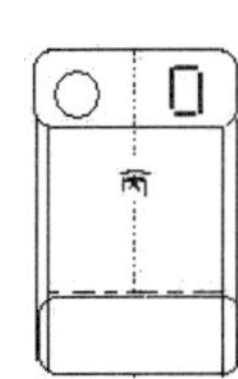

112. 兄弟分橘

兄弟三人分24个橘子，每人所得个数分别等于他们三年前各自的岁数。如果老三先把所得的橘子的一半平分给老大与老二，接着老二把现有的橘子的一半平分给老三与老大，最后老大把现有的橘子的一半平分给老二与老三，这时每人的橘子数恰好相同。问：兄弟三人的年龄各多少岁？

113. 书页谜题

一本小说的页码，在排版时必须用2211个数码。问：这本书共有多少页？

114. 多出来的页码

一本书的页码从1至62，即共有62页。在把这本书的各页的页码累加起来时，有一个页码被错误地多加了一次。结果，得到的和数为2000。问：这个被多加了一次的页码是几？

115. 缺失的页码

有一本48页的书，中间缺了一张，小明将残书的页码相加，得到1131。老师说小明计算错了，你知道为什么吗？

116. 书中插图

有一本科幻故事书，每四页中，有一页为文字，其余三页为图画。如果第一页为图画，那么第二、三页也是图画，第四页为文字，第五、六、七页又为图画，依此类推。如果第一页为文字，那么第二、三、四页为图画，第五页为文字，第六、七、八页又为图画，依此类推。试问：

（1）假如这本书有96页，且第一页

是图画，那么这本书多少页有图画？

（2）假如这本书有99页，且第一页是文字，那么这本书多少页有图画？

数学幽默八则

1. 四舍五入

仔仔兴高采烈地从学校里回来，问妈妈："爸爸呢？"

妈妈看到仔仔兴奋的样子，奇怪地问："爸爸在家，你找爸爸做什么？""我向爸爸要5角钱。"

"为什么？"妈妈问道。

"在考数学以前，爸爸对我说'如果考了100分，就给我1元钱，考80分给8角。'今天，我数学考了45分。"仔仔回答说。

妈妈吃惊地问："什么！数学才考45分？"

仔仔得意地说："是呀，数学上要四舍五入，因此，爸爸必须付5角钱。"

2. 乘法分配律

老师发现一个学生在作业本上的姓名是：木（1+2+3）。

老师问："这是谁的作业本？"

一个学生站起来："是我的！"

老师："你叫什么名字？"

学生："木林森！"

老师："那你怎么把名字写成这样呢？"

学生："我用的是乘法分配律！"

3. 数字是不会骗人的

"数字是不会骗人的，"老师说："一座房子，如果一个人要花上十二天盖好，十二个人就只要一天。二百八十八人只要一小时就够了。"

一个学生接着说："一万七千二百八十人只要一分钟，一百零三万六千八百人只要一秒钟。此外，如果一艘轮船横渡大西洋要六天，六艘轮船只要一天就够了。四杯25度的水加在一起就变开水了！数字是不会骗人的！"

4. 作文成绩

语文作文课上，老师布置了一篇500字的作文。

下课铃响了，一学生发现自己只写了250字，灵机一动，在文章最后一行写了“上述内容×2”。

几天后，作文本发下来了，在成绩的位置上赫然出现“80÷2”。

5. 0的本领

有一次，9轻蔑地对0说：“你的本领，只有0。”

0低着头，恭敬回答说：“我承认。您真使我钦佩，因为，你的本领，是我的一万倍（即0×10000）。”

9愚蠢得意地昂首阔步。不过，却引来其他数字哈哈大笑。

6. 十一点半

上午第四节课，A生肚子饿，无心听课，坐在位置上呆呆地想着牛肉，面包。

数学老师发现他走神，便提问他：“1.130小数向右移动一位，将会怎么样？”

A生毫不犹豫地回答：“将会开午饭！”

7. 概率

我去参观气象站，看到许多预测天气的最新仪器。

参观完毕，我问站长：“你说有百分之七十五的概率下雨时，是怎样计算出来的？”

站长不必多想便答道：“那就是说，我们这里有四个人，其中三个认为会下雨。”

8. 左右分开

老师出了一道题：8÷2=?

随后问大家：“8分为两半等于几？”

皮皮回答：“等于0！”

老师说：“怎么会呢？”

皮皮解释：“上下分开！”

丁丁说道：“不对，等于耳朵！”

老师：“哦？”

丁丁回答：“左右分开呗！”

数字的韵味

1. 0000	四大皆空
2. 0+0=0	一无所获
3. 0+0=1	无中生有
4. 1×1=1	一成不变
5. 1的n次方	始终如一
6. 1：1	不相上下
7. 1/2	一分为二
8. 1+2+3	接二连三
9. 3.4	不三不四
10. 33.22	三三两两
11. 2/2	合二为一

12. 20÷3　　陆续不断
13. 1=365　　度日如年
14. 9寸加1寸　　得寸进尺
15. 1除以100　　百里挑一
16. 333 555　　三五成群
17. 510　　一五一十
18. 1，2，3，4，5　　屈指可数
19. 12345609　　七零八落
20. 1，2，4，6，7，8，9，10　　隔三差五
21. 23456789　　缺衣少食
22. 7／8　　七上八下
23. 2468　　无独有偶
24. 43　　颠三倒四

第九章　答案

1. 路线图

答案如图2所示，图2中用深色标出的路是唯一满足条件的路线。

2. 谁会挨饿

不会有狮子挨饿，动物园里有2只幼狮。

3. 巧分垃圾桶

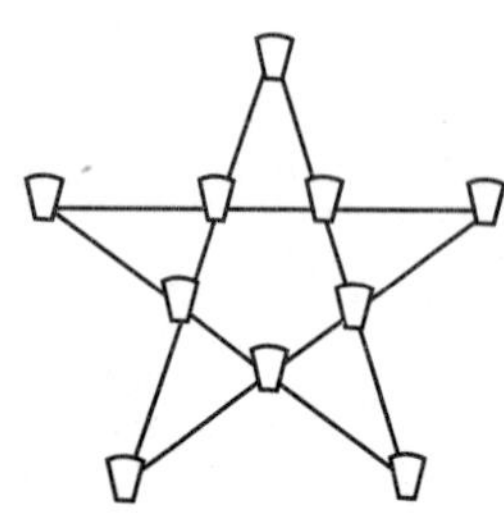

4. 劳动分工

在帮丙必须打扫的三天中，甲多打扫2天，即$\frac{2}{3}$；乙多打扫1天，即$\frac{1}{3}$；因此，甲家得6斤苹果，乙家得3斤苹果。

5. 作家的生卒年

该作家生于1814年，死于1841年。

6. 剧院的观众

男子17人，女子13人，小孩90人，一共刚好120人。

7. 鸡兔同笼各有几只

设鸡有x只，则兔有（36−x）只，由题意，得$2x+4(36-x)=100$，解之，得$x=22$，鸡有22只，兔有$36-22=14$（只）。

8. 上楼时间

从一楼到四楼，每上一层楼需时为$\frac{4}{3}$分钟，上到8楼需要$(4\div3)\times7=\frac{28}{3}$（分钟）。

9. 小杰的“计谋”

如果你从1美分开始不断地加倍，最初，数量增长得还算缓慢，但随后越来越快，不久便大幅度地猛增。似乎难以令人相信，如果这位上了他儿子当的爸爸要信守协议，他给小杰的钱将超过一千万美元！通过列表，我们可以发现，在5月30日那一天，爸爸付的钱是5368709.12美元，5月31日，即5月的最后一天，爸爸给的钱是10737418.24美元，已经超过1000万美元了！而爸爸总共付出的钱是这个数字的两倍再减去一美分，即21474836.47美元！

日期	当天给的美分	美分总和
1	1	1
2	2	3
3	4	7
4	8	15
…	…	…

10. 珠子和项链

基本的图案只有3种，然而通过不同颜色之间不同的排列一共可以串出12种不同的项链。

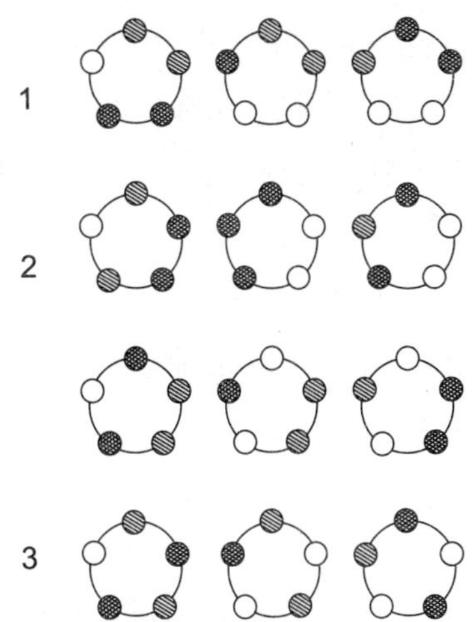

11. 按量分钱

在做这道题之前，我们要读懂题意，认真思考一下，此题不能单纯按A夫人5块钱、B夫人4块钱来分配。两个人总共干了9天，若3个人则每人平均3天，因此，A夫人顶C夫人做的工，实际上是5−3=2；而B夫人替C夫人所做的工，则是4−3=1。A、B两夫人应该按顶C夫人做工的比例来分这笔钱，所以A夫人应分6块钱，B夫人应分3块钱。

12. 少掉的土地

原来，这块土地的南北和东西方向是这个正方形的两条对角线。所以面积不是10000平方米，而是5000平方米。

13. 三兄弟分马

解决的办法，当然不是把46匹马卖掉，换成现金后再分配，而是，假定还有48匹马。在这48匹马中，长子得到$\frac{1}{2}$的24匹；次子得到$\frac{1}{3}$的16匹；小儿子得到$\frac{1}{8}$的6匹。不偏不倚，按照遗言分完后，三人分到的马加起来正好是46匹。

14. 乌龟和青蛙赛跑

很多人可能会认为第二场比赛的结果是平局，其实这个答案是错误的，因为由第一场比赛可知，青蛙跑100米所需的时间和乌龟跑97米所需的时间是一样的。因此在第二场比赛中，乌龟和青蛙同时到达终点，而在剩下的相同的3米距离中，由于青蛙的速度快，所以当然还是它先到达终点。

15. 图片的分割

沿虚线剪开即可。

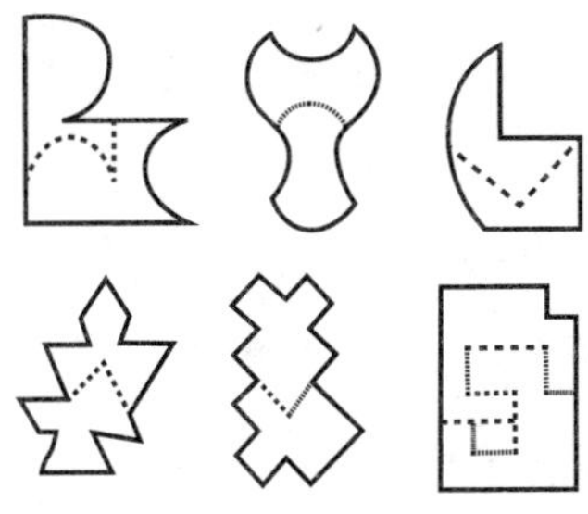

16. 巧摆木棒

能。

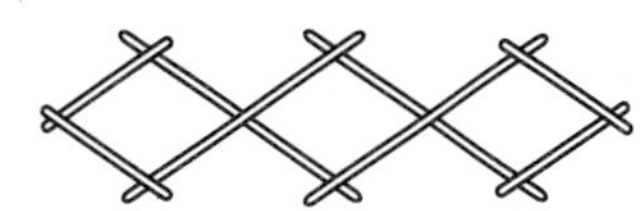

17. 巧分汽油

往瓶里放大小不同的玻璃球，使液面升至10升的刻度处，然后往外倒至5升刻度处。你也可以放其他容易取出不溶解的填充物。

18. 猜年龄游戏

秘密：任何一个两位数乘以201、

(67×3)，所得的积的末两位，仍是原来的这个两位数（此法对不满百岁的人都适用）。如：(14)×67=938，末两位是38，再用38×3=1114，14即为年龄。

19. 赶乘火车

这个问题可以利用简单方程来解。

设王先生走出家门，步行x米以后，发现忘记带票，那么他回家拿票时，跑步回家的路程是x米，从家赶往火车站的跑步路程是2x米。实际花费时间比原定时间多10分钟，由此列出方程

$$\left(\frac{x}{80}+\frac{x+2x}{80\times1.5}\right)-\frac{2x}{80}=10$$

解这个方程，得到

x=800。

因而原计划从家走到火车站的时间是

800×2÷80=20（分）。

8时出发，预定和朋友在火车站见面的时间是8时20分。

20. 狐狸分果子

$6\div(1-80\%)=6\div\frac{1}{5}=30$（个），$30\div(1-50\%)=60$（个），共有：

$60\div(1-40\%)=60\div\frac{3}{5}=100$（个）。

100×40%+6=46（个），

60×50%=30（个），30×80%=24（个），狐狸最多。

21. 蜜蜂采蜜

一共有14641只蜜蜂。第一次搬兵：1+10=11（只）；第二次搬兵：11+11×10=11×11=121（只）；第三次搬兵：……；一共搬了四次兵，于是蜜蜂总数为：11×11×11×11=14641（只）。

22. 巧分葡萄酒

将两个杯子都倒满，然后将酒壶里的酒倒掉。接着将300毫升杯子内的酒全部倒回酒壶，把大杯子的酒往小杯子里倒300毫升，并把这300毫升酒倒回壶中，再把大杯里剩下的200毫升酒倒入小杯子，把壶里的酒注满大杯子（500毫升），这样壶里只剩100毫升酒，再把大杯子里的酒注满小杯子（只能倒出100毫升），然后把小杯子里的酒倒掉，再从大杯子往小杯子倒300毫升酒，大杯子里剩100毫升，再把小杯子里的酒倒掉，最后把酒壶里剩的100毫升酒倒入小杯子，这样每个杯子里都恰好有100毫升酒。

23. 玩球

隔四个人传给第六个人，如下图。

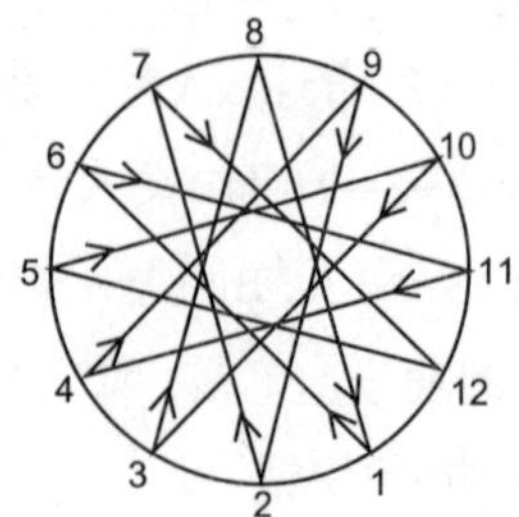

24. 过河

第一次装运34只到对岸卸下33只，留一只带回东岸；第二次又装上33只，加上船上原有的一只，共34只运到对岸，卸33只，留一只带回东岸；第三次把最后33只装上船，一同运到西岸（解法不唯一）。

25. 宠物知多少

3只，1只猫，1只狗，1只兔子。

26. 喝水加糖

第一个孩子走，杯中有糖：（$6-\frac{1}{2}$）克；第二个孩子走，杯中有糖：（$6-\frac{1}{2^2}$）克；……第1989个孩子走，杯中有糖：（$6-\frac{1}{2^{1989}}$）克，永远不到6克，当然不能达到10克。

27. 与人比邻

要想就座的人数最少，那么需要就座的每个人都是左右两面都有空座位即可，所以从一边开始，每3个座位为一组，中间座位有人坐，就可以了。所以在小辉之前已就座的最少有6人。

28. 花生各多少

若甲话中第一、二句为真，则丙话中后两句必为假与题设矛盾，于是甲第一、二句中只有一真。若甲第一句为真，则甲12粒，丙11粒，丙话中，第二句为假，第一、三句为真。乙话中，第三句为假，第一、二为真，这样乙14粒与丙中一句矛盾。因为甲第一句不真，甲只有第二、三句为真。于是从丙话中知：第三句为假，第二句为真。因此甲有13粒，乙有15粒，丙有12粒。

29. 外语成绩

$(96-4+1)\times5-(96-4)\times4=97$（分）。

30. 油菜地和麦地

油菜地的$\frac{1}{2}$+麦地的$\frac{1}{3}$=13（亩），

油菜地的$\frac{1}{3}$+麦地的$\frac{1}{2}$=12（亩），

油菜地的$\frac{5}{6}$+麦地的$\frac{5}{6}$=25（亩），

25亩相当于油菜地和麦地的总亩数的$\frac{5}{6}$，所以油菜地和麦地的总亩数是：$25\div\frac{5}{6}=30$（亩）。由此可以求出油菜地的$\frac{1}{2}$和麦地的$\frac{1}{2}$是：$30\div2=15$（亩），油菜地的和麦地的$\frac{1}{2}$比油菜地的$\frac{1}{2}$和麦地的$\frac{1}{3}$多的亩数是：$15-12=3$（亩），3亩相当于油菜地的$\frac{1}{2}-\frac{1}{3}=\frac{1}{6}$，所以油菜地的亩数是$3\div\frac{1}{6}=18$（亩）。

31. 猴子分桃

设原有桃子x个，最后剩下y个。借给猴子4个桃子，这样桃子总数可以平均分成5堆了。桃子虽然多了4个，可是第一个猴子并没有从中捞到便宜。因为这时桃子正好均分成5堆，它拿到的1堆，恰巧等于刚才没有借给它们4个桃子时，它连吃带拿的数目。这样，当第二个猴子到来时，桃子的数目，还是比没借给它们时多了4个，又正好均分成5堆。所以，第二个猴子得到的桃子，也不多不少，和原来连吃带拿一样多。第三、第四、第五个猴子到来时，情况也是这样。5个猴子，每一个都恰好拿走当时桃子总数的$\frac{1}{5}$，剩下$\frac{4}{5}$；而开始的时候，桃子的数目是x+4（加上了借给它们的4个）。这样到了最后，便剩下$\left(\frac{4}{5}\right)^5(x+4)$个桃子，这比剩下的y个多4个。所以得到$y+4=\left(\frac{4}{5}\right)^5(x+4)$，因为y+4是整数，所以右边的（x+4）应当被5整除。这样，由（x+4）至少是$5^5=3125$，得x至少是3121；y至少是$(4^5-4)=1020$。因此原来至少有3121个桃子，最后至少剩1020个桃子。

32. 7人溜冰

把半径是10米的圆形溜冰场分为6个全等扇形，如图（a），7名学生至少有两名在同一个扇形内，这两名学生之间的距离就不大于10米。如果这7名学生的分布是1名在圆心，其他6名在圆周的6个等分点上，如图（b），这时，相邻两人之间的距离都是10米。也都符合题目的要求。

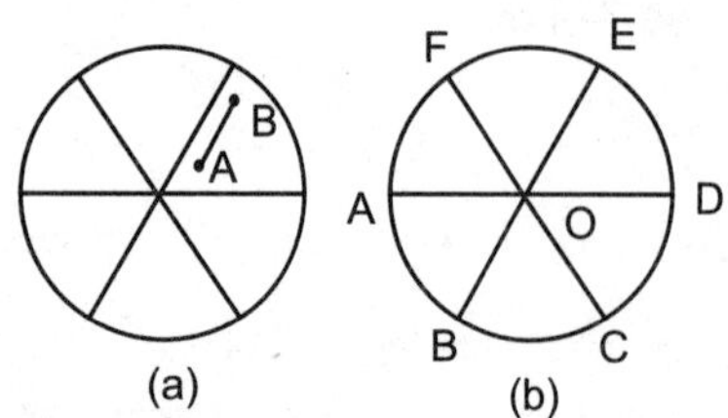

33. 数火柴

妹妹每数4根，弟弟数6根，妹妹数44根时，弟弟数44÷4×6=66（根）；妹妹从头数116根，弟弟又数116÷4×6=174（根）；妹妹第一次数的44根作废，只数116根；弟弟两次共数66+174=240（根）。火柴共有116+240+5=361（根）。

34. 小狗跑路

1×10÷(2−1)=10(秒)，50×10=50(米)(将路程同题转化为时间题，求出狗跑的时间，问题就好办了。)

35. 撑船过河

6×8=48(人)，1人撑船，8组，撑船人每次送过6人，最后次撑船人也过了河。

36. 天平称球

将6个小球分别标上A、B、C、D、E和F字样。第一次，先将A与B放在天平左、右盘上比较。如不平衡，设B重，可用C替代B，与A比较。如A与C平衡，则知C为轻球，从此可知D、E、F中有两重一轻。第三次取D、E、F中的两个放在天平上比较。如平衡，则知所比较的两个球均为重球，余下的那个为轻球；如不平衡，向下偏的那个盘中放的就是重球，另一盘中放的为轻球，而余下的就为重球。当然，如A与C不平衡，则D、E、F中有两轻一重。仿照上面的方法亦可区分出轻、重球。如果第一次称重是平衡的，仍用C替代B，与A比较。如再平衡，说明A、B、C并重，D、E、F也等重。第三次再比较A、D，即可分出轻球与重球。如C与A不平衡，就知道了A、B、C中是两重一轻或是两轻一重，从而也知道了D、E、F中的重轻情况。再用上面已经叙述的方法，就可区分出轻球与重球了。

37. 分巧克力糖

有6位同学去慰问张老师，盒子里有21块巧克力糖。本题有两个条件，条件1：平分给每个同学，还缺少3块；条件2：每人只给3块，还剩3块。由题目的条件1可知，学生的人数一定大于3；由条件2可知，巧克力糖的块数是3的倍数。如果人数为4，则由条件2可推算出糖应为15块，但不符合条件1。如果人数为5，则由条件2可推算出，糖应为18块，同样不符合条件1。如果人数为6，则糖应为21块，且符合条件1。如果人数大于6，糖的块数，都不能符合条件1。所以有6个同学，21块糖。

38. 老李追老张

正向追，$12\times\frac{40}{60}\div(18-12)=1\frac{1}{3}$（小时）；反向迎，$(30-12\times\frac{40}{60})\div(18+12)=\frac{22}{30}$

（小时），所以从反向去迎比正向去追快，最快要$\frac{22}{30}$小时与他相会。

39. 亮着的灯

一盏灯被拉的次数是奇数，则灯是开着的，被拉的次数是偶数次，则灯是关着的，在1至100中，只有10个完全平方数的约数的个数是奇数个，其余的约数都是偶数个，所以有10盏灯是开着的，号码是1、4、9、16、25、36、49、64、81、100。

40. 货物清运

汽车的载重量是1.5吨。如果每箱的重量是300千克（或1500的小于353的约数），那么每辆汽车都是满载，即运了1.5吨货物。这是最有利的情况，此时需要汽车19.5÷1.5＝13（辆）。

如果装箱的情况不能使汽车满载，那么13辆汽车就不能把这批货物一次运走。为了确保把这批货物一次运走，需要从最不利的装箱情况来考虑。最不利的情况就是使每辆车运得尽量少，即空载最多。因为353×4＜1500，所以每辆车至少装4箱。每箱300千克，每车能装5箱。如果每箱比300千克略多一点，比如301千克，那么每车就只能装4箱了。此时，每车载重301×4＝1204（千克），空载1500－1204＝296（千克）。19500÷1204＝16…236，也就是说，19.5吨货物按最不利的情况，装16车后余236千克，因为每辆车空载296千克，所以余下的236千克可以装在任意一辆车中。综上可知，16辆车可确保将这批货物一次运走。

41. 答题正确人数

两题中至少答对一题的学生数是25+23－15=33（人），两题都没有答对的学生数是36－33=3人。

42. 奶糖的数量

1千克奶糖比1千克什锦糖便宜，13－12=1元，而1千克巧克力和1千克水果糖比2千克的什锦糖贵，18+9－13×2=1元，1千克巧克力与1千克水果糖比2千克什锦糖贵多少元，就是需要的奶糖数（18+9－13×2）÷（13－12）=1（千克）。

43. 租车的费用

增加8位游客后，每人应付车费35元，下降40－35=5元，8位游客共付车费35×8=280元，那么可知没有增加8位游客前的人数，280÷5=56（人），也就可以算出租车费是40×56=2240（元）。

44. 做作业的时间

由题意可知，时针和分针刚好走一圈，$60\div(1+\frac{1}{12})=55\frac{5}{13}$（分）。

45. 如何分组

要分成15组，所以不是平均分，可以这样分：赵开头的：赵、赵钱、赵孙、赵李、赵周

钱开头的：钱、钱孙、钱李、钱周

孙开头的：孙、孙李、孙周

李开头的：李、李周

周开头的：周

5+4+3+2+1=15（组）。

46. 卡片问题

可以摆成4+5=9。

47. 巧称体重

地磅本身刻度加上100斤标称的秤砣，应该可以称150斤左右。可以设赵先生体重为a，钱先生体重为b，孙先生体重为c。

a和b一起称一次，重量为x，

a和c一起称一次，重量为y，

b和c一起称一次，重量为z，

即：a+b=x，a+c=y，b+c=z，解方程组可以得到三位先生各自的体重。

48. 巧测金字塔高度

把棍子插在地上，当棍子和棍子的影子长相等的时候，记下金字塔影子所在的位置，然后测量影子长度，就可以知道金字塔的高度了。

49. 球的数量

每次拿后剩下的是拿之前的一半多一个。从最后袋中的3个球，依次向前推算解决问题。

解：最后袋中有3个球；

第5次拿之前：2（3−1）=4（个）

第4次拿之前：2（4−1）=6（个）

第3次拿之前：2（6−1）=10（个）

第2次拿之前：2（10−1）=18（个）

第1次拿之前：2（18−1）=34（个）

50. 昆虫个数

如果18只昆虫中都是蜘蛛，那么有8×18只脚，比118多出的脚就是蝴蝶和苍蝇的脚，(8−6)是蜘蛛比蜻蜓多的脚数，(8×18−118)÷(8−6)=13（只），所得的数是蝴蝶和苍蝇的只数，18−13=5(只)，所以蜘蛛有5只；20−13×1=7（只）所以蝴蝶有7只，13−7=6（只），所以苍蝇有6只。

51. 答题数量

算式：乙得分（208−64）÷2=72

甲得分208−72=136

甲错（20×10−136）÷（20+12）=2

甲对10−2=8

乙错（20×10−72）÷（20+12）=4

乙对10−4=6

甲答对8题，乙答对6题。

52. 工人的配合

解：设加工后乙种部件有x个。

$\frac{3}{5}x + \frac{1}{4}x + \frac{9}{3}x=77$

x=20

甲：$\frac{3}{5}\times20=12$（人）　乙：$\frac{1}{4}\times20=5$（人）　丙：3×20==60（人）

生产甲12人，生产乙5人，生产丙60人。

53. 探险天数

一共带12天的食物，且归途比去的时候速度的2倍，所以可以探险$12\times\frac{2}{3}=8$（天）。

54. 停车场问题（1）

24×4−86=10（辆）

55. 停车场问题（2）

可以设卡车有x辆，那么轿车有5x+2辆，三轮车y辆，所以有x+5x+2+y=30，6x+4（5x+2）+3y=116，解得：x=3，y=10，所以有小轿车5×3+2=17（辆）。

56. 拍照

坐满36人的车的人相互合影，数量是36的倍数，所以不会剩下胶卷，实验学校剩下11位同学与第二小学坐满36人的车的人相互合影，每人照相数量也是36的倍数，也不会剩下胶卷，第二小学剩下25位同学与实验小学坐满36人的车的人相互合影，每人照相数量也是36的倍数，同样不会剩下胶卷，所以只需要考虑既有实验小学还有第二小学这车人的照相数量，他们合影的数量为11×25=275，需要275÷36=7…23，所以剩下的，还可以照23张。

57. 狼和兔子

猎人开枪时,狼和兔子间的距离为100−(15−4.5)×6=37（米），兔子与狼又相距100米所需要的时间为(100−37)÷(16.5+4.5)=3（秒）。

58. 绕水池

他们第10次相遇，所走的路程为30×10=300（米），所用时间为300÷2.5=120（秒），妹妹所走的路程为120×1.2=144（米），144÷30=4…24,30−24=6,所以还要走6米就能回到出发点。

59. 不平的道路

上坡的路程为:$20\times\frac{1}{6}=\frac{10}{3}$，需要的时间为:$\frac{10}{3}\div\frac{5}{2}=\frac{4}{3}$，小强从甲地走到乙地需要的时间为: $\frac{4}{3}\times(4+5+6)\div4=5$（小时）。

60. 登山

设去的时候：走平路花去的时间为x小时，上坡花去的时间为y小时

回的时候：走平路花去的时间也为x小时，下坡花去的时间则为$\frac{y}{2}$小时

于是花去的总时间为 $2x+\frac{3y}{2}=4$小时（注意在山顶上停留了1小时）

于是，走的路程为平路4×2x=8x千米

坡路2×3×y=6y千米（来回走的路一样多，所以算为2个上坡路程）

走的总路程为 $8x+6y=4(2x+\frac{3y}{2})=4\times4=16$（千米）。

61. 看日出

如下图所示：

学校——M——A——海边

M点是表示汽车回来接乙班人的地点。那么可以看出学校———M是开始步行的人走的距离。

A——海边是先坐车步行的距离，因为步行速度一样，所以学校——M=A——海边。

相同时间内汽车和人的路程之比=速度比=9∶1。

假设开始步行的人走的距离为1份，那么开始步行的人走的时间内汽车行驶的距离就是9份，而汽车所走的路程实际是学校——A——M，即这段往返距离之和是9份。

也即是M——A是4份，而A——海边=学校——M，也是1份，即学校至海边实际是6份的距离：所以所求A点到海边（目的地）的距离=48÷6=8（千米）。

62. 上涨的池水

知道水面升高的距离，可以求出水增加的体积，从而就知道了石块的体积。石块增加的体积分别为3×3×0.06=0.54（立方米），2×2×0.04=0.16（立方米），所以石块的总体积为0.54+0.16=0.70（立方米），所以将这两堆碎石都沉在大水池里，大水池的水面升高：0.70÷（6×6）≈0.02（米），即升高2厘米左右。

63. 设计包装盒（1）

可以做成9×12×20见方的包装盒，这样的表面积最小。

64. 设计包装盒（2）

将9厘米和5厘米的一面叠在一起节约。

长=9厘米

宽=5厘米

高=2×10=20厘米

需要纸：

2×（9×5+9×20+5×20）=650（平方厘米）。

65. 圆圈上的孔

设共有N个孔，那么N能整除3和5，并且N+1能整除7，所以N=90。

66. 扶梯的级数

150级。

67. 检票

设1个检票口1分钟检票的人数为1份。因为4个检票口30分钟通过（4×30）份，5个检票口20分钟通过（5×20）份，说明在（30-20）分钟内新来旅客（4×30-5×20）份，所以每分钟新来旅客

（4×30-5×20）÷（30-20）=2（份）。

假设让2个检票口专门通过新来的旅客，两相抵消，其余的检票口通过原来的旅客，可以求出原有旅客为（4-2）×30=60（份）或（5-2）×20=60（份）。

同时打开7个检票口时，让2个检票口专门通过新来的旅客，其余的检票口通过原来的旅客，需要60÷（7-2）=12（份）。

68. 追赶自行车

中车追上时行驶路程：20×5=100

快车追上时行驶路程：24×3=72

路程差：100-72=28

自行车速：28÷(5-3)=14

慢车和中车5小时的路程差：(20×5)-(19×5)=5

慢车和自行车速度差19-14=5

中车追上后，慢车追上所用时间5÷5=1

慢车追上自行车用时：5+1=6（小时）。

69. 怕热的蜗牛

设每只蜗牛夜里向下滑x分米，那么有5（20+x）=6（15+x），可得x=10，所以井深：5（20+10）=150（分米）。

70. 奖品的数量

设有一等奖x人，二等奖y人，三等奖z人，从而有6x+3y+2z=22，9x+4y+z=22

可得x=1，y=2，z=5。

71. 配合做机器

每人每天完成一道工序48、32、28的最

小公倍数，经计算为672。

672÷48=14，672÷32=21，672÷28=24，这个数字即为完成相同数量零件每个工人所需小时，

也即为每小时完成相同数量工序所需工人数。

72. 生日同月份的人

一年有12个月，也考虑最不利情况，12个人的生日都不在同一个月份，那么还剩下3位同学，必然会和以前12位同学的生日月份相同。

73. 同一天生日的推断

2004年是闰年，一年有366天，考虑最不利的原则，366人的生日都不相同，还剩下4个人，他们的生日必然会和以前的人重合，所以至少有两个学生的生日是同一天。

74. 买书

买书的情况有：只买一本：3种；买两本：3种；买三本：1种，一共有7种，所以最少要去8位同学才能保证一定有两位同学买到相同的书。

75. 两双袜子

我们找到最不利的情况，即有3只红色的，1只黄色的，1只蓝色的，也就是有1双同色的，还有3个单只的情况，这样随便拿1只就能新组成一副了，最少要摸出6只袜子才能保证有2副同色的。

76. 三副手套

我们找到最不利的情况，即有3只黑色的，3只红色的，1只蓝色的，1只黄色的，也就是有2副同色的，还有4个单只的情况，这样随便拿1只就能新组成一副了，最少要摸出9只手套才能保证有3副同色的。

77. 方格涂色

一列有三个方格，红蓝涂色有以下几种情况：红红红，红红蓝，红蓝红，红蓝蓝，蓝红红，蓝红蓝，蓝蓝红，蓝蓝蓝，共8种，而共有9列，所以不论如何涂色，其中至少有两列的涂色方式相同。

78. 摸球

设有4种不同颜色的球各2个，再拿1个就能满足条件，所以最少取出9个球，才能保证其中一定有3个球的颜色一样。

79. 兴趣小组

参加情况如下：只参加1个的有4种情况；参加2个的有6种情况；参加3个的有4种情况；4个都参加有1种情况，共有15种不同的情况；46÷15＝3…1，所以至少有4名学生参加的项目完全相同。

80. 搬运球

组合情况如下：只拿1种球的有4种情况；拿2种不同球的有6种情况，一共有10种情况，31÷10＝3…1，在31个搬运者中至少有4人搬运完全相同。

81. 取数

可以先取1,2,3,4,5,五个数，那么剩余的数均不能再取。

或者相同性质的数放在一起，除以5余1的数有1,6,11,16,21,26,31,36；除以5余2的数有2,7,12,17,22,27,32；除以5余

3的数有3,8,13,18,23,28,33；除以5余4的数有4,9,14,19,24,29,24；整除5的数有5,10,15,20,25,30,35.那么相同性质的数只能取一个，所以最多取5个数。

82. 小猴分桃

设分到1~10个桃子的猴子各有5个，那么它们分桃子的数目是：5×（1+2+…+9+10）=275，还剩下5个桃子，所以至少还有一只猴子分的桃子为1~5个，与前面的猴子分得数量相同，以至少有6只猴子分的桃子一样多。

83. 分卡片

7名。

84. 汽车行驶路程

假设不存在连续的两小时，在这两小时内汽车至少行了80千米。

第一个小时行了25千米，这个已知；

第二和第三小时，行的路程少于80千米；

第四和第五小时，行的路程少于80千米；

第六和第七小时，行的路程也少于80千米；

第八个小时行了45千米，这个已知，那么8个小时的路程加起来，少于80×3+25+45=310千米，与已知条件"汽车8小时行了310千米"矛盾，所以假设错误，所以一定存在连续的两小时，在这两小时内汽车至少行了80千米。

85. 判断颜色

由最上面的正方体可知，红色与黑、黄色相邻，由第二、三个正方体可知红色与白、蓝色相邻，所以红与绿相对；由第一、四个正方体可知，黄色与黑、白色相邻，所以黄色与蓝色相对，黑色就与白色相对。

86. 选举班长

解：设肖依得票数为x，张成得票数为y（x>y>4），则x+2y=44−23−4=17，当y=5的时候，x=7，满足题意，当y=6的时候，x=5，不满足题意，所以肖依得选票7张。

87. 取火柴

如果你自已要赢，就是必须要剩最后一根给对方。那么现在来看，这1000根就少了一根，剩999根。再来看，你想剩下最后一根给对方，就是倒数第二次的机会，必须是你来拿，并且拿完之后剩一根。题目规定是1根到7根。这样来看，对方拿N根，你就要拿8−N根。并且，对方开始拿的时候，必须是8的最大倍数。这样，才能都保证，你和他一直在拿走一个个的"8"。那样的话，也就是找小于999的8的最大倍数。124×8=992。然后用999−992=7。第一次要拿走7根。然后对方拿N根，你就拿8−N根。最后肯定剩1根。就赢了。

88. 写数字

小东取胜。

第一步 小东写12，剩下的数有（5,10）、（7,14）和8、9、11、13；

小贝如写5，小东写7，小贝 如写10 ，小东写14，剩下8、9、11、13小东总能写到最后一个数，从而获胜。

89. 擦数字

如果小贝先，小贝有必胜策略。

可以考虑如下分组：【2】【3,4】【5,6】…【99,100】;或者【2,3】【4,5】【6,7】…【98,99】【100】

这50组除去首尾,均为相邻正整数组,并且互质。

小贝可擦去2或者100，然后小东擦去任意数A,小贝只需擦去同组的A+1（A奇数）或A-1（A偶数）即可。最后剩下两个数必相邻，小贝胜。

90. 方格棋

后画的有必胜的策略。具体过程如下：1.√×××√×××√；√×××√√×××；√×××√√√×√；2. √√×××√×××；√√×××√√×√；√√×××√√√×；3. √√√×√×××√；√√√×√√×××；√√√×√√√×√。

91. 考试的及格率

假设有100人参加考试，那么做对的题目共有59＋84＋88＋72＋80＝383道。先安排每个人都做对两题，剩下383－100×2＝183道。然后看全对的，剩下183－59×3＝6（道）。接着看对四题的，剩下6÷2＝3（人），即及格的人数最少是59＋3＝62（人）。所以及格率至少是62%。

92. 交换座位

不行的，一共有29×31=899个人，是奇数个人，2个人换一次位子，而且每人只能换一次位子的话，所以会多出一个人换不到。

93. 运输方案

设从A库发给甲客户x台，则A库发给乙客户17−x台，B库发给甲客户16−x台，B库发给乙客户13−（17−x）台。根据题意：x大于等于1，17−x小于等于13，16−x大于等于0，13−（17−x）大于等于0。则x大于等于4。

总运费为：500x+700(17−x)+300(16−x)+600[(13−(17−x)]=100x+14300。

因此，当x=4时，总运费最少为14700元，即A库发给甲客户4台，发给乙客户13台，B库发给甲客户12台，发给乙客户0台，总运费最少。

94. 面向教练的人数

我们知道开始全部面向教练，那么转奇数次的就背向教练，转偶数次的还是面向教练，我们知道只能单独被2、3、5整除的都是转奇数次的，能被2×3、2×5、3×5整除的是转偶数次，但是能被2×3×5整除的却也是转了奇数次。

200÷2=100

200÷3=66…2

200÷5=40

200÷（2×3）=33…2

200÷（2×5）=20

200÷（3×5）=13…5

200÷（2×3×5）=6…20

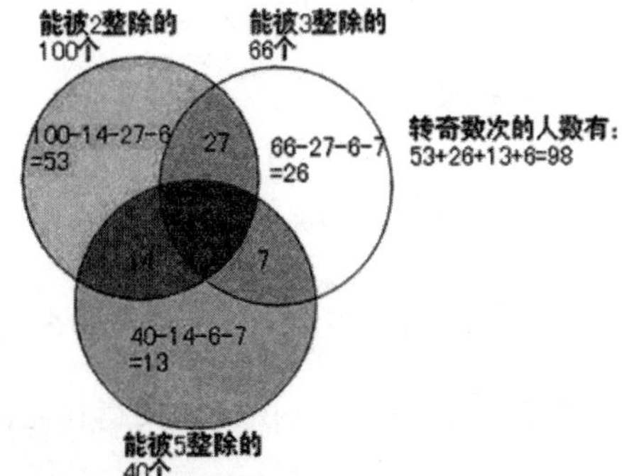

所以最后面向教练的有200－98=102（人）。

95. 含微量元素的食物

43+68=111

111－100=11　可见同时含钙和铁的最少11种。

111+15=126

126－100=26

26便是含多种矿物质被多加上去的。因为求的是最多多少种含有三种矿物质，因此假设多出的部分全部是含三种矿物质的，则这些数被多加了2次，因此26÷2=13就是含有三种矿物质的种类。

96. 读书小组

吴同学读过x本书，那么E书被读过的次数：2+2+4+3+5+x（全部同学读的书数）－1－4－2－2－2=5+x，也就是说E书被读过至少5+x即6次，一共只有6名同学，所以只可能是这个结果，也就是E书被读了6次，吴同学只读过1本书。

97. 小猫钓鱼

后剩下8条鱼，所以，第三只小猫拿走了4条，所以第二只小猫拿走了（8+4）÷2=6（条），那么第一只小猫拿走了（12+6）÷2=9（条），三只小猫一共钓了9×3=27（条）。

98. 吃鱼分钱

三人分吃5条鱼，每人吃$\frac{5}{3}$，那么小文卖出$3-\frac{5}{3}=\frac{4}{3}$，小武卖出$2-\frac{5}{3}=\frac{1}{3}$，那么两人分钱数的比应该是4∶1，所以小文得16元，小武得4元。

99. 运输车辆

甲、乙两种车型的工作效率比为（6×3）∶（5×4）=9:10，

8天把一批货物运到距离40千米的目的地，若全部用乙型车，共需要$(6\times\frac{9}{10}+8)=13.4$（辆），

现在将同样多的货物运到距离85千米的目的地，用8.5天运完，工作量为之前的$\frac{85}{40}\times\frac{8}{8.5}=2$（倍），若全部用乙型车共需要13.4×2=26.8辆，现在已经安排16辆乙型车，所以还需要甲型车$(26.8-16)\div\frac{9}{10}=12$（辆）。

100. 取棋子

从简单的问题开始，通过实验寻找规律。

如果圆圈上只有1、2号两枚棋子，最后剩下的是1号；

如果圆圈上只有1~4号这4枚棋子，通过实验发现：最后剩下的也是1号；

如果圆圈上只有1~8号这8枚棋子，通过实验发现：最n后剩下的也是1号；

而2=2的1次方，4=2的2次方，8=2的3次方……由此可以得出一个规律：

当圆圈上有1~2的n次方或2的n次方个号码时，按题目中的取法最后剩下的一定是1号。

但2015不是2的几次方，须设法使圆圈上的数是2的若干次方。因为1024是2的10次方，

而2048是2的11次方，2015−1024=991。

所以从2015枚棋子中去掉991枚棋子后就只剩下1024枚棋子。

又因为991×2等于1982，即从1开始，取走2，4，6，8…1982这991枚棋子后，从1982开始数：1983，1984，1985…2015，1，3，5…1971，1973，共有1024枚棋子，1024等于2的10次方。这一来，问题就变成：将这剩下的1024枚棋子按顺时针方向，依次排成一个圆圈，从1983开始，留下1983，取走1984…正好符合上面规律的要求。所以最后剩下的一枚棋子为开始的那枚棋子，即最初的1983号棋子。

101. 超载吗

不超载。其实上船的就是6个人,船家当然不会阻拦。孩子的概念是相对的。这是祖孙三代。

102. 独木桥

可以过去。两个人的方向是一致的，都是朝北走，当然能过去了。南来和北往的去的是一个方向。

103. 速过小桥

要让折返的时间尽可能的短，所以先让强强和壮壮过桥，用时2分钟，然后强强返回，用时1分钟，之后梅梅和花花过桥，用时10分钟，然后壮壮返回接强强，用时4分钟，共用时2+1+10+4=17（分钟）。

104. 巧分硬币

将其分为一堆10个、另一堆13个，然后将10个那一堆所有的硬币翻转就可以了，两边的就一样多了。

105. 神奇的魔术师

一只球变成3只球，实际上多了2只球。第一次多了2只球，第二次多了2×2只球……第十次多了2×10只球。因此拿了十次后，多了

2×1+2×2+…+2×10

＝2×（1+2+…+10）

＝2×55＝110（只）。

所以共有110+3=113只球。

106. 圣诞彩灯

彩灯按照5红、4蓝、3黄，每12盏灯一个周期循环出现。

（1）100÷12＝8…4，所以第100盏灯是第9个周期的第4盏灯，是红灯。

（2）150÷12=12…6，前150盏灯共有12个周期又6盏灯，12个周期中有蓝灯4×12＝48（盏），最后的6盏灯中有1盏蓝灯，所以共有蓝灯48＋1=49（盏）。

107. 找盒子

前六位小朋友放过后，A，B，C，D四个盒子中的球数如下表：

盒子	A	B	C	D
初始状态	8	6	3	1
第1个人操作完	7	5	2	4
第2个人操作完	6	4	5	3
第3个人操作完	5	3	4	6
第4个人操作完	4	6	3	5
第5个人操作完	3	5	6	4
第6个人操作完	6	4	5	3

可以看出，第6人放过后与第2人放过后四个盒子中球的情况相同，所以从第2人放过

后，每经过4人，四个盒子中球的情况重复出现一次。

（100-1）÷4=24…3，

所以第100次后的情况与第4次（3+1=4）后的情况相同，A，B，C，D盒中依次有4，6，3，5个球。

108. 运送花瓶

假设500只花瓶在搬运过程中一只也没有打破，那么应得运费2.4×500=1200（元）。实际上只得到1155元，少得1200-1155=45（元）。搬运站每打破一只花瓶要损失2.4+12.6=15（元）。因此共打破花瓶45÷15=3（只）。所以共打破3只花瓶。

109. 不能迟到

小雪从改变速度的那一点到学校，若每分钟走50米，则要迟到8分钟，也就是到上课时间时，她离学校还有50×8=400（米）；若每分钟多走10米，即每分钟走60米，则到达学校时离上课还有5分钟，如果一直走到上课时间，那么他将多走（50+10）×5=300（米）。所以盈亏总额，即总的路程相差

400+300=700（米）。

两种走法每分钟相差10米，因此所用时间为

700÷10=70（分），

也就是说，从小雪改变速度起到上课时间有70分钟。所以小雪家到学校的距离为

50×（2+70+8）=4000（米），或50×2+60×（70-5）=4000（米）。

110. 争抢树苗

先求欢欢与莹莹现在各拿了多少棵树苗。共有树苗36棵，欢欢拿的树苗数是莹莹的2倍，所以莹莹现在拿了36÷（2+1）=12（棵）树苗，而欢欢现在拿了12×2=24（棵）树苗，欢欢从莹莹那里抢走了6棵后是24棵，如果不抢，那么欢欢有树苗24-6=18（棵），莹莹看欢欢拿得太多，去抢了10棵，如果莹莹不抢，那么欢欢就有18+10=28（棵），即欢欢最初拿了28棵树苗。

111. 盛油几何

列表逆推如下：

	甲桶	乙桶	丙桶
第三次变化	16	16	16
第二次变化	16÷2=8	16÷2=8	16+8+8=32
第一次变化	8÷2=4	8+4+16=28	32÷2=16
初始状态	4+14+8=26	28÷2=14	16÷2=8

原来甲、乙、丙桶分别有油26，14，8升。

112. 兄弟分橘

由于总共有24个橘子，最后三人所得到的橘子数相等，因此每人最后都有24÷3=8（个）橘子。由此列表逆推如下表：

	老大	老二	老三
老大分过之后	8	8	8
老二分过之后	8×2=16	8-4=4	8-4=4
老三分过之后	16-2=14	4×2=8	4÷2=2
初始状态	14-1=13	8-1=7	2×2=4

老大、老二、老三原来分别有橘子13，7，4个，现在的年龄依次为16，10，7岁。

113. 书页谜题

因为189＜2211＜2889，所以这本书有几百页。可知这本书在排三位数的页码时用了数码（2211−189）个，所以三位数的页数有（2211−189）÷3＝674（页）。

因为不到三位的页数有99页，所以这本书共有99＋674＝773（页），这本书共有773页。

114. 多出来的页码

因为这本书的页码从1至62，所以这本书的全书页码之和为

1＋2＋…＋61＋62

＝62×（62＋1）÷2

＝31×63

＝1953。

由于多加了一个页码之后，所得到的和数为2000，所以2000减去1953就是多加了一次的那个页码，是2000−1953＝47。

115. 缺失的页码

48页书的所有页码数之和为

1＋2＋…＋48＝48×（48＋1）÷2＝1176。

按照小明的计算，中间缺的这一张上的两个页码之和为1176−1131＝45。这两个页码应该是22页和23页。但是按照印刷的规定，书的正文从第1页起，即单数页印在正面，偶数页印在反面，所以任何一张上的两个页码，都是奇数在前，偶数在后，也就是说奇数小偶数大。小明计算出来的是缺22页和23页，这是不可能的。

116. 书中插图

每一种情况都是三幅图画，一页文字。

（1）96÷（3+1）=24，图画有：24×3=72页。

（2）99÷（1+3）=24…3，最后三页中有两页图画，所以有图画：24×3+2=74（页）。

参考文献

[1]张祥斌，杨深桃，崔振明.每个小学生都会着迷的数学游戏[M].杭州：浙江少年儿童出版社，2011.

[2]于海娣.全世界杰出学生都在读的数学书[M].哈尔滨：黑龙江科学技术出版社，2008.

[3]柯友辉.全世界孩子都爱玩的700个数学游戏[M].广州：新世纪出版社，2009.